流域区域水污染治理模式与技术路线图丛书

河流水污染治理与生态修复指导手册

廖海清　常　明　纪美辰　丁　森　著

U0296399

科学出版社

北　京

内 容 简 介

本书梳理了河流分类与污染特征分析方法及水污染治理与生态修复技术成果，紧密结合流域区域治污与生态修复实践，总结了科研和实践经验，凝练提升，形成我国自己的河流分类、分区、适用性技术的甄选方法以及河流水污染治理与生态修复技术路线图和分类指导方案的制定方法，综合考虑分类指导方案和技术路线图的系统性和可行性，制定了河流水污染防治技术政策。在案例篇给出了辽河、淮河、海河三大流域的水污染治理与生态修复技术路线图和分类指导方案案例，为我国河流水环境综合整治和生态修复提供科技支撑。

本书可供水体污染治理、河流生态修复等领域的相关人员，以及各级人民政府和生态环境保护部门的管理人员参考。

审图号：GS 京（2024）1168 号

图书在版编目（CIP）数据

河流水污染治理与生态修复指导手册 / 廖海清等著. -- 北京 ：科学出版社, 2025.1. -- (流域区域水污染治理模式与技术路线图丛书).
ISBN 978-7-03-079755-1

Ⅰ. X522.06-62

中国国家版本馆 CIP 数据核字第 202465ZN19 号

责任编辑：郭勇勇　谢婉蓉　程雷星 / 责任校对：郝甜甜
责任印制：赵　博 / 封面设计：无极书装

科 学 出 版 社 出版
北京东黄城根北街 16 号
邮政编码：100717
http://www.sciencep.com
北京建宏印刷有限公司印刷
科学出版社发行　各地新华书店经销

*

2025 年 1 月第 一 版　开本：787×1092　1/16
2025 年 4 月第二次印刷　印张：16
字数：380 000

定价：208.00 元
（如有印装质量问题，我社负责调换）

丛书编委会

顾问　吴丰昌　刘　翔　郑兴灿　梅旭荣

主编　宋永会

编委　（按姓氏笔画排序）

朱昌雄　刘　琰　许秋瑾　孙德智

肖书虎　赵　芳　蒋进元　储昭升

谢晓琳　廖海清　魏　健

《河流水污染治理与生态修复指导手册》
作 者 名 单

主 笔 人　廖海清　常　明　纪美辰　丁　森

其他作者　（按姓氏笔画排序）

于明乔　冯冬霞　杨　芳　沈月含

尚光霞　周兴玄　胡妍玢　贾世琪

潘　婷

丛 书 序

我国自 20 世纪 80 年代开始，伴随着经济社会快速发展，水污染和水生态破坏等问题日益凸显。大规模工业化、城镇化和农业现代化发展，导致水污染呈现出结构性、区域性、复合性、压缩性和流域性特征，制约了我国经济社会的可持续发展，人民群众生产生活和健康面临重大风险。如果不抓紧扭转水污染和生态环境恶化趋势，必将付出极其沉重的代价。为此，自"九五"以来，国家将三河（淮河、海河、辽河）、三湖（太湖、巢湖、滇池）等列为重点流域，持续开展水污染防治工作。从"十一五"开始，党中央、国务院更是高瞻远瞩，作出了科技先行的英明决策和重大战略部署，审时度势启动实施水体污染控制与治理科技重大专项（简称水专项）。国家水专项实施以来，针对流域水污染防治和饮用水安全保障的瓶颈技术难题，开展科技攻关和工程示范，突破一批关键技术，建设一批示范工程，支撑重点流域水污染防治和水环境质量改善，构建流域水污染治理、流域水环境管理和饮用水安全保障三个技术体系，显著提升了我国流域水污染治理体系和治理能力现代化水平。为全面推动水污染防治，保障国家水安全，支持全面建成小康社会目标实现，国务院于 2015 年发布《水污染防治行动计划》（简称"水十条"），加快推进水污染防治和水环境质量改善。

流域是包含某水系并由分水界或其他人为、非人为界线将其圈闭起来的相对完整、独立的区域，是人类活动与自然资源、生态环境之间相互联系、相互作用、相互制约的整体。我国主要河流流域包括松花江、辽河、海河、黄河、淮河、长江、珠江、东南诸河、西南诸河及西北内陆河等十大流域。我国湖泊众多，共有 2.48 万多个，按地域可分为东部湖区、东北湖区、蒙新湖区、青藏高原湖区和云贵湖区。统筹流域各要素，实施流域系统治理和综合管理，已经成为国内外生态环境保护工作的共识。水专项的实施充分考虑了流域的整体性和系统性，而在水污染治理和水生态环境保护修复策略上，考虑水体类型、自然地理和气候类型等差异，按照河流、湖泊和城市进行分区分类施策。与国家每五年一期的重点流域水污染防治和水生态环境保护规划相适应，水专项在辽河、淮河、松花江、海河和东江等 5 大河流流域，太湖、巢湖、滇池、三峡库区和洱海等 5 大湖泊流域，以及京津冀等地开展了科技攻关和综合示范，以水专项科技创新成果支撑流域水污染治理和水环境管理，充分体现流域整体设计和分区分类施策，即"一河一策""一湖一策""一城一策"，为流域治理和管理工作提供切实可行的技术和方案支撑。随着"十一五""十二五"水专项的实施，水污染治理共性技术成果和流域区域示范经验越来越丰富，与此同时，国家"水十条"的发布实施，尤其是"十三五"时期打好污染防治攻坚战之"碧水保卫战"，对流域区域水污染治理和水环境质量改善提出了明确的目标要求，各地方对于流域区域水污染系统治理、综合治理的认识越来越深刻。但是由于各流域区域水污染治理基础、经济社会发展水平和科技支撑能力差别较大，迫切需要科学的水污染治理模式、适宜的技术路线图，以及经济合理的治理技术支撑。因此，面向国家重大需求，为更好地完成流域水污染治理技术体系构建，"十三五"期间，水专项在"流域水污染治理与水体修复技术集成与应用"项目中设置了"流域（区域）水污染治理模式与技术路线图"课题（简称路线图课题），旨在支撑流域水污染治理技术体系的构建和完善，研究形成适应不同河流、湖泊和城市水环境特征的流域区域水污染治理模式，以及流域区域和主要污染物控制技术路线图，推动流域水污染治理技术体系的应用，为流域区域治理提供科技支撑。

路线图课题针对流域水污染治理技术体系下不同技术系统的特点，研究分类技术系统的流域区域应用模式。针对流域区域水污染特征和差异化治理需求，研究提出水污染治理分类指导方案和流域区域水污染治理技术路线图。结合水污染治理市场机制和经济模式研究，总结我国流域水污染治理的总体实施模式。路线图课题突破了流域水体污染特征分类判别与主控因子识别、基于流域特征和差异化治理需求的水污染治理技术甄选与适用性评估等技术，提出了河流、湖泊、城市水污染治理分类指导方案、技术路线图和技术政策建议，形成了指导手册，为流域中长期治理提供技术工具。研究提出流域区域水污染治理的总体实施模式，形成太湖、辽河流域有机物和氮磷营养物控制的总体解决技术路线图，为流域区域水污染治理提供技术支撑。路线图课题成果为流域水污染治理技术体系的构建和完善提供了方法学支撑，其中综合考虑技术、环境和经济三要素，创新了水污染治理技术综合评估方法，为城镇生活污染控制、农业面源污染控制与治理、受损水体修复等技术的集成和应用提供了坚实的共性技术方法支持。秉持创新研究与应用实践紧密结合的宗旨，按照水专项"十三五"收官阶段的要求，特别是面向流域水生态环境保护"十四五"规划的重大需求，路线图课题"边研究、边产出、边应用、边支撑、边完善"，为国家层面长江、黄河、松辽、淮河、太湖、滇池等流域和地方"十三五"污染防治工作及"十四五"规划的编制提供了有力的技术支撑，路线图课题成果在实践中得到了检验和广泛的应用，受到生态环境部、相关流域局和地方的高度评价。

"流域区域水污染治理模式与技术路线图丛书"是路线图课题和辽河等相关流域示范项目课题技术成果的系统总结。丛书的设计紧扣流域区域水污染治理、技术路线图、治理模式、指导方案、技术评估等关键要素和环节，以手册工具书的形式，为河流、湖泊、城市的水污染治理、水环境整治及生态修复提供系统的流域区域问题诊断方法、技术路线图和分类指导方案。在流域区域水污染治理操作层面，丛书为水污染治理技术的选择应用提供技术方法工具，以及投融资和治理资源共享等市场机制的方法工具。丛书集成和凝练流域水污染治理相关理论和技术，提出了我国流域区域水污染治理的总体实施模式，并在国家水污染治理和水生态环境保护的重点流域辽河和太湖进行应用，形成了成果落地的案例。丛书形成了流域区域水污染治理手册工具书 3 册、技术评估和市场机制方法工具 2 册、流域案例及模式总结 2 册的体系。

丛书既是"十三五"水专项路线图等课题的攻关研究成果，又是水专项实施以来，流域水污染治理理论、技术和工程实践及管理经验总结凝练的结晶，具有很强的创新性、理论性、技术性和实践性。进入"十四五"以来，《党中央 国务院关于深入打好污染防治攻坚战的意见》对"碧水保卫战"作出明确部署，要求持续打好长江保护修复攻坚战，着力打好黄河生态保护治理攻坚战，完善水污染防治流域协同机制，深化海河、辽河、淮河、松花江、珠江等重点流域综合治理，推进重要湖泊污染防治和生态修复。相信丛书一定能在流域区域水污染防治和水生态环境保护修复工作中发挥重要的指导和参考作用。

我作为"十三五"水专项的技术总师，乐见这些标志性成果的产出、传播和推广应用，是为序！

吴丰昌

中国工程院院士

中国环境科学学会副理事长

◀ 前　言

　　我国是世界上河流众多的国家之一，河流对于支撑经济社会发展、维护生态环境安全和文化传承等具有重大意义。我国的主要河流流域包括松花江、辽河、海河、黄河、淮河、长江、珠江、东南诸河、西南诸河及西北内陆河十大流域。近几十年来，伴随着经济社会快速发展，河流水环境污染等问题十分突出，发达国家上百年发展过程中分阶段出现的河流水环境问题在我国集中出现，河流水环境污染影响生态环境安全，威胁人民生命健康，更难以支撑经济社会可持续发展。党中央、国务院高度重视河流水污染控制与治理，1996年，《中华人民共和国国民经济和社会发展"九五"计划和2010年远景目标纲要》将淮河、海河、辽河（简称"三河"）治理列为国家"九五"期间重点污染防治工作，并提出了明确的目标要求。国家先后制定了"九五"至"十二五"计划期间"三河"的流域水污染防治规划，投入数千亿元资金，针对工业和城镇污染开展治理。经过不懈努力，"三河"流域水质急剧恶化的势头基本得到控制，工业污染源达标排放的企业数量和比例大幅度上升，流域相关城市污水处理率迅速提高。

　　为发挥科技支撑引领作用，自"十一五"起，国家启动实施水体污染控制与治理科技重大专项（简称水专项），水专项实施15年期间，针对流域水污染防治和饮用水安全保障的瓶颈技术难题开展科技攻关和工程示范，构建了流域水污染治理、流域水环境管理和饮用水安全保障三个技术体系，为提升我国流域水污染治理体系和治理能力现代化水平提供科技支撑。水专项按照河流、湖泊、城市等不同类型的水体设置主题，针对不同流域区域开展技术攻关和示范，进而总结凝练形成技术体系。在河流主题，针对辽河、淮河、海河、松花江和东江等开展攻关和示范，旨在建立河流水质目标管理技术体系和河流水污染治理技术体系，形成不同流域水环境综合整治与水体功能恢复方案，支持典型河流流域综合整治示范。经过"十一五""十二五"持续攻关，水专项技术体系构建和示范取得显著进展。同时，为支撑全面建成小康社会目标实现，国家于2015年发布《水污染防治行动计划》，加快推进水污染防治和水环境质量改善，水专项迎来技术体系完善、成果应用和支撑管理的良机。为更好地完成专项治理技术体系构建，加快成果应用和管理支撑，"十三五"期间水专项设置了"流域（区域）水污染治理模式与技术路线图"课题（简称路线图课题），针对河流、湖泊和城市水体的共性特征和个性差异，研究形成流域水污染治理模式以及流域区域治理的技术路线图，推动流域水污染治理技术体系的应用，为流域区域治理提供科技支撑。

"十三五"路线图课题梳理了我国主要河流的治理历程，总结水专项"十一五"到"十三五"三个阶段"控源减排""减负修复""综合调控"循序渐进的策略，以及"一河一策"技术路线的演进，面向河流水污染治理与水环境质量持续改善的需求，研究形成了河流水污染治理与水生态修复技术路线图及分类治理指导方案。具体而言，从分析河流治理修复战略目标和任务入手，研究提出治理修复对策，构建河流治理中长期技术路线图；针对河流分区分类特点，识别治理修复主控因子，甄选适用性技术，提出河流治理修复分类指导方案。同时，研究提出了河流治理修复技术政策，为技术体系的应用和流域问题的解决提供技术政策保障。以上研究及其成果既形成了河流流域治理技术路线图和分类指导方案的方法学，又将方法应用于"三河"等典型流域，形成了流域案例。

本书总结以上成果，可为不同地区不同类型的河流污染治理和生态修复提供战略指导和技术支撑。全书分为基础篇、路线图篇、方案篇、政策篇和案例篇共五篇 15 章，分别由廖海清、贾世琪、胡妍玢、杨芳、潘婷（基础篇），纪美辰、廖海清、冯冬霞、周兴玄（路线图篇），丁森、尚光霞（方案篇），常明（政策篇），纪美辰、丁森、廖海清、沈月含、于明乔（案例篇）撰写；由廖海清、纪美辰负责全书统稿。

执行路线图课题关于河流方面研究的过程中，学习研究了水专项河流主题前期大量的成果，得到了生态环境部水生态环境司、各相关流域生态环境监督管理局的指导支持；在课题研究和本书撰写过程中，得到了水专项"流域水污染治理与水体修复技术集成与应用"项目和路线图课题各位专家以及本丛书各位顾问和编委的指导支持，在此一并表示衷心感谢！

由于时间和作者水平有限，本书难免存在疏漏之处，恳请读者批评指正。

作　者
2023 年 8 月

◀◀ 目　　录

丛书序
前言

基　础　篇

第1章　概论 ··· 2

   1.1　我国河流基本情况 ··· 2

   1.2　我国河流水环境演变过程 ······································· 3

   1.3　我国河流水污染治理历程 ······································· 6

   1.4　我国河流现状和治理需求 ······································· 9

   1.5　我国河流水污染治理与生态修复攻关成果 ······················· 12

   1.6　我国河流水环境污染现状及问题 ································· 15

   1.7　我国河流生态退化现状 ··· 17

路　线　图　篇

第2章　河流水污染治理与生态修复需求及目标 ······················· 22

   2.1　水环境容量分析 ·· 22

   2.2　河流水生态承载力计算 ·· 24

   2.3　河流水环境问题诊断与发展趋势预测 ··························· 34

   2.4　河流水污染治理与生态修复目标 ······························· 37

第3章　河流水污染治理及生态修复对策与技术 ······················· 40

   3.1　河流水污染治理与生态修复对策 ······························· 40

   3.2　河流水污染治理与生态修复技术 ······························· 41

第4章　河流水污染治理与生态修复技术路线图框架 ··················· 44

   4.1　路线图的制定原则与思路 ······································· 44

4.2 河流治理与生态修复重大需求分析⋯⋯⋯⋯⋯⋯⋯⋯⋯⋯⋯⋯⋯⋯⋯ 46

4.3 河流治理与生态修复战略任务⋯⋯⋯⋯⋯⋯⋯⋯⋯⋯⋯⋯⋯⋯⋯⋯⋯ 47

4.4 河流治理与生态修复特征目标⋯⋯⋯⋯⋯⋯⋯⋯⋯⋯⋯⋯⋯⋯⋯⋯⋯ 47

4.5 河流治理与生态修复实施阶段划分⋯⋯⋯⋯⋯⋯⋯⋯⋯⋯⋯⋯⋯⋯⋯ 47

4.6 河流治理与生态修复重点技术筛选⋯⋯⋯⋯⋯⋯⋯⋯⋯⋯⋯⋯⋯⋯⋯ 47

4.7 路线图制定技术流程⋯⋯⋯⋯⋯⋯⋯⋯⋯⋯⋯⋯⋯⋯⋯⋯⋯⋯⋯⋯⋯ 48

方 案 篇

第 5 章 全国河流分区与分类研究⋯⋯⋯⋯⋯⋯⋯⋯⋯⋯⋯⋯⋯⋯⋯⋯⋯ 50

5.1 全国河流分区方法与结果⋯⋯⋯⋯⋯⋯⋯⋯⋯⋯⋯⋯⋯⋯⋯⋯⋯⋯⋯ 50

5.2 河流类型划分思路与方法⋯⋯⋯⋯⋯⋯⋯⋯⋯⋯⋯⋯⋯⋯⋯⋯⋯⋯⋯ 54

第 6 章 河流污染特征与主控因子识别⋯⋯⋯⋯⋯⋯⋯⋯⋯⋯⋯⋯⋯⋯⋯ 56

6.1 河流污染与生态受损分析单元⋯⋯⋯⋯⋯⋯⋯⋯⋯⋯⋯⋯⋯⋯⋯⋯⋯ 56

6.2 河流污染与水生态健康特征分析⋯⋯⋯⋯⋯⋯⋯⋯⋯⋯⋯⋯⋯⋯⋯⋯ 56

6.3 河流污染与生态受损的主控因子识别⋯⋯⋯⋯⋯⋯⋯⋯⋯⋯⋯⋯⋯⋯ 62

第 7 章 河流污染治理与生态修复适用性技术甄选⋯⋯⋯⋯⋯⋯⋯⋯⋯⋯ 65

7.1 适用性技术甄选思路与方法⋯⋯⋯⋯⋯⋯⋯⋯⋯⋯⋯⋯⋯⋯⋯⋯⋯⋯ 65

7.2 适用性技术甄选结果⋯⋯⋯⋯⋯⋯⋯⋯⋯⋯⋯⋯⋯⋯⋯⋯⋯⋯⋯⋯⋯ 66

7.3 河流水污染治理与生态修复技术清单⋯⋯⋯⋯⋯⋯⋯⋯⋯⋯⋯⋯⋯⋯ 68

第 8 章 河流水污染治理与生态修复分类指导方案框架⋯⋯⋯⋯⋯⋯⋯⋯ 93

8.1 总则⋯⋯⋯⋯⋯⋯⋯⋯⋯⋯⋯⋯⋯⋯⋯⋯⋯⋯⋯⋯⋯⋯⋯⋯⋯⋯⋯⋯ 93

8.2 河流污染与生态健康状况评估⋯⋯⋯⋯⋯⋯⋯⋯⋯⋯⋯⋯⋯⋯⋯⋯⋯ 94

8.3 河流污染与生态受损成因分析⋯⋯⋯⋯⋯⋯⋯⋯⋯⋯⋯⋯⋯⋯⋯⋯⋯ 94

8.4 河流污染治理与生态修复策略与目标⋯⋯⋯⋯⋯⋯⋯⋯⋯⋯⋯⋯⋯⋯ 94

8.5 河流污染治理与生态修复适用技术筛选⋯⋯⋯⋯⋯⋯⋯⋯⋯⋯⋯⋯⋯ 94

政 策 篇

第 9 章 河流水污染防治技术政策⋯⋯⋯⋯⋯⋯⋯⋯⋯⋯⋯⋯⋯⋯⋯⋯⋯ 96

9.1 总则⋯⋯⋯⋯⋯⋯⋯⋯⋯⋯⋯⋯⋯⋯⋯⋯⋯⋯⋯⋯⋯⋯⋯⋯⋯⋯⋯⋯ 96

9.2 河流流域综合治理模式⋯⋯⋯⋯⋯⋯⋯⋯⋯⋯⋯⋯⋯⋯⋯⋯⋯⋯⋯⋯ 97

9.3 河流污染源综合治理技术⋯⋯⋯⋯⋯⋯⋯⋯⋯⋯⋯⋯⋯⋯⋯⋯⋯⋯⋯ 98

9.4 河流水生态修复技术⋯⋯⋯⋯⋯⋯⋯⋯⋯⋯⋯⋯⋯⋯⋯⋯⋯⋯⋯⋯⋯ 99

9.5　河流缓冲带修复技术 ·· 99

9.6　河流生态基流保障技术 ·· 100

9.7　河流智慧监管技术 ·· 101

9.8　鼓励发展的新技术新装备 ·· 101

案 例 篇

第 10 章　辽河流域污染治理与生态修复技术路线图 ······················· 104

10.1　辽河水环境污染历程和主要问题 ······································ 104

10.2　辽河流域治理推荐技术和实施策略 ···································· 107

10.3　辽河流域污染治理与生态修复路线图 ·································· 108

第 11 章　辽河流域河流污染治理与生态修复分类指导方案 ················· 110

11.1　辽河流域河流分类 ·· 110

11.2　水质达标生态保育（AA′）型单元指导方案 ···························· 119

11.3　水质达标生态改善（AB′）型单元指导方案 ···························· 119

11.4　水质提升生态保育（BA′）型单元指导方案 ···························· 122

11.5　水质提升生态改善（BB′）型单元指导方案 ···························· 122

11.6　辽河流域河流污染治理与生态修复分类指导方案建议 ···················· 124

第 12 章　淮河流域污染治理与生态修复技术路线图 ······················· 126

12.1　淮河流域河流水污染治理历程 ·· 126

12.2　淮河流域水环境问题与社会经济现状 ·································· 131

12.3　淮河流域战略任务和实施阶段 ·· 152

12.4　淮河流域特征目标 ·· 154

12.5　淮河流域水污染治理与生态修复技术重点 ······························ 156

12.6　淮河流域污染治理与生态修复路线图 ·································· 157

第 13 章　淮河流域河流污染治理与生态修复分类指导方案 ················· 164

13.1　淮河流域河流分类 ·· 164

13.2　水质达标生态保育（AA′）型单元指导方案 ···························· 173

13.3　水质达标生态改善（AB′）型单元指导方案 ···························· 173

13.4　水质提升生态保育（BA′）型单元指导方案 ···························· 177

13.5　水质提升生态改善（BB′）型单元指导方案 ···························· 178

13.6　淮河流域河流污染治理与生态修复分类指导方案建议 ···················· 179

第 14 章　海河流域污染治理与生态修复技术路线图 ······················· 181

14.1　海河流域河流水污染治理历程 ·· 181

14.2 海河流域水环境问题与社会经济现状 ……………………………… 186

14.3 海河流域战略任务和实施阶段 ……………………………………… 209

14.4 海河流域特征目标 …………………………………………………… 210

14.5 海河流域水污染治理与生态修复技术重点 ………………………… 212

14.6 海河流域污染治理与生态修复路线图 ……………………………… 213

第 15 章　海河流域河流污染治理与生态修复分类指导方案 …………… 218

15.1 海河流域河流分类 …………………………………………………… 218

15.2 水质达标生态保育型单元指导方案 ………………………………… 230

15.3 水质达标生态改善型单元指导方案 ………………………………… 230

15.4 水质提升生态保育型单元指导方案 ………………………………… 233

15.5 水质提升生态改善型单元指导方案 ………………………………… 234

15.6 海河流域河流污染治理与生态修复分类指导方案建议 …………… 236

参考文献 ……………………………………………………………………… 238

基　础　篇

第 1 章 概 论

1.1 我国河流基本情况

中国是世界上河流最多的国家之一，有许多源远流长的大江大河，河湖地区分布不均，内外流区域兼备，其中流域面积超过 1000 km² 的河流就有 1500 多条。中国的河流，按照河流径流的循环形式，有注入海洋的外流河，也有与海洋不相通的内流河，如图 1-1 所示。

图 1-1 我国河流总体概况

中国外流区域与内流区域的界线大致是：北段大体沿着大兴安岭—阴山—贺兰山—祁连山（东部）一线，南段比较接近于 200 mm 的年等降水量线（巴颜喀拉山—冈底斯山），这条线的东南部是外流区域，约占全国总面积的 2/3，河流水量占全国河流总水量的 95% 以上，内流区域约占全国总面积的 1/3，但是河流总水量还不到全国河流总水量的 5%。

中国境内"七大水系"均由河流构成，为"江河水系"，均属太平洋水系。从北到南依次是松花江水系、辽河水系、海河水系、黄河水系、淮河水系、长江水系、珠江水系。

1.2 我国河流水环境演变过程

1.2.1 全国河流水环境质量整体变化趋势

为掌握全国范围河流水环境污染状况，国控水质监测断面个数由"十一五"期间七大水系的 400 多个增加到"十三五"期间七大流域和七大片区的 1600 多个。自 2001 年以来，长江、黄河、珠江、松花江、淮河、海河、辽河七大流域和浙闽片河流、西北诸河、西南诸河总体水质逐年趋向好转，如图 1-2 所示。2020 年，全国河流主要污染指标为化学需氧量（COD）、五日生化需氧量（BOD_5）等。其中，西北诸河、浙闽片河流、长江流域、西南诸河和珠江流域水质为优，黄河、松花江和淮河流域水质良好，辽河和海河流域为轻度污染。以五年为一个阶段，"十五"期间，全国河流水质优良（Ⅰ～Ⅲ类）断面比例由 29.5% 上升到 41.0%，劣Ⅴ类水体由 44.0% 下降为 27.0%；"十一五"期间，Ⅰ～Ⅲ类断面比例由 46.0% 上升到 59.9%，劣Ⅴ类水体由 26.0% 下降为 16.4%；"十二五"期间，Ⅰ～Ⅲ类断面比例由 61.0% 上升到 72.1%，劣Ⅴ类水体比例由 13.7% 下降为 8.9%；"十三五"期间，Ⅰ～Ⅲ类断面比例由 71.2% 上升到 87.4%，劣Ⅴ类水体由 9.1% 下降到 0.2%。

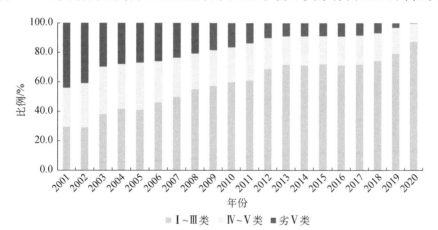

图 1-2　2001～2020 年我国流域水环境质量演变趋势

2001～2010 年是长江、黄河、珠江、松花江、淮河、海河、辽河七大水系的水质；2011 年是长江、黄河、珠江、松花江、淮河、海河、辽河、浙闽片河流、西南诸河和内陆诸河十大水系的水质；2012～2020 年是长江、黄河、珠江、松花江、淮河、海河、辽河、浙闽片河流、西北诸河和西南诸河十大流域的水质

我国水资源缺乏、水污染严重、水生态破坏等问题交织叠加，制约着经济社会发展。自 20 世纪 70 年代以来，国家就已经开始致力于水污染防治工作，不断完善法律法规和监

管制度，加大治理资金投入并重视科技支撑，经过多年努力水污染治理工作取得了较大进展，但是目前我国的水环境状况依然不容乐观。2015年珠江、浙闽片河流、西南诸河等流域总体水质良好，长江、黄河、松花江、淮河、辽河、西北诸河等流域总体水质为轻度污染，海河流域总体水质为中度污染。地表饮用水水源地达标率为92.6%，首要污染物为总磷、溶解氧和五日生化需氧量；地下饮用水水源地达标率为86.6%，首要污染物为锰、铁和氨氮。中国河流的水环境问题十分突出，发达国家上百年发展过程中分阶段出现的河流水环境问题正在中国集中出现，河流水环境污染控制深刻影响着国家的可持续发展。

整体来看，我国河流主要污染物类型表现为结构型和复合型污染。"十五"以前，全国河流的主要污染物为石油类、生化需氧量、氨氮、总磷等。水专项实施以来，主要污染物逐渐集中，"十一五"期间，主要为高锰酸盐指数、氨氮和五日生化需氧量。"十二五"期间，主要为化学需氧量、五日生化需氧量、总磷等。"十三五"期间主要集中于化学需氧量、氨氮等。

1.2.2 典型河流水环境质量变化趋势及问题分析

淮河流域前期污染严重，2005年属中度污染，到2020年水质良好，水质得到明显改善。如图 1-3 所示，国控断面 Ⅰ～Ⅲ 类水质断面比例从 2001 年的 22.1% 提高到 2020 年的 78.9%，劣 Ⅴ 类水质断面比例从 2001 年的 53.2% 下降到 2020 年的 0%。"十五"和"十一五"期间，淮河主要污染指标为化学需氧量（COD）和氨氮，入河污染负荷远超纳污能力是造成淮河水污染的根本原因，且其主要污染物为 COD 与氨氮排放量，城镇生活污染负荷的比例远远超过工业污染负荷。"十二五"和"十三五"期间，淮河主要污染指标为化学需氧量和总磷，这与流域工业发展迅速有关，化工、造纸、制革等重污染行业仍占主导，废水排放量大。此外，淮河流域是我国的主要粮食生产基地之一，化肥的大量施用，使面源污染物随地表径流直接进入地表水体，污染河流，并渗入地下，污染土壤和地下水，而被污染的地下水最终排向地表水体，加剧了河流的污染。直到 2020 年，淮河流域干流和沂沭泗水系水质为优，主要支流水质良好，山东半岛独流入海河流为轻度污染。

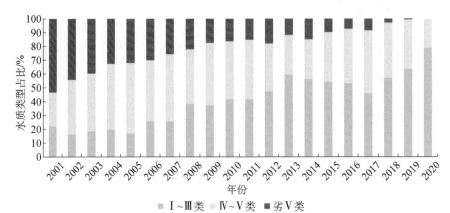

图 1-3　2001～2020 年淮河流域水环境质量演变趋势

海河河流水质正在逐步得到好转，2020 年海河流域总体水质为轻度污染，主要污染指标为化学需氧量、高锰酸盐指数和五日生化需氧量。如图 1-4 所示，Ⅰ～Ⅲ 类水质断面比例从 2001 年的 15.4%提高到 2020 年的 64%，劣 V 类水质断面比例从 2001 年的 67%下降到 2020 年的 0.6%。"十五"和"十一五"期间主要污染指标为氨氮和五日生化需氧量等，"十二五"和"十三五"期间主要污染指标为化学需氧量和总磷等。海河水环境问题受水资源量不足影响大，流域内工业源、生活源所造成的有机污染贡献占比大，整体水体自净能力差。直到 2020 年，海河流域干流两个国控断面中，三岔口为 II 类水质，海河大闸为 V 类水质；滦河水系水质为优；主要支流、徒骇马颊河水系和冀东沿海诸河水系为轻度污染。

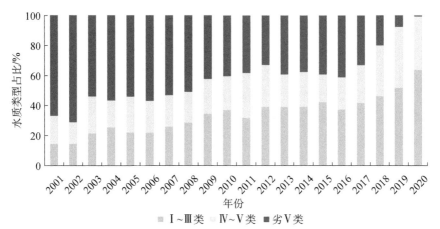

图 1-4　2001～2020 年海河流域水环境质量演变趋势

　　辽河流域水环境总体呈现稳中向好态势，2020 年辽河流域轻度污染，主要污染指标为化学需氧量、高锰酸盐指数和五日生化需氧量。如图 1-5 所示，I～III 类水质占比从 2001 年的 8.3%提高到 2020 年的 70.9%，全流域水质总体由重度污染改善为轻度污染，2001 年劣 V 类河段主要分布在干流及高人口密度区域，2020 年无劣 V 类国控断面。辽河流域主要污染物为化学需氧量、氨氮等，由于辽河流域为北方重化工基地，分布着冶金、化工、造纸、医药、石化、非金属采矿等行业，这些重点行业的 COD 和氨氮排放量占工业排放总量的 70%以上，表现为工业结构型污染问题突出。直到 2020 年，大凌河水系和鸭绿江水系水质为优，大辽河水系水质良好，干流和主要支流为轻度污染。

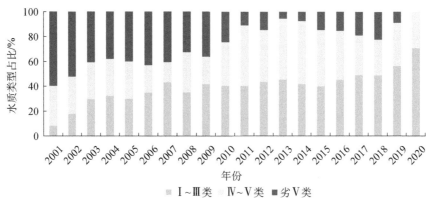

图 1-5　2001～2020 年辽河流域水环境质量演变趋势

1.3 我国河流水污染治理历程

纵观我国的河道的发展历程，可以大致分为四个阶段：第一阶段是中华人民共和国成立之前，为被动防御阶段，由于缺乏整体的发展观念，我国的河道治理基本上是随着自然的变化而被动采取治理措施，往往是一种"拆东墙补西墙"的不得已行为。第二阶段是20世纪50~70年代，为河流让地于发展需求阶段，由于生产发展模式与实际需求的共同作用，虽然在河道建设上已取得了一定的成绩，但缺乏科学的规划。而且，为了尽可能地提高粮食产量，采取了一些不切实际的举措，如填湖填河造地，造成了众多河道整体上的流通不畅。第三阶段是20世纪70~90年代，为防洪排污与经济治河阶段。这一阶段主要有两大特点：①为了保护耕地、村庄、地方企业和道路等设施，按照国家法律规定的防洪标准进行达标治理，确保社会的安定与经济的平稳持续发展；②将河道治理与排污需要相结合。第四阶段是20世纪90年代以后，为生态可持续发展阶段，开始从传统的片面发展观念向综合生态的方向转变。

1.3.1 河流水污染治理历程

我国河流水污染治理工作自"十一五"以来，水专项研发了大量水污染治理与生态修复技术，部分成果已经示范应用和产业化推广，促进了水污染治理与生态修复产业发展。其中，"十一五"期间突破了360余项控源减排关键技术、210项河流污染控制与修复关键技术；"十二五"期间在继续攻克典型污染物污染负荷削减关键技术基础上，突破200余项河流污染控制与治理和管理技术；"十三五"是水专项的收官阶段，也是水专项治理与修复技术体系进一步完善、在国家水污染治理与生态修复中发挥支撑作用的冲刺阶段，根据河流流域区域的不同污染特征和技术适应性，在多维度河流分类研究基础上，利用技术集成优选手段，系统总结梳理水专项在流域水污染治理和生态修复方面的成果，研发了河流流域水污染治理与生态修复技术集成创新模式和发展路线图，为全国重点流域河流水环境综合整治和生态修复提供有力技术支持。

我国河流水污染防治研究工作始于20世纪70年代，随后的"六五""七五""八五"攻关中，开展了大量的水环境背景值、水体功能区划、水环境容量理论与总量控制方法等研究工作，在这些研究工作期间运用了水质数学模型、多目标评价预测模型和大规模系统优化方法等定量分析手段，增强了规划的科学性。"九五"期间以淮河为先导，海河、辽河、太湖、巢湖、滇池等流域的水污染防治相继开始，大规模的水污染防治工作在"三河三湖"等重点流域全面展开。经过数十年研究，南水北调工程总体格局定为西、中、东三条线路，分别从长江流域上、中、下游调水，2000年6月南水北调工程规划有序展开。"十五"之前，我国处于河流生态治理技术与应用起步阶段。"十五"以来，国家持续加大对重点流域水污染的治理工作，随着"十一五"国家将主要污染物纳入流域和地方的水污染治理考核中，河流水污染治理能力得到显著提升，有效地改善了重点流域干流及部分支流水质。随着有机污染的控制，氨氮逐渐成为制约水质提升的重要因子，随之开展了城市污水处理厂升级改造，这些措施对控源减排和河流水质改善发挥了重要作用。

为切实加大水污染防治力度，自 2005 年始，水利部先后启动了 46 个城市的全国水生态系统保护和修复试点。2008 年，国家水体污染控制与治理科技重大专项启动，开展松花江、辽河、海河、淮河、东江、太湖、巢湖、滇池、洱海等流域的生态治理技术系统与综合示范研究。

2011 年，环境保护部在全国范围内启动了水质良好湖泊生态环境保护试点工作。按照突出重点、择优保护、一湖一策、绩效管理的原则，完成湖泊生态环境保护任务。与以往环境项目相比，其特点不是简单的治理，而是防治并重。全面关注湖泊的生态环境问题，除原有的富营养化问题外，还有干化咸化、大型工程影响、生物多样性恢复等。

2015 年国务院印发了《水污染防治行动计划》，提出狠抓工业污染防治、强化城镇生活污染治理、推进农业农村污染防治、加强船舶港口污染控制等措施，以全面控制污染物排放。在整治城市黑臭水体方面，采取控源截污、垃圾清理、清淤疏浚、生态修复等措施，加大黑臭水体治理力度。要求地级及以上城市建成区应于 2015 年底前完成水体排查，公布黑臭水体名称、责任人及达标期限；于 2017 年底前实现河面无大面积漂浮物，河岸无垃圾，无违法排污口；于 2020 年底前完成黑臭水体治理目标。直辖市、省会城市、计划单列市建成区要于 2017 年底前基本消除黑臭水体。为贯彻落实《国务院关于印发水污染防治行动计划的通知》（国发〔2015〕17 号）要求，加快城市黑臭水体整治，住房和城乡建设部会同环境保护部、水利部、农业部组织制定了《城市黑臭水体整治工作指南》，黑臭水体整治全面启动。

2015 年 5 月，财政部、环境保护部、水利部联合发布《关于开展国土江河综合整治试点工作的指导意见》，以流域为单元，统筹解决流域水资源、水环境、水生态、水灾害等问题，搭建国土江河综合整治平台，推进流域资源环境的综合治理与协同保护。试点先行，财政部、环保部、水利部联合印发的《关于启动国土江河综合整治试点实施方案编制工作的通知》（财建便函〔2014〕90 号）提出，第一批启动东江流域和滦河流域试点。2015 年 6 月，水利部批准《河湖生态保护与修复规划导则》（SL/T 709—2015）。

2016 年 12 月，全面推行河湖长制，注重加强体制制度建设，河流健康评估技术规范、生态流量核定技术规范开始制定。

2018 年 6 月，《中共中央　国务院关于全面加强生态环境保护　坚决打好污染防治攻坚战的意见》提出打好长江保护修复攻坚战，以改善长江水环境质量为核心，坚持"减排、扩容"两手发力，扎实推进水资源合理利用、水生态修复保护、水环境治理改善"三水并重"；打好渤海综合治理攻坚战，加强陆域污染治理、海洋生态保护、港航污染治理；打好城市黑臭水体治理攻坚战，推进城市环境基础设施建设，开展城市黑臭水体整治监督检查，督促地方建立长效机制，确保黑臭水体长治久清。海口、三亚、深圳、武汉等各地纷纷出台各种举措，全面排查整治小微黑臭水体，巩固已消除黑臭水体治理成效，积极推进 2019 年年底全面消除黑臭水体。此外，重庆、上海、威海等各地积极出台各种政策，全面消除劣 V 类水体。

1.3.2　河流水生态修复历程

我国生态河流治理的历程可分为四个阶段：第一阶段，探索阶段（1998～2001 年）；

第二阶段，萌芽阶段（2002~2006年）；第三阶段，发展阶段（2007~2015年）；第四阶段，完善阶段（2016年至今）。

河流生态修复是通过适度人工干预，促进河流生态系统恢复到较为自然状态，即修复受损河流的物理、生物和生态过程，使其较目前状态更加健康、稳定和可持续，同时提高河流生态系统价值和生物多样性。20世纪中叶以来，西方发达国家开始意识到人类活动对河流生态系统造成的损害，陆续开展河流生态修复相关的理论研究和实践工作。1965年，德国在莱茵河用芦苇和柳树进行了生态护岸实验，实现了对河流结构的修复，可以看成是最早的河流生态修复实践。80年代，德国、瑞士等国提出了"重新自然化"概念，将河流修复到接近自然的程度。90年代，美国拆除废旧堰坝恢复河流生态的工作得到空前展开，1999~2003年，拆除位于小支流上的病险水坝168座，拆坝后大多数河流生态环境得以恢复，尤其是鱼类洄游通道和生存环境得到改善。

我国在河流生态修复方面的研究起步较晚，生态修复的认知始于20世纪90年代。早期的研究主要集中在河流生态系统某个方面的功能或基于水污染治理的角度，但发展迅速，近些年来河流生态保护与修复已经引起社会各界的重视，并相继开展了许多研究与实践活动。刘树坤于1999年提出"大水利"理论，并在其访日报告《河流整治与生态修复》中，通过分析日本、瑞士的几个建设项目的生态修复实例，说明了河流的生态修复方法应当根据工程建设对环境影响的内容、程度不同而有所不同，生态修复必须适应自然的营造力，不能强行修复，而应依靠自然规律来维持，一些治理对策为我国开展河流生态修复工作提供了参考。部分学者提出了生态水工学的理论框架及生态方法水体修复技术，并从生态系统需要角度，提出了修复河流生态环境的工程措施及一系列理论和方法。

我国河流污染治理在2002~2006年为萌芽阶段，主要研究工作是学习国外在该领域的成果，并形成针对我国河流现状、治理目标及面临问题的学术见解。2003年董哲仁提出的"生态水工学"概念和相关理论，分析了以传统水工学为基础的治水工程的弊病和对河流生态系统的不利影响，认为在水利工程设计中应结合生态学原理，充分考虑野生动植物的生存需求，保证河流生态系统的健康。2004年，水利部印发了《关于水生态系统保护与修复的若干意见》（水资源〔2004〕316号），首次从国家部委层面提出了水生态保护与修复的指导思想、基本原则、目标和主要工作内容，标志着国家水生态保护与修复意识的全面觉醒。

2005年至今，随着研究进一步深入，我国的河流生态修复理论与实践活动由初始的理论探讨、整治框架阶段向具体的修复方法、手段和技术转变。2005~2015年，水利部在全国范围内先后启动了无锡、武汉、桂林、莱州、丽水、新宾、凤凰、松原、邢台、西安、合肥和哈尔滨等14个不同类型水生态系统的保护与修复试点；2013年起水利部大力推动水生态文明建设，先后启动两批105个全国水生态文明城市建设试点，通过打通断头河、连通水系、调水补水、生态护岸、污染沟道治理等多种措施，改善河流生态功能。2014年，环境保护部印发《关于深化落实水电开发生态环境保护措施的通知》，要求深化落实水电站生态流量泄放措施、下泄低温水减缓措施、栖息地保护措施、过鱼措施、鱼类增殖放流措施和陆生生态保护措施，对受水电开发影响河流的生态保护与修复工作提出了明确的具体要求。

在国家战略层面，2012~2013年，国务院相继批复了长江、辽河、黄河、淮河、海河、珠江、松花江七大流域综合规划，规划报告中制定了流域一系列控制性指标和流域用水总量控制、用水效率控制及水功能区限制纳污三条"红线"规划，明确了不同河流河段治理开发和保护的功能定位及其目标任务。2014 年，国家发展改革委等印发《全国生态保护与建设规划（2013—2020 年）》，规划中明确提出保护和恢复湿地与河湖生态系统的要求。2015 年，《全国水资源保护规划（初稿）》编制完成，规划中明确要求建成水资源保护和河湖健康保障体系，实现水质、水量和水生态统一保护目标。

在我国河流生态修复即将进入快速发展期之时，有学者提出了针对河流生态修复全生命周期的顶层设计思路和关键技术流程。①在事前计划阶段，需要对河流的生态现状进行全面摸底和科学评价，据此确定修复目标和生态修复基点，再制定与当前社会发展和生态环境要求相适应的生态修复规划。②在事中控制阶段，即生态修复措施的实施阶段，首先需落实各级规划和环评审批文件中涉及的生态环保措施，其次对于工程措施需要严格控制工程设计、工程质量和工程安全，对于非工程措施需要审慎控制措施执行规程，确保被修复河流的生态功能不降低、空间面积不减少、保护性质不改变。③在事后管理阶段，需要对修复后的河流进行适应性管理，通过建立负反馈机制，不断完善、改进修复措施和管理方式，确保河流生态系统朝着越来越健康的方向发展，以达到长效久治的目的。对于成熟且效果良好的河流生态修复技术与修复模式，应鼓励和探索在其他河流的推广应用。

1.4　我国河流现状和治理需求

1.4.1　我国河流主要问题

我国近几十年经济飞速发展，对河流生态系统的干扰不断强化，不同程度地改变了河流天然的水文水系特征，干扰了它的自然功能。河流是一个巨大的系统，具有较强的抵御干扰能力，但如果干扰超过它的自我调节和自我修复能力，其自然功能也将不可逆转地逐渐退化，最终影响甚至威胁人的生存和发展。我国的不少河流已经发生各种演变，对我国社会经济的可持续发展正在日益形成威胁，需要引起高度重视。总体看来，我国河流退化状况和驱动因素可以归纳为水资源过度开发利用、水污染和河流连续性破坏三个方面，并呈现较强的复合型特征。

1. 水资源分布不均衡，北方地区开发利用程度高

水资源开发利用程度（利用率）是指流域或区域耗水量占水资源总量的比例，是水资源利用中的耗水程度，国际上一般认为的警示线为对一条河流的开发利用不能超过其水资源量的 40%。

我国水资源整体开发利用程度接近 25%，就全国分布而言，呈现"北高南低"的特点。北方水资源开发利用率较高，尤其是西北干旱地区和华北地区利用程度高。北方主要河流的水资源利用率基本已超过 50%，其中海河流域大部分区域已超过 90%。黄河、海河、辽河、淮河的水资源利用率一般都超过了国际警示线。南方由于水资源丰富而利用量少，其水资源开发利用率普遍较低，如长江流域仅为 18%，珠江流域（2007 年）水资源开发利用率为 20.2%。

我国水资源开发利用率呈现"北高南低"与降雨带和人类活动关系密切。受人口密度、经济结构、作物组成、节水水平、水资源条件等多种因素的影响,各地区的用水指标值差别很大。总之,我国水资源开发利用程度地区分布不均,"北高南低",随气候和人类活动而变化,干旱年高,丰水年低,随社会发展总用水量增加。

2. 河流水污染问题十分严峻,污染类型多样且呈复合性

直接或间接排入河流的污染物在超过河流的环境容量后就会导致河水水质恶化。我国河流污染类型多样且呈复合性。总体来看,辽河、海河、淮河和黄河中游段 COD_{Cr}、NH_3-N 等耗氧污染仍然是首要影响因素,长江流域等部分支流河段存在重金属污染等。2020年,长江、黄河、珠江、松花江、淮河、海河和辽河七大流域和浙闽片河流、西北诸河、西南诸河主要江河的 1614 个水质断面中,Ⅰ~Ⅲ类、Ⅳ~Ⅴ类和劣Ⅴ类水质的断面比例分别为 87.4%、12.4% 和 0.2%,主要污染指标为化学需氧量、高锰酸盐指数和五日生化需氧量。其中,浙闽片河流、西北诸河、西南诸河、长江流域和珠江流域水质为优,黄河流域、松花江流域和淮河流域水质良好,辽河流域和海河流域为轻度污染。总体上看,我国流域污染状况是干流水质好于支流,一般河段强于城市河段,污染从下游地区逐步向上游转移。

3. 闸坝众多,河流连续性受阻

为满足社会发展对水资源的需求,在河流上修建众多的闸坝和水库成为必需。一方面,闸坝的存在,对满足人民生产生活用水需求起到重要作用;另一方面,过多的闸坝阻断了河流的连续性,使得闸坝上游经常蓄积大量的工业废水和生活污水,导致污染团集中下泄,造成河流突发污染事故。

就全国分布而言,我国主要河流大中型闸坝分布呈现"东高西低"的特点,其分布与区域经济发展水平、人口密度、水资源量等因素相关。例如,珠江、长江流域上的闸坝数量均超过了 10000 座,淮河流域有 5000 余座,黄河流域有近 2000 座,其他几大流域上的闸坝数量均低于 1000 座。其中,海河流域的大中型闸坝数量(128 座)居几大流域之首,这可能与海河流域的水污染严重、水资源紧张及水资源开发利用程度较大这一现状有关。

1.4.2 河流治理与生态恢复难点问题

总体看来,我国河流退化与人类活动密切相关,河流水环境整体生态环境状况已进入大范围生态退化和复合性环境污染的新阶段。我国河流退化成因过程复杂多样、流域土地利用和水文水资源利用过程高度耦合,加之区域经济社会发展进程中的水资源安全和生物多样性恢复之间的矛盾,使得河流治理和生态恢复存在诸多难点亟需破解。

1. 我国河流生态系统退化类型、成因、过程复杂多样

污染来源的差异导致河流生态系统退化类型不一。我国河流水体污染物来源的区域差异较大,主要受流域内人类活动和下垫面性质的影响。不同的污染来源,使得河流呈现

化学、富营养化、微生物、有毒有机物等多种污染类型，进而导致河流生态系统退化类型迥异。

区域人类活动和流域物质过程的复杂性导致河流退化的成因过程复杂多样。在时间尺度上，改革开放前，以防洪和水资源利用为目的的水利工程（防洪、漕运、水资源利用、土地开发）的建设是河流退化的主要原因和驱动力；而近期以水污染为主。在空间格局分布上，河流退化以秦岭—淮河南北分线，这同我国气候、降水分线一致。河流退化驱动力类型主要是流动体系变更和混合动力型。其中，淮河水系、海河水系、辽河水系的驱动力为混合型，主要是由污染、水资源和河流流动体系变更的综合作用导致；长江水系和珠江水系的退化驱动力主要是河流流动体系变更。

2. 流域土地利用、水资源利用、水文过程叠加效应突出

流域土地利用格局的演变导致流域下垫面格局发生显著变化，而城市化是流域土地利用演变的主要驱动力。城镇土地急剧扩张改变流域水资源利用方式，城镇用水和排水过程的集聚效应对河流水资源和水环境造成强烈影响。城镇土地类型水资源需求强度远高于其他土地类型，使河流水资源开发利用在城镇土地高度集中；城镇排水过程产生大量污染负荷，污染物输出强度均远远大于其他土地类型，使河流水环境压力在城镇土地区域明显提高。城镇化和土地利用类型的变化不仅改变了水资源利用状况，还影响着河流水文过程：一方面，城市建设使得不透水地表面积增多，从而严重影响水流下渗，导致地表与浅层地下水之间的联系切断；另一方面，城镇扩张造成周边农田分布和结构改变，对水资源开发利用加强导致河流断流，下游河流、湖泊等湿地缺少水量补充，导致其退化消失。

3. 经济社会发展需求，水资源安全与生物多样性恢复/保持难以两全

就我国的国情而言，区域社会经济的发展仍然是第一要务。发展是解决一切问题的基础和手段。发达国家的发展经验已经证明，区域经济的发展过程必然加强水资源的利用和废污水的排放，加重河流污染负荷，对河流水资源安全和生物多样性造成不可忽视影响，这是二者不可调和的矛盾。因此，在保证区域经济发展的同时，最大限度地保持河流水资源安全，恢复/保持河流生态系统的生物多样性，是我国河流治理与生态恢复的重中之重。

1.4.3　河流生态恢复基本定位和表征

河流生态恢复的基本定位为优先保障河流生态服务功能，兼顾生物多样性恢复。鉴于我国河流污染类型的多样性和生态恢复的复杂性，结合区域社会经济发展的需求，河流生态修复不可能使河流恢复至未受干扰前的状态，而较为可行的是恢复河流生态服务功能，同时要兼顾河流生物多样性。河流生态服务功能，是指人类直接或间接从河流生态系统功能中获取的利益，主要可以分为支持服务功能、供给服务功能、调节服务功能和文化服务功能。而河流生物多样性是指一定河段范围内多种多样活的有机体（动物、植物、微生物）有规律地结合所构成稳定的生态综合体。这种多样性包括水生生物物种多样性、物种的遗传与变异的多样性及水生态系统的多样性。

根据保障河流生态服务功能，兼顾生物多样性恢复的河流生态修复目标定位，将修复目标进一步表征为实现水资源安全（量、质、节律）和恢复河流生物群落关键类群。水资源安全是指在不超出水资源承载能力和水环境承载能力的条件下，水资源的供给能够在保证质和量的基础上满足人类生存、社会进步与经济发展，维系良好生态环境的需求，具体包括防洪安全、供水安全和水质安全。目前，水污染对于水质安全的威胁是最为关注的问题。河流生物群落关键类群是基于功能特性类似，并具有一定聚集特征和相似功能的水生生物群体，其是河流生态系统的关键驱动者，决定着生态系统演替的方向和过程，对维持生态系统稳定和健康至关重要。功能群侧重于说明物种对生态过程和功能的作用，能帮助解释物种对生态系统过程影响的机理，而且可以简化对具有众多物种生态系统的研究。最后，以河流水资源安全和水生态健康为具体目标，选择河流水功能标准，结合生物多样性和功能群恢复阈值，开展河流水质和指示种评价，综合诊断河流水环境问题，确定河流治理需求。

1.5 我国河流水污染治理与生态修复攻关成果

2006 年 2 月，国务院发布了《国家中长期科学和技术发展规划纲要（2006—2020年）》，水专项是据此设立的十六个重大科技专项之一。2008 年，水专项领导小组发布水专项实施方案，下设湖泊、河流、城市、饮用水、监控预警和政策六个主题，其中河流主题历经"十一五""十二五""十三五"，开展了河流治理与修复的理念创新、技术创新和理论创新，攻克了一批关键技术并开展了工程示范，形成了符合我国国情的流域水质目标管理和水污染治理技术体系，为我国流域水污染防治、水环境状况的根本好转奠定了技术基础。

1.5.1 河流治理修复的攻关目标、攻关思路、技术与理论突破

水专项河流主题攻关目标是：围绕一个重大科学问题探索和阐明不同类型河流流域水污染问题的形成机理，提出相应的污染控制技术原理和科学的综合整治方案；构建国家河流水污染控制与治理技术体系和国家河流水环境管理技术体系两个技术体系；重点突破耗氧污染形成机制、控制技术原理、管理机制与方法，河流水质风险形成机制、控制技术原理、管理机制与方法，河流生态系统退化和修复、生态系统完整性管理技术原理与方法三类关键技术。

河流主题攻关思路是：以控源减排为突破口，坚持流域水质目标管理，旨在恢复河流生态完整性和生态系统功能；着力研发河流水污染控制与水环境治理技术、河流水环境综合管理技术、受损河流生态修复与恢复技术。水专项启动实施以来，就明晰了河流主题以构建河流水污染控制与治理技术体系、国家河流水环境管理技术体系为目标，按照专项控源减排、减负修复、综合调控三阶段战略部署，针对 COD、氨氮、有毒有害污染物等防控，河流水生态修复开展技术创新与集成。针对国家水污染防治重点流域水环境问题，以

创新和集成技术的工程示范为引领，推动流域水污染防治规划的制定和实施，在松花江、辽河、海河、淮河、东江等流域开展研究和示范，以及技术应用推广。

针对国家重点流域水污染治理迫切需求，水专项重点在五大流域开展技术研发和示范。松花江流域，着重研发以水质风险和突发污染事故控制为核心的国家高环境风险河流水污染防治与水质安全保障技术；辽河流域，着重研发以黑臭消除与水质改善为核心的控源减排与水资源循环利用技术；海河流域，着重研发以非常规水源补给为核心的重污染河流水质改善技术；淮河流域，着重研发以污废水再生与生态安全利用为核心的闸坝型河流污染治理与生态修复技术；东江流域，着重研发以饮用水源型河流风险管控、维护生态、保水甘甜为核心的水环境风险控制工程技术和综合管理技术。

在水专项攻关过程中，重点突破了河流耗氧过程 COD、氨氮等的控制原理，基于河流污染源解析、水环境承载力与负荷分配计算的河流水质目标管理技术，基于水资源优化调配的水质保障技术，污染物水环境风险识别技术，石化、化工、冶金、造纸、纺织印染、制药、食品加工、制革、工业园区污染物的全过程控制技术和过程原理，农业面源污染控制与管理技术与原理，河流生态完整性评估技术，人工与自然耦合大型湿地生态系统恢复技术等一大批技术和原理。这些技术的研发与集成，有效地支撑了辽河、淮河和海河等流域水污染治理与水环境修复工程的实施，并起到了示范的作用，推动了区域水污染防治规划和行动计划的实施和目标实现，支持了流域水环境质量的改善与提升。

1.5.2 河流治理修复的技术、工程和综合示范

在流域示范方面，按照问题导向和目标导向，从问题出发，以实现流域治理目标为努力方向，水专项着力攻克流域水污染治理中的关键瓶颈；按照流域统筹、分区分类分期的思路，开展治理和管理技术的研发、集成和示范。

针对松花江流域高寒区高风险典型河流特征，重点突破了石化行业废水有毒有机物全过程控制关键技术，形成辨毒、减毒、解毒相结合的废水有毒有机物全过程控制技术模式；建立了基于"高风险源识别—诊断—监控预警"的高风险源管理系统和四级风险防控系统，建设了流域事故模拟与应急管理平台；构建了高寒区城市污水处理厂低温期稳定运行技术体系；研发了高寒区农田氮磷面源污染全过程控制技术与模式；形成了"生境修复—食物链延拓—生态需水保障"高寒区生态修复模式；总体上提出了"双险齐控、冬季保障、面源削减、支流管控、生态恢复"松花江流域治理模式。经过水专项攻关和示范，支撑了松花江流域风险污染物减排，实现了重点行业控源减排稳定达标，支持了流域水质改善以及部分流域水生态的恢复。

针对辽河流域北方缺水型重化工业重污染典型河流特点，结构性、区域性、流域性等污染特征，重点突破了冶金、石化、制药、造纸、印染、食品等行业水污染治理技术，农业面源污染治理技术，水生态修复技术；按照源头区、干流区和河口区的不同区位特点和治理修复问题需求，开展区域解决方案的创新设计和工程示范；积极支持"十二五""十三五"国家重点流域水污染防治规划的编制；创新理念和理论，设计了大型河流保护区——辽河保护区，研编了分阶段生态修复与保护方案；支持国家"水十条"和流域规划的实

施。构建了辽河流域水污染治理和水环境管理两个技术体系，显著提升了流域水污染治理科技水平，支持流域水质持续改善，促进了以分散式污水治理为特色的环保产业化发展，推动了流域水污染治理市场化机制的有效发挥。

针对淮河流域"闸坝多、污染重，基流匮乏、风险高、生态退化"等典型特征，水专项确定了"抓住关键问题、聚焦重点区域、设立阶段目标、突破关键技术、改善流域水质"的治理策略，选择淮河污染最重的典型闸坝型河贾鲁河—沙颍河和南水北调东线过水通道——南四湖为重点治理综合示范区，实施了从重点污染源治理、河流生态修复、水环境精准管理与产业化推广应用的"点—线—管—面"综合治理技术路线。在"点"上，重点突破了以两相双循环厌氧反应器能源化-芬顿流化床深度处理-人工湿地无害化生态净化为核心的农业伴生工业废水能源化与无害化处理、以流化态零价铁还原-流化床芬顿氧化为核心的精细化工废水深度处理与毒性减排、以多点 OAO（曝气-缺氧-好氧的工艺流程）和磁性树脂吸附为核心的城镇污水深度处理与生态安全利用、以"种-养-加"农业废弃物资源循环利用为核心的半湿润农业区面源污染防控等一系列重点污染源控制与治理关键技术；在"线"上，自主研发了以基质调控为核心的梯级序列生态净化、以微生境构造为核心的近自然生态系统恢复等闸坝型河流生态修复关键技术，形成了淮河水生态修复范式；在"管"上，建立了基于"行业间接排放标准—小流域排污标准—河流水质达标标准"有序衔接的闸坝型河流的"三级标准"体系，突破了基于"生态基流保障—大型污染事故防范—水生态安全防控"的闸坝型重污染河流水质-水量-水生态联合调度技术，有效防范突发污染故事发生，显著提高了生态用水保证率；在"面"上，沿淮建立了 8 个成果产业化推广平台和 3 个技术创新联盟，构建了以"技术研发—成果孵化—联盟集成—平台推广—机制保障"为核心的全链式水专项成果转化与产业化创新体系。通过贾鲁河和南四湖的综合治理实践，创新构建出基于"三级控制、三级标准、三级循环"的闸坝型重污染河流"三三三"治理模式与蓄水型湖泊"治用保"治污模式，实现了贾鲁河—沙颍河根本性好转，保障了南水北调东线输水水质安全，有力支撑了淮河流域水环境质量持续显著性改善。

针对东江流域高质量发展要求和高经济密度、高发展速度、高水质要求、高强度控污的特点，从水质风险、生态风险、健康风险三个方面，集成创新包括控制风险（控）、维护生态（维）、保水甘甜（保）、高质发展（发）在内的水源型河流水环境风险控制工程技术体系和水环境综合管理技术体系。按照"一区一策"技术路径集成研发上游水源区清洁产流、中游输水通道区清水入江、下游受水区脱毒减害和高强度控污等工程技术；研发以"监测、估算、评估、控制"为主线的优控污染物、生物毒性和水华水生态风险综合管理技术；构建华南地区感潮河流高精度水环境实时模拟系统，建成水源型河流水质风险管理决策支持平台并实现业务化运行。积极支撑东江水源安全保障工作，促进深圳中国特色社会主义先行示范区水源安全保障更有力；编制《水体达标方案编制技术指南（试行）》《东江流域生态环境保护与治理实施方案（2019—2021）》，支持"水十条"重点任务落地，为《广东省水污染防治行动计划实施方案》提供科技支撑。水源型河流水环境风险控制工程技术体系和水环境综合管理技术体系集成研发，显著提升了东江流域水质风险防控和决策支持能力，实现了水源型河流从"水质管理"向"水生态管理"、从"静态管理"向"实时过程管理"、从"达标管理"向"风险管理"的重大转变，促进了流域高质量发展。

1.5.3　河流治理修复的理论总结

流域水污染治理与修复理论的创新，源自对国内外先进经验的学习和流域治理科技创新与管理支撑的实践。水专项在我国河流水污染治理和管理理念可简要概括为"1332"，即一个目标、三个划分、三个协同和两个机制。

一个目标，即通过河流水污染控制、水环境治理和水生态修复不断改善流域水生态环境质量，恢复河流生态系统完整性。

三个划分，即分区、分类、分期。分区，首先根据全国尺度自然地理环境因素进行划分，其次在流域范围内，根据地理、水文、水生态等开展流域水生态环境功能分区。分类，在流域分区的基础上，根据水资源、水环境、水生态状况，研究分类的治理技术和管理措施。分期，即结合全国水环境治理目标和不同流域治理进度差异，提出不同阶段的治理目标和治理策略。

三个协同，即河流水污染治理与管理的协同、与水生态修复的协同，生态流量保障与水环境质量管理的协同。

两个机制：一是充分发挥河湖长制；二是充分发挥市场机制作用推动环保产业发展。

1.6　我国河流水环境污染现状及问题

1.6.1　我国河流水环境污染现状

根据《2020 中国生态环境状况公报》，我国流域主要污染指标为化学需氧量、总磷和五日生化需氧量，长江、黄河、珠江、松花江、淮河、海河和辽河七大流域和浙闽片河流、西北诸河、西南诸河主要江河的 1614 个水质断面中，Ⅰ～Ⅲ类、Ⅳ～Ⅴ类和劣Ⅴ类水质的断面比例分别为 87.4%、12.4% 和 0.2%，西北诸河、浙闽片河流、长江流域、西南诸河和珠江流域水质为优，黄河、松花江和淮河流域水质良好，辽河和海河流域为轻度污染，具体如下。

（1）长江流域水质为优。监测的 510 个水质断面中，Ⅰ～Ⅲ类占 96.7%，比 2019 年上升 5.0 个百分点；无劣Ⅴ类，比 2019 年下降 0.6 个百分点。其中，干流和主要支流水质为优。

（2）黄河流域水质良好。监测的 137 个水质断面中，Ⅰ～Ⅲ类占 84.7%，比 2019 年上升 11.7 个百分点；无劣Ⅴ类，比 2019 年下降 8.8 个百分点。其中，干流水质为优，主要支流水质良好。

（3）珠江流域水质为优。监测的 165 个水质断面中，Ⅰ～Ⅲ类占 92.7%，比 2019 年上升 6.6 个百分点；无劣Ⅴ类，比 2019 年下降 3.0 个百分点。其中，干流、主要支流和海南岛内河流水质均为优。

（4）松花江流域水质良好。监测的 108 个水质断面中，Ⅰ～Ⅲ类占 82.4%，比 2019 年上升 17.0 个百分点；无劣Ⅴ类，比 2019 年下降 2.8 个百分点。其中，干流水质为优，主要支流、图们江水系、乌苏里江水系和绥芬河水质良好，黑龙江水系为轻度污染。

（5）淮河流域水质良好。监测的 180 个水质断面中，Ⅰ～Ⅲ类占 78.9%，比 2019 年上升 16.2 个百分点；无劣 Ⅴ 类，比 2019 年下降 0.6 个百分点。其中，干流和沂沭泗水系水质为优，主要支流水质良好，山东半岛独流入海河流为轻度污染。

（6）海河流域轻度污染，主要污染指标为化学需氧量、高锰酸盐指数和五日生化需氧量。监测的 161 个水质断面中，Ⅰ～Ⅲ类水质断面占 64.0%，比 2019 年上升 13.1 个百分点；劣 Ⅴ 类占 0.6%，比 2019 年下降 6.9 个百分点。其中，干流两个断面，三岔口为 Ⅱ 类水质，海河大闸为 Ⅴ 类水质；滦河水系水质为优；主要支流、徒骇马颊河水系和冀东沿海诸河水系为轻度污染。

（7）辽河流域轻度污染，主要污染指标为化学需氧量、高锰酸盐指数和五日生化需氧量。监测的 103 个水质断面中，Ⅰ～Ⅲ类水质断面占 70.9%，比 2019 年上升 15.6 个百分点；无劣 Ⅴ 类，比 2019 年下降 8.7 个百分点。其中，大凌河水系和鸭绿江水系水质为优，大辽河水系水质良好，干流和主要支流为轻度污染。

（8）浙闽片河流水质为优。监测的 125 个水质断面中，Ⅰ～Ⅲ类水质断面占 96.8%，比 2019 上升 1.6 个百分点；无劣 Ⅴ 类，比 2019 年下降 0.8 个百分点。

（9）西北诸河水质为优。监测的 62 个水质断面中，Ⅰ～Ⅲ类水质断面占 98.4%，比 2019 年升 1.6 个百分点；无劣 Ⅴ 类，与 2019 年持平。

（10）西南诸河水质为优。监测的 63 个水质断面中，Ⅰ～Ⅲ类水质断面占 95.2%，比 2019 年上升 1.5 个百分点；劣 Ⅴ 类占 3.2%，与 2019 年持平。

1.6.2 河流水环境污染问题

纵观各流域，水环境总体形势向好，但辽河、淮河、海河等工业发达地区仍然存在一定比例的劣 Ⅴ 类水体。究其原因，耗氧物质带来的河流缺氧黑臭问题仍然是影响我国河流水环境质量的首要因素，这与流域内分布着大量重污染、高耗能和高耗水行业密切相关，如石油化工行业、冶金（钢铁）行业、制药行业、印染行业、造纸行业、有色金属采矿业以及食品深加工业等。

此外，农村、农田与畜禽养殖带来的农业面源问题日渐突出，正成为我国河流水污染问题趋重的重要因素。我国是农业大国，农村地区农田种植、畜禽养殖、村镇生活污水、生活垃圾等农业面源污染一直没有得到应有重视，这也是造成河流水污染难以根治的一个原因。在我国江淮以南雨量丰沛区域，农业农村面源污染对整个环境污染的贡献已超过工业污染，占河流总污染负荷量的 70% 左右。北方地区临河村镇生活生产污水及农村农业废弃物在非雨季（冬春）大量存滞沟渠河道内，夏季暴雨径流冲刷输出带来高强度污染，严重影响着收纳水体质量。农业面源类型多样、空间差异性强、过程行为复杂，随着我国农业正从粗放型向集约型阶段发展，农业面源对河流水环境压力日益严重。

总体上看，我国重点流域水污染防治工作稳步推进，取得了一定程度的治理效果。但在实践中暴露出的一些问题充分表明，当前和今后一段时间，我国流域水污染防治仍面临严峻挑战。例如，黄河、长江流域的水环境问题亟待解决。由于人类活动的影响，黄河、长江流域的水生态环境问题仍然突出。目前，黄河水量小、自净能力弱，水环境处于危机之中。在西部大开发的时代背景下，黄河流域的经济发展将进入一个快速增长的时期。黄河流域的水污染治理问题势必会更加严峻。随着长江上游经济社会的快速发展和城市化进程的加快，该地区污染物排放量急剧增加，污染问题日益严重，特别是三峡库区及其上游水质问题日益严重。

随着城市生活污水逐年增加，农村厕所革命的不断深入，污水处理能力严重不足。长期以来，中国环境基础设施的发展与人口、资源和工业建设不一致，导致基础设施长期超载。特别是近年来，大部分县级以下城市及农村的环境保护基础设施才刚刚开始建设。随着人口的迅速增加和人民生活水平的提高，生活污水的数量显著增加，污水处理能力远远不能满足实际需要。同时，由于地方财政无力支付污水处理费，污水处理厂建成后往往无法正常运行，环保投资无法有效发挥环境效益。

大量面源污染问题尚未得到解决。城市污水处理正在逐步加快步伐，但农村经济发展带来了大量的农药、化肥、畜禽养殖污染，难以控制。此外，农药的大量流失，造成了严重的水污染。中国化肥的使用量也存在超标问题。同时，乡镇企业作为农村经济的重要组成部分，其发展一直是困扰农村环境的重大问题。在控制我国主要工业污染物排放总量的前提下，乡镇企业污染物排放量不断增加，对水环境构成严重威胁。

自然因素的影响在一定程度上也加剧了水环境的恶化，增加了水污染防治的难度。中国北方的气候明显变暖，北方冬季气温升高，地表径流减少，蒸发量增加，干旱发生可能性增加。随着河流径流的减少、水体净化能力的降低、水环境的恶化，增加了特大洪水的发生概率。此外，我国水资源地域分布不均，南多北少，差异很大，水资源和人口分布、经济社会发展布局极不一致。这些也是水环境恶化的重要原因。

1.7　我国河流生态退化现状

1.7.1　河流水生态退化现状

近几十年来，世界经济增速加快，人类对河流资源的开发强度空前强化，河流生态系统退化日趋明显，河流生态服务功能受到极大威胁，已成为全球化问题。除了自然气候变化带来的问题外，人类活动，如排污、水利工程建设、水资源开发、过度捕捞等成为河流退化的重要驱动因子。世界自然基金会（World Wide Fund for Nature，WWF）确定了世界21条严重退化的河流，其中有十大最危险河流，面临严峻的生态威胁。全球964种水鸟中有203种（21%）现已灭绝或处于受危状态，此外，37%的淡水哺乳动物、20%的淡水鱼类、43%的两栖动物、50%的淡水龟类以及43%的鳄鱼都处于受危、濒危或灭绝状态。

河流生态系统退化已成为遍布世界各大洲的重要问题。河流生态系统退化的主要表现包括河流片段化、河道破碎化、径流减少、河流化学污染、河流酸化、富营养化等，主要与水库建设、城市化、工业化等人类活动密切相关。当前全球河流生态系统退化的原因可以归结为水文过程、水化学过程和生物过程因人类活动干扰而发生显著变更，进而导致河流生态系统功能受损或丧失。总体来看，全球河流生态系统退化的主要驱动因子可以归纳为过度开发、水体污染、流量改变、生境退化或破坏和外来物种入侵五个方面（图1-6）。伴随着经济发展，人类对河流生态资源的高强度开发利用极易破坏河流生态系统结构和功能，超过其环境承载力，引起河流生态系统退化；废污水的大量排放改变了河流天然补水方式，复杂多样的污染物质暴露于水体和沉积物，对河流生态系统的重要组分——水生生物群落造成直接伤害；人类构建多种水利工程设施极大地改变了河流的天然流态，水文节律发生严重改变；人类对河岸土地的开发利用，以及河道整治、废弃物河岸堆放等活动导致河流生境极度退化，使得生物对栖息地的适宜性下降；人为引入外来物种对流域本地物种形成威胁，造成本地物种减少甚至灭绝，形成以外来物种为主的单优种群，改变了生物群落结构。总之，河流生态系统退化的根本原因在于人类活动带来的干扰，流动体系变更和水污染是河流退化的主要驱动力。

图1-6 河流生态系统退化的主要驱动要素

我国淡水生物也表现出严重的退化趋势，以长江为例，"四大家鱼"（青鱼、草鱼、鲢鱼、鳙鱼）鱼苗量急剧下降，由20世纪50年代的300多亿尾降为目前的不足1亿尾，上游的金沙江目前也仅能监测到历史上143种鱼类中的17种，其中还包括3种外来种，濒危物种白鳍豚已经消失多年，江豚和中华鲟等物种也岌岌可危。这一情况在我国其他河流、湖泊都较为普遍，淡水生物所受到的威胁和破坏是前所未有的。

在水专项"流域水生态功能评价与分区技术"（2008ZX07526-001）课题、"流域水生态保护目标制定技术研究"（2012ZX07501-001）课题、"重点流域水生态功能一级二级分区研究"（2008ZX07526-002）课题、"重点流域水生态功能三级四级分区研究"（2012ZX07501-002）课题的资助下，针对全国松花江、辽河、海河、淮河、东江、黑河、太湖、巢湖、滇池、洱海十大重点流域开展了水生态系统健康综合评价工作，这是首次从全国层面对重点水域的生态状况开展评价。

对"十一五"和"十二五"期间的调查监测数据与历史资料对比发现，我国主要水生生物类群（大型底栖动物和鱼类）在全国不同地区存在着不同程度的退化。这一结果反映出我国水生生物不单单在某个流域存在威胁，在全国层面都已经出现变化。

整体来讲，全国流域综合评价的平均得分为0.46，其健康状态处于一般等级。松花江、东江、太湖、巢湖、洱海流域存在"极好"等级评价样点，仅洱海流域"极好"等级比例较高（接近 20%）。松花江、辽河、海河、淮河、太湖等流域"一般"等级样点比例都超过 40%，滇池流域达到 70%。辽河、滇池流域处于"差"等级的样点在 30% 左右，海河流域超 40%，黑河流域超过 50%。相对而言，海河与黑河两个流域水生态系统退化严重。

1.7.2　河流水生态健康问题

通过对全国流域水生态系统健康进行评价，发现目前全国流域水生态系统健康状况存在如下问题。

全国流域水生态系统健康整体状况堪忧，水生态系统退化现象严重，而各流域间水生态系统健康等级存在差别。除洱海的健康等级为"好"外，大部分流域的健康状况为"一般"，黑河的健康等级为"差"，海河的健康等级为"极差"。这种差异除流域本身的自然地理气候因素外，主要与当地的人类活动干扰有关。例如，海河属于多闸坝调控水资源短缺型流域，再加上流域水污染严重，区域富营养化程度严重，污染报道屡见不鲜，流域水生态系统基本生态功能丧失。

从各单项评价结果来看，全国大部分流域大型底栖动物群落退化最为严重。但大型底栖动物评价结果和基本水体理化评价结果对比发现，基本水体理化状态好并不能完全代表水生态系统状态健康。因此，水生生物评价能够更直接地反映出水生态系统健康程度。

本次全国流域健康评价体系中没有对物理生境条件内容的评价，评价结果反映出水生生物退化严重，基本水体理化条件相对较好，营养盐污染较为普遍的现象，而物理生境条件的退化可能是潜在影响水生生物群落退化的重要原因。这反映出全国流域管理中长久以来一直重视水质达标而轻视生境保护和生态修复的问题。

路 线 图 篇

第 2 章 河流水污染治理与生态修复需求及目标

2.1 水环境容量分析

水环境容量指在一定的流量、来水水质和入河排污口分布条件下，满足功能区水质保护目标要求的污染物最大允许负荷量。影响纳污能力的因素较多，如水环境治理标准、水体自然背景值、水量、水体的物理、化学、生物及水力特征、排污口位置等，因此必须通过适当的水质数学模型来计算水环境容量。

2.1.1 水环境容量计算模型

1. 一维水质模型

对于河流而言，一维模型假定污染物浓度仅在河流纵向上发生变化，主要适用于同时满足以下条件的河段：①宽浅河段；②污染物在较短时间内基本能混合均匀；③污染物浓度在断面横向方向变化不大，横向和纵向的污染物浓度梯度可以忽略。如果污染物进入水域后，在一定范围内经过平流输移、纵向离散和横向混合后达到充分混合，或者根据水质管理的精度要求允许不考虑混合过程而假定在某一断面处或某一区域之外实现均匀混合，则不论水体属于江、河、湖、库的任一类，均可按一维问题概化计算条件。

根据《水域纳污能力计算规程》（GB/T 25173—2010），计算河段宽深比等，判断污染物质在较短的河段内是否均匀混合，以及断面污染物浓度横向的变化情况，进而选择适合的水质模型计算水质沿程变化。

一维模型水环境容量的计算公式为

$$C_x = C_0 \times \exp\left(-k\frac{x}{u}\right) \tag{2-1}$$

式中，C_x 为控制断面的污染物浓度（mg/L）；C_0 为起始断面污染物浓度（mg/L）；k 为污染物综合衰减系数（s^{-1}）；x 为排污口下游断面距控制断面的纵向距离（m）；u 为设计流量下岸边污染带的平均流速（m/s）。

将计算河段内的多个排污口概化为一个集中的排污口，概化排污口位于河段中点处，相当于一个集中点源，该集中点源的实际自净长度为河段长的一半，设河段长度为 L，则污染物自净长度为 $L/2$。因此，对于功能区下断面，其污染物浓度为

$$C_{x=L} = C_0 \exp\left(-\frac{kL}{u}\right) + \frac{m}{Q}\exp\left(-\frac{kL}{u}\right) \tag{2-2}$$

则水环境容量为

$$M = (C_s - C_x)(Q+q) \tag{2-3}$$

式中，C_s 为水功能区水质目标值（mg/L）；L 为计算河段长度（m）；m 为污染物入河速率（g/s）；Q 为初始断面的入流流量（m³/s）；q 为废污水的排放流量（m³/s）。

2. 二维水质模型

二维水质模型考虑了水平两个方向上的污染物浓度变化，结果更加接近实际情况。为了反映计算河段水环境容量的时间与空间分布，拟先逐时计算河段每日水环境容量，然后将每日和每月计算的结果相加得到年水环境容量。

计算公式：

$$M = \sum_{i=1}^{n}(C_s - C_i)Q_i \tag{2-4}$$

式中，C_i 为第 i 段河流的水质浓度值（mg/L）；C_s 为水功能区水质目标值（mg/L）；Q_i 为第 i 个水功能区段的入流流量（m³/s）；n 为河段个数（个）。

2.1.2　模型参数

1. 断面流速

有资料时可按下式计算：

$$u = Q / A \tag{2-5}$$

式中，u 为设计流速（m/s）；Q 为设计流量（m³/s）；A 为过水断面面积（m²）。

无实测资料时流速采用经验公式 $u = \alpha Q\beta$ 求得，系数 β 值较为稳定，取 0.4。

2. 设计流量

设计流量是确定水环境容量的重要参数之一，流量的大小决定了水环境容量的值。根据《水域纳污能力计算规程》（GB/T 25173—2010）中的规定，河流的设计流量应采用 90% 保证率最枯月平均流量或近 10 年最枯月平均流量。

在研究分析规划河段不同水期流量和水质变化规律的基础上，根据不同水平年、不同水资源开发利用方案条件确定河流流量是计算水环境容量的基础。规划条件设计流量，在现状设计流量的基础上，考虑河道生态需水量和水资源优化配置水量。

3. 水质目标

一、二级水功能区的水质目标确定根据功能区水质现状、排污状况、不同水功能区的特点对水功能区的要求以及当地技术经济等条件。水质目标值 C_s 值为本功能区的水质目标值，根据《地表水环境质量标准》（GB 3838—2002）确定。

4. 综合衰减系数选取 k

在水质模型中将污染物在水环境中的物理降解、化学降解和生物降解概化为综合衰减系数，所确定的污染物综合衰减系数应进行检验。综合衰减系数可采用《水域纳污能力计算规程》（GB/T 25173—2010）中的实测法进行测定，并结合水动力水质模型率定的结果，确定各个河段的综合衰减系数。

2.2 河流水生态承载力计算

2.2.1 流域水生态承载力内涵与概念

基于流域水生态系统基本特征的认识和调控经济社会发展方式的需求，总结流域水生态承载力基本内涵如下。

（1）流域水生态承载力的对象是人类主导下的社会-经济-河湖复合生态系统。以水资源的二元循环为突出特征，由河湖自然水体与供排水人工体系所共同构成的资源配置格局在其中起关键支撑作用，与之相对应的物理系统也呈现出自然水生态系统与人工水网络系统相互配合的格局，由此物理网络提供了流域水资源和水生生物的存储、支撑空间。

（2）复合生态系统内社会经济及生态环境间的冲突界面主要存在于人类主导下的河湖生态系统与产业经济系统之间，复合生态系统内耦合的主机制是以二元水循环为驱动的"水资源-水环境-水生态-社会经济"的相互耦合关系。

（3）流域水生态承载力反映的是社会-经济-河湖复合生态系统的一项系统属性，该系统同时支撑人类及河湖生物。社会-经济-河湖复合生态系统中起关键支撑作用的河湖生态系统，不仅承载着人类的社会经济子系统，同时也承载着自身的水生生物群落及其栖息地，二者存在着竞争性用水和空间占用关系。

（4）流域水生态承载力综合平衡社会-经济-河湖复合生态系统对社会经济子系统和河湖水生生物群落的支撑作用的原则是优先保护河湖水生生物群落，在流域水生态承载力指标体系中以限制条件的形式出现，即在优先考虑维持流域水生态系统良好状态的用水需求和栖境等方面的需求之后，再考虑经济社会用水和水域空间占用。由于社会-经济-河湖复合生态系统属于人类主导，其所承载的水生生物群落及其栖息地按照限制条件的形式来表达，流域水生态承载力变化形式主要以水生态系统可维持的社会经济指标来衡量。

（5）流域水生态承载力是一类复合承载力，包括水资源承载力、水环境承载力、栖息地环境承载力等，但并非水资源承载力、水环境承载力的简单加和，而是反映了限制条件不断递进，时空异质性不断加强的关系。其中，水资源承载力主要反映水量的支撑作用，能部分反映空间异质性和大尺度的时间分异性，表现为"量"的限制；水环境承载力主要反映水质的限定作用，但主要强调的是最差时段的限制作用，总体可以反映空间异质性和一定程度的时间分异性，表现为"质"的限制；而水生态承载力按照水生态系统完整性保护要求，以水生生物保护为基点，在"量"和"质"基础上，借助水生生物栖息地需求的限制作用，与自然水文情势密切关联，具有与时序密切相关的特征。可以表现小尺度的空间分异性和全时段的时间分异性，总体上表现为"量、质、序"的递进限制。

（6）流域水生态系统演变过程是流域内经济社会活动和气候变化驱动下基于水循环、化学过程和生物过程综合作用的结果。维持物理、化学、生物完整性的水生态系统，即良好的水生态状况，是流域经济活动可持续发展的基础。河湖水生态系统不仅为社会经济系统提供了水资源，同时还承纳和输送着社会经济系统所排泄的污染物，并通过其中的水生生物群落及其他物理化学机制维系着其"自我维持"与"自我调节"能力，以及对污染物的一定程度的降解及同化作用。它的"自我维持"与"自我调节"能力及其抵抗各种压力与扰动的能力大小是有限的，是水生态承载力的关键支撑条件。河湖水生态系统具有一定程度的结构与功能的稳定性，既可缓解各种压力与扰动的破坏，又可最大限度地保障水生态承载力的正常调节作用及功能发挥，是维持持续稳定环境的基础。

（7）流域复合生态系统是一类开放复杂巨系统，具有处于非平衡态下的适应性复杂系统的基本特征，在自然及人类协同作用机制下及系统内部结构及反馈机制作用下，针对外界的环境状况，处于永恒的动态演化过程之中。从社会-经济-河湖复合生态系统本身来说，系统之间产生物质、能量和信息的交流，从而不断地协同进化。主要表现在两个方面：一方面，当复合生态系统中社会经济子系统变化后，会通过耦合机制的作用将压力传到水生态子系统内，水生态系统由于自身的"自我维持、自我调节"作用，会使得水生态系统与周围环境形成一个新的动态平衡，承载力也相应发生改变。另一方面，作为最具能动作用的人类而言，具有自我调节行为和知识技能不断积累的功能，从而主动地调整社会经济系统的结构和功能，进而影响水生态承载力。人类主导下的社会-经济-河湖复合生态系统中，社会经济与水生态之间的耦合关系和协同进化关系一般呈现如下典型状态：低发展水平的经济社会与良好的水生态系统，粗放发展水平的经济社会和非良好状态的水生态系统，可持续发展的经济社会和良好水生态系统。因此，水生态承载力的内涵强调了一定社会发展阶段、一定技术水平、一定收入水平等的限定作用。

（8）社会经济与水生态之间的耦合关系和协同进化过程中有两类重要阈值：①水生态系统退化过程进行到某一点，水生态系统所承受的压力仍然没有超出其"自我维持"与"自我调节"能力，仍然可以无须借助生态修复措施，通过自身调节，实现自然恢复，称之为自然恢复限制阈值。②水生态系统退化过程进行到某一点，经济社会及水生态复合系统整体严重失衡，有滑入系统崩溃通道的风险，称之为系统失衡限制阈值。

（9）维持水生态系统良好状态，支持最大的经济社会福利，实现流域水生态保护与经济社会发展双赢，达到"人水和谐"，是流域水生态承载力调控的理想目标。阻止水生态系统退化至劣状态，并扭转整个系统发展态势，免于崩溃所导致的不可逆，是流域水生态承载力不可突破的底线。

（10）水体水质状况、水量或水文节律、河湖自然形态是河湖自然水生态系统的三类重要的非生物要素指标，是河湖水生态系统水生生物状况良好与否及人类社会关于河湖水资源利用功能预设目标满足与否的主要限制因素，共同决定了自然水生态系统稳定与否的阈值组合结构，在人类关于人类活动与水生生物响应关系的科学认知尚不完善的现阶段，以水环境容量及生态流量为双约束的限制条件是最核心的阈值指标组成。

（11）流域水生态承载力优化调控既包括经济社会发展方式的调控，也包括流域水生态系统保护与修复，前者是前提，后者是重要的辅助手段。以社会经济活动强度和具有一定生活水平的人口数量等表征的承载量处于合理的状态是流域水生态保护和流域经济社会可持续发展的前提。

（12）河湖生态系统自身具有的显著的时空异质性特征，决定了社会-经济-河湖复合生态系统有关的限制条件自然具有了时空异质性。同时，不同发展阶段，人类对流域水生态系统的要求不同，如水生态保护目标的高低随着时间的变化而呈现出动态性，因此，"分区、分期、分级"属性是水生态承载力的固有属性。经济社会的人类活动应依据承载力时空差异合理布局，最大限度地实现水生态系统与经济社会发展的协调。

基于以上对流域水生态承载力内涵的认识，提出两阶段的流域水生态承载力概念。①系统失衡限制阈值定义：流域水生态承载力指流域水生态系统基于生态水量和水环境容量双约束所支撑的最大人口数量和经济规模。②自然恢复限制阈值定义：流域水生态承载力指维持良好状态的流域水生态系统所能承载的人类社会和经济发展规模。

我国流域水生态系统状况整体特点及经济社会发展阶段特点均表明我国主要流域社会-经济-河湖复合生态系统主要处于流域水生态承载力演变过程的典型状态二阶段，因此，采用系统失衡限制阈值定义，以指导流域水生态承载力优化调控。

对于系统失衡限制阈值定义的流域水生态承载力，若采用优化模型对水生态承载力进行表述，那么流域水生态承载力可以表述为：①目标。社会经济可持续发展；用水量最小；排污量最小。②约束条件。可利用水量，预留河湖水生生物生态需水以外的可用水量；水环境容量，设计水文条件下满足水质目标的水环境容量。③情景设计。不同经济社会发展规模（发展模式、经济布局、人口）。

2.2.2 流域水生态承载力指标体系的构建

1. 流域水生态承载力指标体系构建原则

根据水生态承载力的内涵，以及相关研究成果，建立了水生态承载力的评价指标体系。流域水生态承载力涉及流域的经济、社会、河湖生态分系统等诸多指标，在不同发展阶段和不同地区，各种指标具有较大的差异。构建流域水生态承载力指标体系时应遵循以下原则：系统性、代表性、区域差异性、可获取性、实用性、动态性、可比性。

（1）系统性。指标体系应涵盖水生态承载力的内涵，反映其涉及的各子系统及其全部信息。指标应能够对水生态系统各要素的状态、不同社会和经济活动对水生态的压力以及社会的响应等各个方面进行全面的描述。指标体系应能够反映所评区域水生态系统以及社会经济系统的内在结构，将其分为若干层次结构，使指标体系合理、清晰。

（2）代表性。指标并不是选取得越多越好，指标太多会使指标体系规模太大而影响其可操作性。指标体系应能够充分反映水生态系统承载力的内涵，但水生态承载力的影响因素是多样的，应从众多要素中选取能反映问题本质的有代表性的指标。指标间相互独立，避免交叉和重复。采用相对量指标（如人均、百分比、增长率、效益等）取代绝对量指标，指标会具有较强的综合性、代表性和可比性。

（3）区域差异性。评价指标应能反映流域社会-经济-河湖复合生态系统特点，反映区域特性和区域间的差异性。水生态承载能力评价指标的选取应能反映区域社会经济和生态环境协调发展的状况和进程，如人口密度是反映人口状况的一个重要指标。

（4）可获取性。指标选取的最终目标是用以能够定量评价，因此应考虑指标的数据是否能够获得。各指标量的数据应当可量化、可预测、易获取，有目标值、标准值或期望值，保证指标体系有较好的可操作性。指标应具有一定的现实统计基础，可以采用化学、物理等多种现代科学方法获取指标数值，定量说明问题。如果指标不易量化，则评价结果的人为影响可能较大，在此情况下可选用其他的指标代替。评价指标的量值应便于确定或便于采集或获取。如果指标不便于采集，则没有实际意义。

（5）实用性。指标体系应具有科学的理论基础，同时还应具有实用性。因此，指标体系设计时要依据水生态承载力的概念及影响因素，还要充分考虑指标体系的用途。为了便于管理上的应用，指标体系要简约清晰，易于被政府管理者和公众理解，且与已有的政策和规划目标及有关的标准相关。为了便于开展进一步的评价，指标体系还应与评估模型和信息系统联系起来。

（6）动态性。所选指标应能够显示水资源、水环境和水生态系统状态在时间和空间尺度上的动态变化，而且指标体系应能灵敏地反映水生态系统受到来自自然界和人类社会经济活动的干扰和胁迫之后产生的变化。指标应该可预测，对于不在预测范围之内或较难得到准确的预测值的指标，尽量选取其他能够间接反映其特征的综合性指标来替代。

（7）可比性。指标体系应具有通用性和可比性，包括横向和纵向的可比性。横向可比性是指不同区域的水生态承载力可以相互比较。纵向可比性是指不同时期的水生态承载力可以相互比较，一个区域的水生态承载力是动态变化的。指标体系应能实现水生态承载力在时间和空间上的比较。

2. 流域水生态承载力指标体系组成

基于流域水生态承载力概念模型，采用 DPRS[驱动力（drivingforce）-压力（pressure）-响应（response）-状态（state）]分析框架来构建流域水生态承载力指标体系框架。流域水生态承载力指标体系包括驱动力、压力、响应、状态四类指标。

（1）驱动力指标。衡量人类社会的发展阶段状态，驱动力指标分为人口规模和经济发展水平等，其中人口规模包括人口数量和结构组成情况，经济水平包括经济产值和产业结构等。

（2）压力指标。表征社会经济发展引起的对水生态系统的胁迫作用，压力指标包括用水、污染排放、人类直接破坏等，其中用水包括社会各行业需水和用水，污染排放包括各种污染源的废污水和污染排放量，人类直接破坏包括人类活动对栖息地和水生生物的直接破坏。

（3）响应指标。反映人类社会为维持流域水生态健康而采取的各种调控措施，响应指标分为社会、经济、资源环境等。其中，社会响应包括人口控制、公众环保意识等，经济响应包括经济增长率控制、产业结构调整、环保投资等，资源环境响应包括各种污染控制措施和响应对策。

（4）状态指标，是流域水生态问题的具体表现。状态指标包括水资源、水环境、水生态、陆生生态等，其中水资源包括水资源量、开发利用量等，水环境包括水质、富营养化状态、功能区达标率、水环境容量等，水生态包括栖息地、水生生物、生态需水等，陆生生态包括土地利用、植被覆盖等。

基于 DPRS 分析得到的流域水生态承载力指标体系包括经济、社会、水资源、水环境、水生态等繁多指标，该指标体系是一个具有普遍使用意义的指标体系，用以指导示范流域的相应水生态承载力指标体系的构建。由于水生态承载力指标的区域差异性、可获取性和实用性，各示范区域构建水生态承载力指标体系时，可以根据流域自然环境特征、主要水生态问题，选择能够表征地区胁迫和生态特征的部分指标进行评价。如果评价指标与获取数据源的特征不符，在不改变现有指标内涵的前提下，可对指标的计算方法进行适当修正，构成新的评价指标体系。表 2-1 为流域水生态承载力指标体系建议指标，表 2-2 是在建议指标基础上提出的推荐指标。

表 2-1　流域水生态承载力指标体系建议指标

指标类型	序号	指标名称	单位	指标解释
驱动力	1	人口密度	人/km²	人口总量/行政区面积
	2	城镇化率	%	城镇人口/人口总量
	3	单位国土面积经济强度	万元/km²	地区生产总值/行政区面积
	4	人均 GDP	万元/人	地区 GDP/人口总量
	5	第二产业占 GDP 比例	%	第二产业产值/地区生产总值
	6	第三产业占 GDP 比例	%	第三产业产值/地区生产总值
	7	重点污染工业行业比例	%	排污量 80%以上的工业行业产值/工业总产值
	8	第二产业占财政收入比例	%	第二产业收入/地区财政收入总值
	9	第三产业占财政收入比例	%	第三产业收入/地区财政收入总值
	10	农民人均年纯收入	元/人	农村人口年总收入/农村人口总数
	11	城镇居民年人均可支配收入	元/人	城镇居年总可支配收入/城镇人口总数
压力	12	单位 GDP 用水量	m³/万元	用水总量/地区生产总值
	13	人均生活用水量	L/（人·d）	生活用水量/（人口总量·天数）
	14	单位面积灌溉用水量	m³/hm²	区域总灌溉用水量/耕地面积
	15	单位工业产值用水量	m³/万元	工业用水量/工业产值
	16	单位面积综合性畜量	头/hm²	
	17	单位耕地面积化肥施用量折纯量	kg/hm²	
	18	水产养殖面积比例	%	
	19	单位工业产值废水排放量	m³/万元	
	20	人均生活废水排放量	kg/（人·d）	生活排污量/（人口总量·天数）
	21	单位工业产值 COD 排放量	kg/万元	工业排放 COD 量/工业总产值
	22	单位工业产值氨氮排放量	kg/万元	工业排放氨氮量/工业总产值
	23	单位工业产值总氮排放量	kg/万元	工业排放总氮量/工业总产值
	24	单位工业产值总磷排放量	kg/万元	工业排放总磷量/工业总产值
	25	河道表面积变化率	%	河道表面积/参照年份河道表面积
	26	干流河道内流量过程变异率		
	27	水量调控程度	%	
状态	28	林草植被覆盖率	%	植被面积/区域总面积
	29	建设用地比例	%	建设用地面积/区域总面积
	30	耕地比例	%	耕地面积/区域总面积
	31	生态需水保证率	%	生态用水量/生态需水量
	32	COD 水环境容量利用率	%	COD 入河量/水环境容量

续表

指标类型	序号	指标名称	单位	指标解释
状态	33	氨氮水环境容量利用率	%	氨氮入河量/水环境容量
	34	栖息地面积满足率（鱼类）	%	栖息地面积/理想栖息地面积
	35	地下水超采率	%	地下水开采量/地下水可开采量
	36	湖库富营养化指数		
	37	鱼类完整性指数		
	38	大型底栖无脊椎动物完整性指数		
响应	39	农村生活污水处理率	%	农村生活污水处理量/农村生活污水排放量
	40	城镇生活污水集中处理率	%	污水处理厂处理的城镇污水量/城镇生活污水排放量
	41	工业废水排放达标率	%	
	42	规模化禽养殖场粪便综合利用率	%	
	43	城市再生水利用率	%	中水回用量/污水处理量
	44	工业用水重复利用率	%	工业重复用水量/工业用水量
	45	农业节水灌溉面积比	%	节水灌溉面积/总灌溉面积
	46	污水治理投资占 GDP 比例	%	（污水设施投资+污水处理费用）/GDP

表 2-2　流域水生态承载力指标体系推荐指标

指标类型	序号	指标名称	单位	指标解释
驱动力	1	人口密度	人/km²	人口总量/行政区面积
	2	城镇化率	%	城镇人口/人口总量
	3	单位国土面积经济强度	万元/km²	地区生产总值/行政区面积
	4	人均 GDP	万元/人	地区 GDP/人口总量
	5	第三产业占 GDP 比例	%	第三产业产值/地区生产总值
	6	重点污染工业行业比例	%	排污量 80%以上的行业产值/工业总产值
压力	7	单位 GDP 用水量	m³/万元	用水总量/地区生产总值
	8	人均生活用水量	L/（人·d）	生活用水量/人口总量
	9	单位工业产值污染物排放量	kg/万元	工业排污量/工业总产值
	10	人均生活废水排放量	kg/（人·d）	生活排污量/人口总量
状态	11	生态需水保证率	%	生态用水量/生态需水量
	12	水环境容量利用率	%	污染物入河量/水环境容量
	13	栖息地面积满足率（鱼类）	%	栖息地面积/理想栖息地面积
	14	植被覆盖率	%	植被面积/区域总面积
		藻类（浮游生物）		
响应	15	农村生活污水处理率	%	农村生活污水处理量/农村生活污水排放量
	16	城镇生活污水集中处理率	%	污水处理厂处理的城镇污水量/城镇生活污水排放量
	17	工业废水处理率	%	工业废水处理量/工业废水产生量
	18	中水回用率	%	中水回用量/污水处理量
	19	农村生活污水排放标准	mg/L	农村生活污水排放执行的标准
	20	污水处理厂排放标准	mg/L	城镇污水处理厂执行的标准
	21	工业废水排放标准	mg/L	工业各行业执行的排放标准
	22	工业用水重复利用率	%	工业重复用水量/工业用水量
	23	农业节水灌溉面积比	%	节水灌溉面积/总灌溉面积
	24	污水治理投资占 GDP 比例	%	（污水设施投资+污水处理费用）/GDP

3. 流域水生态承载力指标体系权重的确定方法

水生态承载力指标体系中各个指标的权重采用层次分析法确定，层次分析法（analytic hierarchy process，AHP）是美国匹兹堡大学教授、运筹学学者 Saaty T.L.于 20 世纪 70 年代提出的一种多准则决策方法，目前在各个学科领域得到广泛的应用。层次分析法对各指标权重分析步骤如下。

（1）明确问题。在分析社会、经济以及科学管理等领域的问题时，首先要对问题有明确的认识，弄清问题的范围，了解问题所包含的因素，确定出各因素之间的关联关系和隶属关系。

（2）建立层次结构。根据对评价系统的初步分析，将其组成层次构筑成一个树状层次结构，一般可分为三个层次，最上面为目标层，最下面为指标层，中间是准则层。

（3）构造判断矩阵。由于层次结构模型确定了上下层元素间的隶属关系，这样就可针对上一层的准则构造不同层次的两两判断矩阵。若判断矩阵记为 $(C_{i,j})_{n \times n}$，则有 $C_{i,j} > 0$，$C_{i,j} = 1/C_{j,i}$（$i, j = 1, 2, \cdots, n$），n 为元素个数。在咨询有关专家意见的基础上，运用 1～9 标度评分方法判定其相对重要性或优劣程度。

（4）层次单排序和一致性检验。计算各判断矩阵最大特征根 $\lambda_{\max}$ 及其对应的特征向量。将最大特征根 $\lambda_{\max}$ 对应的特征向量归一化，即可得到下一层次各元素相对于上一层次相应元素的相对重要性权重。然后，根据一致性比率 CR 对判断矩阵进行检验。若 CR<0.10，则说明判断矩阵满足一致性要求；否则，需对判断矩阵的标度做适当修正。

（5）层次总排序和一致性检验。设 $W^{(k-1)} = (w^1, w^2, \cdots, w^{n_{k-1}})$ 表示第 k-1 层上的 n_{k-1} 个元素相对于目标层的权重向量，用 $P_j = (P_{1j}, P_{2j}, \cdots, P_{n_k j})$ 表示第 k 层上 n_k 个元素对第 k-1 层第 j 个元素为准则的排序权重向量（其中，无支配的元素权重取为零），则第 k 层元素对目标层的组合权重向量可表示为

$$W^{(k)} = (P_1, P_2, \cdots, P_{n_{k-1}}) \times W^{(k-1)} \tag{2-6}$$

层次总排序的组合排序由上而下逐层进行，其结果也需进行一致性检验，即

$$CR^{(k)} = \frac{CI^{(k)}}{RI^{(k)}} = \frac{(CI_1^{(k)}, CI_2^{(k)}, \cdots, CI_{n_{k-1}}^{(k)}) \times W^{(k-1)}}{(RI_1^{(k)}, RI_2^{(k)}, \cdots, RI_{n_{k-1}}^{(k)}) \times W^{(k-1)}} \tag{2-7}$$

若 $CR^{(k)}$<0.10，则认为在 k 层水平以上所有判断均具有整体满意的一致性。根据流域水生态承载力指标体系，建立各子系统判断矩阵。

分别求出各准则层及指标层的权重之后，可以得到各指标相对于总目标的权重。

4. 流域水生态承载力指标标准化处理

在进行水生态承载力评价时，往往需要量化后才能运用于实际工作，但由于水生态系统涉及方面比较复杂，所选取的指标单位、量纲、数量级不尽相同，对水生态承载力的量化分析造成了不便，因此需要对所有评价指标进行标准化处理（即确定指标的分数），以消除量纲，将其转化成无量纲、无数量级差别的标准分，再进行分析评价。本书采用区间比值法对水生态承载力各指标分数进行确定。

极大优型指标，即"越大越好"指标，采用下式计算：

$$S_{ij} = \left(g_{ij} - \min_{j=1}^{m} g_{ij} \right) \Big/ \left(\max_{j=1}^{m} g_{ij} - \min_{j=1}^{m} g_{ij} \right) \tag{2-8}$$

对于极小优型指标，即"越小越好"指标，采用下式计算：

$$S_{ij} = \left(\max_{j=1}^{m} g_{ij} - g_{ij} \right) \bigg/ \left(\max_{j=1}^{m} g_{ij} - \min_{j=1}^{m} g_{ij} \right) \qquad (2\text{-}9)$$

对于区间优型指标，即"越接近某一定值越好"指标，采用下式计算：

$$S_{ij} = 1 - \left| g_{ij} - g_{ij}^{*} \right| \bigg/ \left(\max_{j=1}^{m} g_{ij} - \min_{j=1}^{m} g_{ij} \right) \qquad (2\text{-}10)$$

式中，S_{ij} 为 j 方案 i 指标的分数值；g_{ij} 为 j 方案 i 指标的值；g_{ij}^{*} 为区间指标的最佳值。

2.2.3　流域水生态承载力评估方法

1. 流域水生态承载力评估的系统动力学方法

系统动力学（system dynamics，SD）法对于认识和处理高阶次、非线性、多重反馈的时变系统是一种极为有效的工具。系统动力学法在对问题进行分析时，强调系统、动态和反馈，并使三者有机结合起来，同时强调系统的结构决定系统的功能。该方法的重要特点是通过一阶微分方程组来反映系统各个模块变量之间的因果反馈关系。该方法把社会经济、水资源、水环境、水生态在内的大量复杂因子作为一个整体，对一个流域的承载能力进行动态计算，具有系统、发展的观点，并具有分析速度快、模型构造简单、可以使用非线性方程等优点。在实用中，对不同的发展方案采用系统动力学模型进行模拟，并对决策变量进行预测，然后将这些决策变量视为水生态承载力的指标体系，再运用综合评价方法进行比较，得到最佳的发展方案及相应的承载能力。系统动力学法大多应用于中短期发展情况模拟。

1）系统动力学的建模原理

系统动力学认为，任何模型都只是在满足预定要求的条件下对真实系统的近似描述。系统动力学建模过程始终要面向实际系统所要解决的矛盾和问题，面向矛盾诸方面相互制约、相互影响所形成的反馈动态发展过程，面向模型的应用、决策的实施。系统动力学模型与实际系统的关系见图 2-1。

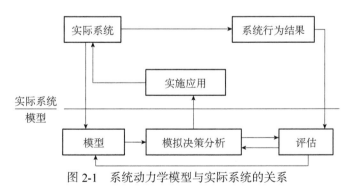

图 2-1　系统动力学模型与实际系统的关系

系统动力学以状态空间法描述系统的结构与行为，系统的状态是一个最小的变量组，称为状态变量。模型中每一反馈回路至少应包含一个状态变量，状态的变化代表物质的变化与运动。系统中任一状态的变化仅受其输入与输出速率的控制与影响，任一状态变量不能直接影响另一状态变量。

2）系统动力学基本方程

在系统动力学中变量分为状态变量、速率变量和辅助变量。状态变量也称为水准变量，是能对输入和输出变量或其中之一进行累积的变量；速率是单位时间的流量；辅助变量是当速率变量的表达式较复杂时，用来描述其中一部分的变量，设置在状态变量和速率变量之间的信息通道中。系统动力学的本质是一阶微分方程。一阶微分方程描述了系统各状态变量的变化率对各状态变量或特定输入等的依存关系。而系统动力学则进一步考虑了促成状态变量变化的几个因素。系统动力学中的不同"数量"分别对应着不同的方程。

状态方程：描述状态变量的方程式。以 L 为标志写在第一列。它是整个系统动力学模型的主干。

速率方程：描述速率的方程式，以 R 为标志。

辅助方程：帮助建立速率方程的方程，以 A 为标志。

常数方程：为状态变量方程赋值，若初始值未设定则自动取为零。所有模型中的状态变量都必须赋予初始值。

表函数：模型中往往要用辅助变量描述某些变量之间的非线性关系，而在简单由其他变量进行代数组合的辅助变量不能胜任的情况下，采用非线性函数以图形给出，这种以图形表示的非线性函数称为表函数，以 T 为标志。

3）系统动力学模型的建立步骤

（1）确定系统边界和系统结构，分析系统总体与局部的反馈机制，划分系统的子块，确定系统内部各要素之间的因果关系，并用因果关系的反馈回路来描述。

（2）建立系统动力学模型，主要包括流图和结构方程式两个部分，流图是根据各影响因素之间的关系利用专用符号设计的，结构方程式是各因素间数量关系的体现。

（3）模拟计算和结果分析，得出各变量的值及相关变化图表。

（4）系统模型的修正，包括修正系统结构或修正系统运行参数、方案等，使模型更真实地反映实际系统的行为。

（5）方案分析与结论，模拟不同方案下模型的行为，并对不同方案进行模拟计算，对比不同方案得出结论。

2. 流域水生态承载力分区耦合的系统动力学模型实现

水生态承载力内涵在水生态系统的时空分异性特征的强化，以及社会经济-水生态系统间耦合机制的强化，均体现了流域水生态承载力的分区、分期的基本特征，为在较细的时空尺度上发现复合生态系统的资源代谢滞留、耗竭点，识别系统的结构功能上的破碎点及板结点，并辨别社会行为上的短见和调控机制的缺损点提供了可能。

以往的流域水资源或水环境承载力系统动力学模型以流域整体为单元，属于集总模型，无法体现分区差异特点，也无法根据流域水生态分区特点及经济格局差异，提出流域分区优化调控方案建议，因此，难以体现流域水生态承载力固有的"分区、分期、分级"

特质。

根据流域水生态承载力固有的"分区、分期、分级"特质提出基于系统动力学的流域水生态承载力分区耦合系统动力学模型，主要特点如下：

（1）基于水生态分区建立控制单元分区，以流域控制单元分区为基本单元，建立各控制单元的流域水生态承载力系统动力学模型。

（2）控制单元分区系统耦合包括控制单元内部的水陆耦合（内部耦合）和控制单元之间基于水力联系及物质与信息交换的控制单元之间的耦合（外部耦合）。水陆耦合（内部耦合）：通过水生态区及其控制单元的划分，引入水域与陆域社会经济系统的空间对应关系，以取水排水为主要途径，沟通控制单元以及用水排水体系与自然水生态系统的对应关系。外部耦合：依托不同水生态功能区的水力联系关系，建立各水生态分区的水量及水质联系。

（3）分期系统动力学模型主要通过将时间尺度缩小，以及引入水生生物栖息地需求限制条件，引入水量、水质及生物栖息地质量时变过程，尤其是对时间分异性要求突出的水生生物栖息地质量动态变化过程，实现时间耦合。

（4）流域水生态承载力分区耦合模型可以为综合反映水质、水量及水生态限制条件的水生态承载力指标体系及模拟计算方法提供概念模型。

3. 流域水生态承载力评估技术流程

流域水生态承载力评价包括以下几个步骤。

1）系统分析

对流域复合生态系统进行系统分析，主要包括两部分内容：系统结构功能分析和系统基本过程及耦合作用机制的分析。其中，系统结构功能分析是对组成复合生态系统的社会经济子系统、水环境子系统、水生态子系统等，根据有关资料和数据，对其各自的结构与功能特征进行分析总结。同时，结合有关的管理要求，分析水功能分区、水环境功能分区及流域水生态功能分区的保护目标需求。对系统基本过程及耦合作用机制的分析，则主要基于对系统结构功能分析以及现有认识的基础，对系统内部组分及其相互作用进行模型化概化，识别影响系统行为的主导回路及关键控制变量，为进行系统整体模拟和情景设计提供基础。

2）情景设计及调整

在系统分析和系统概化的基础上，针对特定的水文条件以及组合控制策略，设计复合生态系统的不同情景。在对多情景下复合生态系统整体模拟及承载度评价对比的基础上，结合对系统结构及作用机制的认识，进行关键控制变量及反馈机制的调整，提出优化情景设计。

3）系统模拟

根据系统分析，建构相应的模拟模型。利用系统模型，对各情景进行系统模拟。

4）流域水生态承载度评价

采用层次分析法，建构流域水生态承载度评价指标体系，针对不同情景下系统模拟结果，进行相应情景的流域水生态承载度评价。

5）流域水生态承载度冲突分析

针对不同情景下不同水生态分区的生态承载度的时空分布格局，分析冲突时段及空间的分布情况，明确流域内关键的冲突区域的分布状况，为进行分区控制策略的调整提供基础。

6）推荐情景和总量控制方案的提出

通过多情景的系统模拟、系统水生态承载度的评价对比，以及分区域控制策略调整的循环求优的过程，最终提出推荐情景及总量控制方案。

2.3 河流水环境问题诊断与发展趋势预测

2.3.1 流域水体特征污染物与水生态系统动态响应关系模拟

本节主要通过对历史社会经济发展与水环境质量响应关系的分析来预测未来的响应趋势。通过分析历史 GDP 变化和水环境质量响应关系为以后流域水环境问题诊断与需求分析奠定基础。

本节研究辨析了流域水环境演变、水文过程、流域经济发展、产业布局、土地利用状况，研究各组成要素的关联度，采用系统动力学方法，利用 VensimDSS 仿真软件，构建流域"社会–经济–水文–水环境"的水环境模拟集成模型；以系统论的完整性思想为指导，探明了流域社会经济、水资源利用、污染物排放与水环境质量的定量耦合响应关系，预测了流域未来经济社会发展趋势以及水生态系统压力–响应状态，并进行了多情景分析；综合考虑流域人口压力、资源消耗、工业发展、社会进步等影响因素，结合流域主要污染因子，建立了流域水生态承载力指标体系，采用专家打分法对流域水生态承载力现状及不同情景模式进行了综合评价；以主要污染物排放量和经济发展规模作为约束条件，构建了多目标优化模型，对流域及重点示范区的行业结构和布局进行调整与优化；应用一维水质–水动力学模型，在一定水文条件约束下，开展了流域主要污染物水环境容量计算与分配。

1. 河流水环境总体诊断原则和方法

流域水环境问题的诊断过程始终坚持河流生态完整性的概念，首先基于实地调查数据和历史数据资料，从物理完整性、化学完整性和生物完整性三个方面，围绕流域水系统格局与演变过程、土地利用格局及演变过程、水资源状况与利用格局、水污染结构特征与趋势、有毒有害污染特征与环境安全评价、河流富营养化、近河地下水污染、河流水生态质量，以及流域经济社会状况与趋势等问题，对河流水环境问题进行数据分析。然后从河流环境流量动力学过程、水污染类型和河流生物多样性三个方面，对海河流域河流生态完整性进行总体诊断评估。最后以土地利用、水资源利用和区域社会经济发展数据为基础，分析城市土地利用变化对水资源的耦合作用关系，开展区域人口、GDP、产业发展对水资源利用和水污染的影响研究，建立流域河流水环境质量退化的流域驱动机制。

2. 系统动力学模型

流域水生态环境系统是一个复杂的开放系统，为有效模拟该系统复杂的内部联系，揭示系统的隐含成分，防止主观直觉的判断失误，采用系统动力学模型，开展流域水体特征污染物与水生态系统动态响应关系分析。

系统动力学研究对象主要是复杂的社会经济系统和生态系统，其任务在于揭示这些系统的信息反馈特征，以显示组织结构、放大作用和延迟效应等影响系统行为模式的机制。系统动力学在研究处理复杂的系统问题时，具有擅长处理周期性问题，长周期问题，数据相对缺乏的问题，高阶次、非线性、时变的问题等，并进行长期的、动态的、战略性的定量分析研究的特性，为人们应用这一研究方法模拟社会经济与生态环境等复杂系统的行为和未来的发展规律提供了可能。

系统动力学模型（SD 模型）的建立是一个包含多次反复循环、逐步深化、逐渐趋向预定目标的过程，具体步骤如下。

1）模型的建立

（1）系统边界界定。根据系统动力学特点，正确划出系统边界的准则，是把系统中的反馈回路考虑成闭合回路，将建模目的关系密切的重要的量列入系统内部，形成封闭的界限。

（2）子系统划分与变量确定。结合流域社会经济水环境复合系统，运用系统动力学对区域的社会经济发展趋势进行预测和评估，全面考虑环境承载力，包括水资源承载力、污染物承载力、人口承载力、土地资源承载力、经济承载力等对产业的支持，以及产业对社会经济水环境复合系统发展的影响。根据各个子系统间的重要联系及其因果反馈关系，确定子系统。

（3）设计系统流程图。流程图是对实际系统的抽象反映。通过对变量的性质和相互作用关系分析，利用系统动力学专门符号，将因果关系图转化为相应的流程图。流程图只说明系统中各变量间的逻辑关系与系统构造，并不显示其定量关系。因此，需建立系统动力学方程，其中状态方程是 SD 模型的核心，其他方程可由状态方程导出。

状态方程一般表达式为

$$\frac{dx}{dt} = f(R_i, A_i, X_i, P_i) = R \tag{2-11}$$

其差分形式为

$$X(t + \Delta t) = x(t) + f(R_i, A_i, X_i, P_i) \times \Delta t \tag{2-12}$$

式中，X_i 为状态变量；A_i 为辅助变量；R_i 为流率变量；P_i 为参数；t 为仿真时间；Δt 为仿真步长。

通过分析子系统之间、主要变量之间的因果关系，进行系统流程图设计，并运用 VENSIM 软件进行动态仿真模拟。

（4）方程编写和调试。根据区域复合系统的实际情况及其各子系统间的因果反馈关系，运用软件提供的一系列常用工具，在构建模型程序后，利用历史数据，对模型程序进行调试，通过"历史"检验，调整模型。

（5）灵敏度分析。灵敏度分析，可判定模型是否较好地模拟现实系统和是否适合真实系统的仿真模拟与政策分析，增强模型分析的可信度及设计方案的实用性。

（6）仿真模拟。模型通过"历史"检验，可作为各种政策的模拟实验工具，即给模型输入一种或一组决策，通过模拟实验得出未来年份的相应结果。

（7）方案设置。利用 SD 模型，把政策调整、人为控制作为参数，依据不同规划目标，变化系统参数，使模型在多种条件下运行，对系统在不同情景下的发展变化进行分析。本研究将得出的情景类型进行比较筛选，从中选出有代表性的四种方案。

方案 0：现状方案。该方案将社会发展速度保持基准年水准，人口自然变动与人口机械变动保持稳定，同时侧重经济的全面发展，在投资政策与投资力度上沿袭基础年的发展策略。

方案 1：工业发展方案。该方案通过设定 GDP 增速等调节因子，保持经济的快速增长，将工业发展放在社会经济的首位。工业投资结构中，工业投资比例远远超过第一产业及第三产业比例。

方案 2：污染治理方案。该方案将社会经济的发展与工业进步作为水环境污染与水生态破坏的主要驱动因素加以限制，通过加大环保科技投资，设置更严格的法律法规、节约能源等最大限度地保护环境。

方案 3：协调发展方案。该方案力求最大限度实现经济发展和保护水环境质量的目标，优化产业结构，建立健全水污染管理体系，完善和提高污水处理能力，提高水资源利用效率，实现社会经济与生态环境的协调发展。

2）模型的验证分析

选定过去某一时段，以历史资料和实际系数为标准，将仿真模拟得到的结果与实际结果相比，进行误差验证，验证模型是否能有效代表实际的系统。变量主要包括人口、GDP和污染源数据等，变量模拟值与同期的历史数据进行比较计算，来验证模型的有效性并作修正及不确定性分析。

2.3.2　流域社会经济发展与水环境定量关系辨识技术

我国流域周边多数是经济较为发达的工业集聚区和都市密集区，逐步形成了以石化、冶金、装备制造业为核心的产业集群，工业种类齐全，流域是我国重要的原材料工业和装备制造业基地。

随着社会经济的快速增长，城市化进程的加快，流域生态环境急剧恶化，特别是水体污染严重。综合分析近年来产业结构、城市化率、水质、污染物排放等社会经济及环境指标的变化情况，运用多元线性回归分析，定量研究流域水环境演变与流域内社会经济发展之间的关系，为制订水环境经济发展政策提供理论依据。

1. 多元线性回归分析方法

多元线性回归是指根据多个自变量的最优组合建立回归方程来预测因变量的回归分析。多元回归分析的模型为

$$y=b_0+b_1x_1+b_2x_2+\cdots+b_nx_n \tag{2-13}$$

式中，y 为根据所有自变量计算出的估计值；b_0 为常数项；b_1，b_2，$\cdots$，b_n 为 y 相对于 x_1，x_2，$\cdots$，x_n 的偏回归系数。

偏回归系数表示在其他所有自变量不变的情况下，某一个自变量变化引起因变量变化的比率。

2. 多元线性回归分析中常用的判定指标

复相关系数 R：表示自变量 x_1 与因变量 y 之间线性关系密切程度的指标，取值范围为 $0\sim1$。其值越接近 1，表示线性关系越强；越接近 0，表示线性关系越差。

判定系数 R^2：多元回归中常使用判定系数 R^2 来解释回归模型中自变量的变异在因变量变异中所占的比率。但是，判定系数 R^2 的值常常随着进入回归方程的自变量的个数 n 的增加而增大。

为了消除自变量的个数对判定系数的影响，回归分析中常常使用经调整的判定系数（adjusted R square）。因为修正的 R^2 值与自变量的数目无关，可以较确切地反映拟合度。

3. 多元线性回归分析的检验

建立了多元回归方程后，需要进行显著性检验，以确认建立的数学模型是否很好地拟合了原始数据，即该回归方程是否有效。多元回归方程常采用方差分析方法对回归方程进行检验，检验的假设是总体的回归系数均为 0 或不都为非 0。它是对整个回归方程的显著性检验，使用统计量 F 进行检验。一般情况下，如果回归方程的显著性概率小于 0.005，即认为该回归方程有效。

2.4　河流水污染治理与生态修复目标

河流治理目标是未来一段时间之内河流治理的总体谋划和纲领，一般具有以下几个基本特点。

（1）目标明确。战略方案的目标应当简洁清晰，其主要任务内容应当具体明确且涵盖河流治理所有方面，预期成果应当使人得到振奋和鼓舞。目标要有前瞻性，经过努力可以达到，其描述的语言应当是坚定和简练的。

（2）渐进实施。战略方案的渐进性是指在河流治理整个实施过程中，各种战略活动进行应具有逐步性、适宜性和连贯性。河流治理战略目标不是一蹴而就的，河流治理应体现阶段性，围绕战略核心目标，逐步实施，渐进达成。从渐进性的角度，可以将河流治理战略方案视为一种中长期多阶段战略规划，它将河流治理的主要目标、政策与活动，按照一定程序有机结合成紧密的整体。

（3）可执行性良好。一个良好可行的河流治理战略方案应当目的明确、通俗易懂且具有很强的可执行性，它应当是各级流域管理和规划决策部门的向导，使各级部门都能确切地了解它、执行它，并将其融入流域河流污染控制和治理工作中。

（4）灵活性好。河流治理战略方案的实施应具有灵活性，即河流治理战略目标在规划期是固定的，不应随时间而轻易变化，但是方案的执行实施过程，尤其是实施区域和组织计划形式可以根据流域经济社会发展态势和需求随时调整。从这个角度而言，基于流域现状制定的河流治理战略任务具有时限性和阶段性，其适用性应充分考虑流域区域经济社会的发展阶段性。因此，应当对战略方案任务布局和执行要求进行周期性的校核和评估，使之容易适应河流治理变革的需要。

2.4.1 总体目标的确定

按照"分区控制、系统集成"的指导思想，系统研究流域水环境质量与水污染特征，探明流域水环境污染特征及其成因，以"分区、分级、分类、分期"的多维水环境管理技术体系为框架，综合集成结构减排、技术减排、管理减排研究，形成流域水污染治理综合方案，为改善河流水质、恢复健康水生态系统功能提供创新模式和管理决策依据，为国家水污染防治提供技术支撑。具体研究目标包括以下两方面。

1. 河流水环境诊断

对于河流复杂水环境问题的综合诊断，首先，需要从根本上认识河流生态系统基本属性和功能，分析河流退化原因及其与社会经济发展的影响机制。其次，采用生态完整性综合评价原则，基于实地调查数据和历史数据资料，从物理完整性、化学完整性和生物完整性三个方面，围绕流域水系统格局与演变过程、土地利用格局及演变过程、水资源状况与利用格局、水污染结构特征与趋势，以及流域经济社会状况与趋势等，对河流水环境问题进行数据分析。在河流水污染诊断方面，选择《水功能区划分标准》（GB/T 50594—2010）和《地表水环境质量标准》（GB 3838—2002）关于不同级别（Ⅰ～Ⅴ类水体）水质标准的具体水质参数规定，与河流水质监测资料对比，进而评价其污染达标或超标状况。以土地利用、水资源利用和区域社会经济发展数据为基础，通过分析城市土地利用变化对水资源的耦合作用关系，开展区域人口、GDP、产业发展对于水资源利用和水污染的影响研究，建立流域水环境质量退化的流域驱动机制。

2. 流域河流污染类型界定和特征水质目标确定

目标值确定遵循以下原则：一是反退化原则，各流域、区域目标"只能变好、不能变差"，各断面规划目标原则上不低于现状。二是有序衔接原则，衔接国务院已批复相关规划及各部委相关专项规划中水环境质量目标。三是合理可行原则，结合断面水环境质量变化趋势、超标因子及超标倍数、污染减排潜力等情况，科学确定各断面水质目标。四是体现差异原则，结合流域区域改善必要性与可行性分析结果。原则上与全国平均水平差距大的流域、区域，目标改善幅度要高；针对有特殊生态环境保护需求的水体，如产卵地、栖息地等，可根据保护需要，将水温等特征指标纳入断面目标要求。

2.4.2 分阶段目标的确定

在建立分阶段水质管理目标时，基于断面水质历史、现状和"水质终极目标"，通过数学模型模拟的方法确定不同阶段环境断面的水质目标值。在模拟运算过程中，有三个必需的节点性数据：①水质历史关键值，即历史数据中水质变化情况关键转折点的值。②水质现状值。③水质长期目标值。以上三者之间的关系如图 2-2 所示。

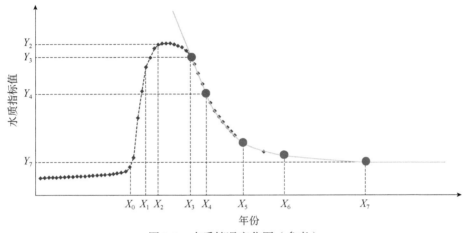

图 2-2 水质情况变化图（参考）

Y_7 为水质长期目标值，Y_4 为水质现状值，Y_3 为水质历史关键值，Y_2 表示水质历史峰值

根据流域污染现实情况，假设以下情形：20 世纪 80 年代（$X_0 \rightarrow X_1$）河流水质恶化情况最为严重，水质迅速恶化；90 年代（$X_1 \rightarrow X_2$）水质继续恶化，但趋势变缓；90 年代后期至"十五"期间（$X_2 \rightarrow X_3$），由于我国逐渐开始重视污染治理，并重点实施了两个水污染防治的五年计划，河流水质恶化趋势开始得到遏制，河流水质状态处于波动期，水质受年度水量影响较大；"十一五"期间（$X_3 \rightarrow X_4$），三个五年期的污染治理工作开始见效，水污染恶化趋势基本得到遏制，河流水质开始明显改善。

基于以上理念，采用插值与拟合相结合的数学模型方法。插值法与拟合法的区别主要是：插值法是做一条曲线或直线完全经过这些点；而拟合法是做一条曲线或直线，使得所有数据点与这条曲线或直线的"误差"最小。在阶段水质目标确定过程中，插值法没有考虑水质的波动性，拟合法则需要大量的详尽数据。因此，采用插值法与拟合法相结合的方法。首先，利用插值法对历史数据进行补充，原点数据可采用（河流形成年代，现状源头区水质）。其次，利用逐断面单因子样条拟合分析法找出"水质历史关键值（X_3，Y_3）"，并利用插值法补充（$X_3 \rightarrow X_4$）区间的数据样本点。再次，采用水功能区目标值作为"水质长期目标值（X_7，Y_7）"。最后，利用（$X_3 \rightarrow X_7$）区间的数据样本点，采用数据拟合的方法，建立数学模型 $f(X, Y)$，将近、中期数据 X_5 和 X_6 分别代入数学模型 $f(X, Y)$，从而得到逐断面各单因子近期和中期水质目标值。

根据河流水环境质量变化情况，可选择样条插值法和分段拉格朗日插值法进行插值；拟合数学模型可根据"水质历史关键值"的位置选择线性拟合和对数拟合。

第3章 河流水污染治理及生态修复对策与技术

3.1 河流水污染治理与生态修复对策

我国河流水污染治理与生态修复应在流域单元环境问题诊断的基础上，从水污染防治、水资源保障、水生态保护与修复和水环境风险防控四个重点方面，结合产业结构、经济发展水平、水污染物排放、水资源禀赋以及水生态系统结构和功能等特征，因地制宜，采取针对性的水污染治理与生态修复措施。为此，应以汇水范围内所有源-流-汇为切入点，遵循流域统筹、区域治理思路，分区分类、精准施策的策略或原则，选择全流域系统治理或小流域综合治理。

3.1.1 河流污染物总量控制

水环境保护的很大一部分工作是减轻人类活动对水环境的胁迫，而人类活动对水环境的胁迫主要体现在对水体的污染和对生态用水的挤占两个方面，可通过实施用水量、产污量和排放量三类总量控制来缓解。因此，我国中长期水环境保护的战略方针是坚持水质、水量、水生态三大要素协同保护，构建"三位一体"的保护格局，统筹水污染防治、水资源和水生态三套分区体系，以用水量、产污量和排放量三类总量控制为抓手，推进水环境持续改善。水污染物总量控制是我国环境管理的一项重要政策手段，要根据流域的水环境状况、排污状况和水环境容量等因素综合考虑来确定指标。水污染物总量控制又分为容量总量控制目标和目标总量控制目标，前者体现水环境容量要求，主要体现自然资源的约束条件；后者是受社会经济发展阶段制约而确定的阶段性总量控制目标，一般宽于容量总量。"十二五"期间，流域在继续推进 COD 污染减排工作的同时，考虑环境质量特征、阶段重点、现有基础和技术经济等因素，启动氨氮总量控制工作，将氨氮列为全国性主要水污染物排放总量控制指标。

水污染物总量由国家到地区和流域的分配涉及区域社会经济、技术、自然环境、管理、资源等各个领域的问题，而且与各地社会经济发展空间受限水平紧密相关，各地的污染排放特征、社会经济条件、污染物减排能力和环境容量禀赋基础不同，决定了各地在共同承担污染物总量削减责任的差异。因此，在区域水污染物总量分配与我国总量控制要实现的政策目标紧密一致的同时，水污染物总量分配既要在经济技术上可行，又要公平合理，这个原则是污染物总量分配的基石。水污染物总量控制目标制定的原则有以下四点：

①在符合国家总体社会经济发展和环境管理目标前提下，循序渐进实施总量控制；②不同流域和地区实施不同的总量管制要求；③促进产业结构的调整，实现环境资源的合理配置，优化产业布局；④考虑各地削减能力，系统优化总量分配削减方案，提高总量控制手段的政策效率。

3.1.2 不断提升水环境管理水平

流域的治理和保护不是某一个地区、某一个区域的事情，它涉及整个流域内所有地区和区域之间的沟通和合作，需要建立流域内跨区域协同治理机制，要站在全局上统筹规划。为了使流域的治理和保护发挥较好的效果，首先要构建共赢的管理机制，在流域内各个省区市之间，以区域公共管理作为各级政府的思维导向，遵循共赢的管理理念建立起共赢的管理机制，将流域的保护和治理作为重大的民生工程进行整体的规划，不断寻找流域内不同区域发展上的共同利益，并以此为切入点在跨区域流域的治理和保护上展开合作。其次是构建高效的合作机制，在权责上进行合理的划分，破解各政府以及不同部门在治理和保护上的权责矛盾。可以考虑由省级政府牵头，组建起流域保护和治理工作的专门机构，将各利益相关主体纳入机构中，进行具体的权责划分。最后是稳步提升依法管理水平，构建联合执法机制，流域的环保执法必然会涉及跨行政区域的问题，通过赋予综合治理机构执法的权力，开展流域内排污企业的联合执法检查，对企业依据规定严格落实奖惩政策，为流域的治理提供执法上的保障。

在水环境信息化建设方面，通过加强污染源和水环境的自动监控能力，持续提升科学决策水平。在保证监测数据连续性的基础上，统筹环保、水利监测断面，建立环保、水利联合监测机制，进一步优化监测网络，建立国家监测网，做好水质水量等物理化学指标数据及生物指标数据的采集工作。不断加强水环境信息平台建设，持续提升水环境信息的收集、存储、处理、传输能力，建立健全信息共享发布机制。在监督执法考核评估方面：一是加大对企业破坏水环境行为的整治力度。逐级落实地方政府的水环境保护责任，探索建立包括水环境质量、水资源管理效率以及水生态文明等方面在内的评估指标体系，将水环境保护纳入地方各级人民政府绩效考核，调动地方政府积极性。二是建立完善畅通的公众监督与参与途径，形成奖惩结合的激励机制，充分调动社会各方力量参与水环境保护。在资金保障方面，充分利用市场机制拓展流域水污染治理资金来源。单纯依靠政府投资远远无法满足流域治理的资金需求，要充分利用市场机制拓展水污染治理资金来源。①设立流域水污染治理专项基金；②推广排污权有偿使用和交易机制；③完善流域上下游横向生态补偿机制；④逐步建立和完善城乡居民污水处理收费制度；⑤充分利用市场化投融资机制。

3.2 河流水污染治理与生态修复技术

3.2.1 河流水污染治理与生态修复技术体系

在对河流水生态环境质量问题及成因分析的基础上，结合近、远期社会经济与生态环境需求，找准水污染治理与生态修复的重点，根据需求选取一种或多种水污染治理与生态修复技术。河流水污染治理与生态修复技术手段包括点源污染控制、面源污染控制、河流生态修复及流域综合管理等四个方面，具体见图 3-1。

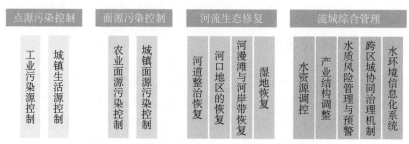

图 3-1　河流水污染治理与生态修复技术体系

　　点源污染包括工业点源污染、生活点源污染。工业点源废水中的污染物种类复杂多样，在选取水污染控制方法时，应根据排放废水中的特征污染物种类来选定；生活点源污水可通过建设污水管网系统，集中收集至污水处理设施进而达标排放，或在满足条件的地区采取资源化利用的方式进行处理。

　　面源污染包括农业面源污染、城镇面源污染。面源污染与区域的降水过程密切相关，表现为形成的随机性、影响的滞后性和影响因子的复杂性，对其的控制分为源头污染控制和径流污染控制两大类。在控制非点源污染时，要注意磷和氮流失的推移距离及途径不同，磷主要通过地表径流流失且推移距离较短，河流、沟渠系统的两岸是主要的流失区；氮可以通过地表径流和次地表径流流失，流失区域遍布整个流域。

　　河流生态修复包括河道整治恢复、河口地区的恢复、河漫滩与河岸带恢复、湿地恢复等物理环境和生物环境的恢复。河流生态修复的基本目标是促进生态系统自我维持和陆地、缓冲区域与水生生态系统间相互联系的出现。河流恢复的重要目标是保护河流的生物完整性及其生态健康，河流生态系统的恢复程度可利用生物完整性指数、景观结构特征等进行评价。发达国家在河流恢复方面注重河道的自然功能，如美国注重河流恢复的尺度问题，提出了基于流域尺度的"流域方法"；德国、瑞士等国家提出"重新自然化"概念，将河流恢复到接近自然的程度；英国采用"近自然河道"设计技术，强调在恢复和保护河流生态系统时，必须优先考虑河流的生态功能；荷兰强调河流生态恢复与防洪的结合，提出了"给河流以空间"的理念；日本对"多自然型河治理法"进行了大量的研究，强调用生态工程方法治理河流环境、恢复水质、维护景观多样性，强调用当地材料、传统工艺治理河道。

　　流域综合管理包括水资源调控、产业结构调整、水质风险管理与预警、跨区域协同治理机制和水环境信息化系统等技术。流域管理是将流域视为一个完整的生态-社会-经济复合系统，通过协调社会、经济、环境三者的关系，保证维护健康的流域水文环境和发挥持续稳定的流域功能，基于"5G 时代"、物联网、大数据、天地一体化等技术，建立水环境信息化系统，提升流域水环境、水资源、水生态等信息的数据挖掘、联合建模、数据分析和规则构建等智能应用水平，为监测、管理和调度提供技术支持。

3.2.2　河流水污染治理与生态修复技术需求分析

技术的选择首先要对各种类型处理技术研发和应用的现状开展调研,将当前河流治理技术的效果与河流水质目标进行对比,分析二者是否匹配,根据匹配情况深入分析技术的适用性和标准的合理性。合理性的判断是将排放标准与水环境质量标准进行对比,若匹配,则分析排放标准的合理性,若不匹配,则对污废水处理技术需求进行分析。技术需求分析方法和重点技术确定详述如下。

1. 技术需求分析方法

基于河流水环境问题、河流污染类型和特征水质目标,综合考虑污染源控制标准(包括行业废水排放标准、面源污染控制标准)、水环境质量标准(包括地表水环境质量标准和水功能区划分标准)、退化河流治理需求和河流生态功能阈值,分析以上四项标准/要求是否一致,若一致,则分析标准/治理要求是否合理,对于合理的标准和要求,考虑达标技术需求,对于标准不合理的,提出管理技术需求;若标准/要求不一致,则调研是否有现成的相关技术,若技术已有研发,则提出技术应用的适用性需求,对于尚处于空白的技术,则提出河流治理技术研发需求。

国内外河流治理现有技术主要包括点源污染控制技术、非点源污染控制技术、河流生态修复技术及流域管理技术。点源污染主要是行业废水,处理方法主要有化学处理技术、物理化学处理技术和生物处理技术等。非点源污染控制技术可分为源头污染控制和径流污染控制两大类。河流生态修复的主要技术方法包括河道修复、湿地恢复和生物修复等技术。流域管理技术则包括流域水质目标管理技术体系、水质水量联合调度技术,以及政令型管理技术。通过技术发展现状和趋势调研,分析我国的研发实力及与国外的主要差距,形成对河流治理技术发展的基本判断,找出应重点突破的方向。

2. 重点技术确定

重点技术的确定要紧密结合不同阶段的重大需求和战略任务,依据河流污染类型(耗氧污染控制、富营养化控制和毒害污染)控制的主控水质目标要求,通过专家研讨,提出为完成重点任务而必须达到的不同阶段的特征水质目标和主控水质目标。分析河流水污染成因过程、河流污染源结构以及河流水质目标管理要求,确定与之对应的治理技术和管理技术重点。

技术重点包括单一技术、组合技术和流域综合管理技术重点三类。单一技术重点以污染控制和河流治理、水环境水生态要求为出发点,综合考虑污染源控制、生态修复/河流治理、河流管理等方面,结合流域不同河流水体类别,筛选河流污染控制与治理的重点技术,进而将河流水质目标管理与技术衔接组合,开展多元技术集成,形成河流治理技术集成系统。在具体技术的选择上,可以从下面四个方面着手:一是河流治理规划中确定并已部署,但仍需要继续加强的;二是河流治理规划中确定但尚未部署的;三是当前河流水污染控制中急需的;四是按照当前技术发展新动向,必须超前部署的。

第4章 河流水污染治理
与生态修复技术路线图框架

河流治理重大需求分析从我国河流的主要问题入手，分析水污染状况和水生态退化状况，明确河流治理和生态恢复的难点。河流治理技术路线图从河流治理重大需求出发，分析河流治理战略任务和特征目标，布局河流治理阶段，进而确定与治理目标相匹配的优势技术。技术路线图把战略研究的主要内容按照结构化方式表示出来，使河流治理战略研究思路更加清晰。

河流水污染治理与生态修复技术路线图以"重大需求—阶段目标—阶段任务"为主线，在时间轴上明确其实施阶段、目标和阶段任务，具有高度概况、高度综合的特征，其作为一项规划策略决策的有效工具，可指导地方行政管理部门所开展的河流污染治理及生态修复工作，为不同地区不同类型河流水污染治理提出分期目标及为主要任务提供技术指导。各个流域可参考国家河流水污染治理与生态修复技术路线图，编制各个流域的河流水污染治理与生态修复技术路线图，省、市、县级人民政府可参照各个流域的河流水污染治理与生态修复技术路线图，编制辖区内河流水污染治理与生态修复技术路线图。

4.1 路线图的制定原则与思路

河流治理技术路线图是河流治理战略研究的重要组成部分。技术路线图以河流治理重大需求为导向，基于河流生态完整性，凝练河流治理和生态恢复的战略任务，突出"重大需求—战略任务—技术重点"之间的整体性和相互关联性，并把战略研究的主要内容按照结构化方式表示出来，使河流治理战略研究思路更加清晰（单保庆等，2015）；通过技术路线图进一步深化战略研究内容，对技术重点的研发基础、技术差距、发展路径和实现时间等进行评价，为技术重点的优先排序奠定基础。河流治理技术路线图是战略方案的核心。因此，河流污染治理与生态修复技术路线图制定应遵循相应原则。

4.1.1 路线图的制定原则

技术路线图遵循以下制定原则：坚持与"水十条"、流域水污染防治规划、国家及地方水环境保护规划相结合，具体目标制定的基本原则从河流治理战略方案的内涵和基本特点可以看出，在战略方案制定的战略目标方面，要坚持河流生态服务功能优先原则；在河流问题诊断评估中，坚持生态完整性综合评价原则；在目标任务布局方面，坚持特征目标分期达近原则；而在流域污染控制方面，坚持基于水质目标的流域污染减排原则。

（1）坚持河流生态服务功能优先原则。我国河流污染类型多样和生态环境复杂，河流生态修复不可能使河流恢复至未受干扰前的状态，而较为可行的是恢复河流生态服务功能。河流生态服务功能是指人类直接或间接从河流生态系统功能中获取的利益，主要可以分为支持服务功能、供给服务功能、调节服务功能和文化服务功能。支持服务功能是指生产其他生态系统服务所不可或缺的服务功能，如初级生产、土壤形成和涵养水源等，主要有物质生产功能和生物支持功能。供给服务功能使得人类从生态系统获得各种各样的产品，如粮食、淡水和生物化学物质等，从而为人类维持高质量的生活提供基本物质条件。调节服务功能是指人类从生态系统过程的调节作用中获得的收益，如维护空气质量、调控人类疾病和净化水源等，从而使人类有一个健康、安全的生态环境。文化服务功能是指通过丰富精神生活、发展认知、大脑思考、消遣娱乐和美学欣赏等方式，使人类从生态系统获得的非物质收益，主要包括休闲娱乐功能和文化孕育功能。

河流生态修复基本定位即为优先保障河流生态服务功能，兼顾生物多样性恢复。河流治理战略方案的制定，应坚持生态服务功能优先原则。从河流支持服务功能、供给服务功能、调节服务功能和文化服务功能入手，统筹考虑河流水污染导致的服务功能下降甚至消失问题，提出相应的污染控制和水质改善措施及实施步骤，逐步恢复正常河流生态系统功能。从某种程度上说，河流治理的终极目标是恢复（保护）河流生态系统的服务功能。

（2）坚持生态完整性综合评价原则。在不受人为干扰的情况下，河流生态系统经生物进化和生物地理过程维持生物群落正常结构和功能，还能维持其对人类社会提供的各种服务功能，这种状态被认为是健康河流生态系统。河流生态系统健康必须体现河流生态完整性，包括物理、化学及生物完整性三方面，其中物理完整性主要是指河流地貌、水文和流态，受控于整个流域的地形、气候、降水等自然条件，以及水资源利用方式；化学完整性主要指河流水体的化学特性，受控于河流水体污染状况；生物完整性主要是指水生生物群落结构与功能特征的完整性，受控于河流物理和化学完整性，尤其是水体污染程度。

河流物理完整性、化学完整性和生物完整性作为生态完整性的三个有机组成部分，它们之间相互联系、相互影响。认识河流水环境问题，尤其是在对目标河流退化特点、过程及成因等进行全面诊断和分析过程中必须同时考虑这三个方面。通过物理、化学和生物完整性方面的河流问题表征及流域驱动因子分析，界定河流主要污染类型和水污染特征问题，进而为制定河流治理战略方案奠定基础。

（3）坚持特征目标分期达近原则。河流水污染类型多样，耗氧污染、富营养化、有毒有害污染等多种污染并存，水污染复合效应突出，且流域污染物呈现典型空间异质性特征。辽河、淮河和海河流域河流生态系统退化尤其严重，因此河流战略方案的制定，应充分考虑我国河流治理和生态恢复的难度及长期性，围绕流域河流多种污染并存特征和区域（水系）异质性，结合流域河流治理不同阶段的重大需求和战略任务，依据污染河长、污染严重程度等参数确定河流不同污染类型的优先治理顺序，并对不同类型的污染治理设定治理时间表，制定多梯度多阶段的河流治理步骤和方案，实施分期达近原则。

（4）坚持基于水质目标的流域污染减排原则。基于河流水质目标管理的流域污染减排方案是流域河流治理最为核心的步骤。目前国外河流治理与流域水污染控制广泛采用最大日负荷总量（TMDL）计划，即在满足水质标准条件下，水体能够接受的某种污染物的日最大排放负荷。制定流域最大污染负荷可以将流域可分配的点源和非点源污染负荷分配到各个污染源，同时考虑季节变化和安全边际，采取适当的污染控制措施来保证目标水体达到相应的水质标准。然而，在流域管理方法和手段方面，我国当前尚未有基于水功能区划要求的流域水质目标管理方法。

考虑我国河流普遍存在水污染类型、来源复杂，河流生态系统退化成因复杂，治理需求与目标多样，河流水文节律因水资源利用方式复杂等多种因素，无法套用国外现成方法。应结合我国河流自身特点，建立基于水质目标管理的减排方案，即包括以水质目标为基础的容量核算、污染负荷分配、污染源削减措施、河道治理措施、流域管理措施。因此，在河流污染治理战略方案制定过程中，应明确坚持以水质目标为导向，进而制定流域污染负荷减排方案，这是实现流域污染治理从目标总量控制向基于控制单元水质目标的总量控制转变的关键。

4.1.2　路线图的制定思路

河流治理技术路线图制定的基本思路是突出河流治理的前瞻性计划，强调从河流治理重大需求开始，凝练战略任务和重点技术。首先，确立河流治理的总体战略目标，以优先恢复和保障河流生态系统服务功能，兼顾生物多样性恢复为特征定位，确立水资源安全和水生态健康两大基本目标，并开展河流水环境问题诊断，明确河流治理的重大需求。其次，从上述需求出发，从河流生态完整性入手，确立河流化学完整性恢复、物理完整性恢复和生物完整性恢复方面的重大战略任务。再次，分析各战略任务的特征目标，包括河流水污染控制指标和河流治理指标，并结合污染治理的客观要求和流域经济发展状况，合理布局实施阶段。然后，开展技术需求分析，从污染控制和管理技术两方面，确立河流治理和生态修复的重点单元技术和集成技术。最后，对提出的重点技术进行评价，包括研发基础、技术差距、发展路径和实现时间等，从时间序列上布局阶段关键目标和重点技术任务，形成河流治理技术路线图。

技术路线图可以用数据图表、文字报告等形式表现，常用的是图表形式。不管用哪种形式，都要回答三个问题：在充分考虑技术、产品、市场等因素发展前景的情况下，我们计划到哪里去？我们现在在哪里？我们如何达到那里？为回答这些基本问题，技术路线图一般在结构上采用多层结构格式，在横坐标上（时间维度）反映技术随时间的演变，在纵坐标（空间维度）上反映技术发展与研发活动、产业、基础设施、市场前景等不同层面的社会条件的联动关系。根据制定技术路线图不同的目的、不同的应用领域，在纵坐标上表示的内容（层面）也会有所不同。技术路线图包括时间轴和重大需求、战略任务、技术重点（重大技术系统和关键技术）三层要素，其制定过程要按照时间段建立各要素之间的有机联系和发展顺序。

4.2　河流治理与生态修复重大需求分析

河流治理重大需求分析首先从我国河流的主要问题入手，分析水污染状况和水生态退化状况，明确河流治理和生态恢复的难点，进而提出河流治理的总体战略目标和特征定位，以水资源安全和水生态健康为具体目标，选择相应的评价指标，开展具体河流水环境问题诊断评估，明确河流治理重大需求。

4.3　河流治理与生态修复战略任务

河流治理战略任务的确定是在分析技术现状和各种社会条件及面临的障碍时，确定未来发展的大致目标和时间框架，提出满足不同阶段需求的科技发展任务，凝练关键目标。河流治理战略任务围绕河流化学完整性、物理完整性和生物完整性恢复展开。河流化学完整性恢复即河流水污染的控制，既包括了常规污染，如耗氧污染、富营养化控制等，也包括了有毒有害污染物的控制，如重金属、有机毒害污染物等。物理完整性恢复即河流环境流量恢复，包括河流水系连通、水质水量联合调度，以及河流生态基流保障等方面。在河流化学完整性和物理完整性得到初步恢复的基础上，再开展河流生物完整性恢复，即河流水生态恢复，主要包括河流指示种恢复和河流生物多样性恢复。

4.4　河流治理与生态修复特征目标

根据河流治理的战略任务，确立近期和中长期河流治理及生态恢复的特征目标，包括控制目标和治理目标。控制目标主要包括水体溶解氧、河流健康阈值等。具体到河流水污染的控制目标，包括耗氧物质化学需氧量（COD）和氨氮、氮磷等营养物质，重金属和有机毒害污染物、河流生态基流阈值和清洁河流指示种等。

党的十九大报告提出 2035 年"生态环境根本好转，美丽中国目标基本实现"。在制定长期目标时，需要深入分析水生态环境现状与相关要求、标准的差距，寻找问题成因。因此，在量化 2035 年治理目标时要综合考虑生态文明体系、"三线一单"（生态保护红线、环境质量底线、资源利用上线和生态环境准入清单）和"三生"（生产、生活、生态）空间的理念，同时参考发达国家社会经济状况与生态环境间的关系，对我国环境趋势进行预测。

4.5　河流治理与生态修复实施阶段划分

根据上述河流治理与生态修复的特征目标，结合流域社会经济发展过程和趋势，综合考虑污染治理的复杂性和阶段性，分近期和中远期两个时间尺度，在时间轴上划分河流污染治理的耗氧污染控制、富营养化控制、毒害污染控制与河流生态修复实施阶段，明确各阶段的起点和终点，并布局河流治理战略任务。

4.6　河流治理与生态修复重点技术筛选

重点技术的筛选是河流治理技术路线图的重中之重。在战略任务布局和实施阶段划分基础上，基于河流水环境问题诊断河流污染类型，分析河流污染控制和水质改善技术现状及趋势，提出河流治理的技术需求。根据不同阶段的特征水质目标和主控水质目标要求，从水污染控制和治理单元技术、河流治理集成技术，以及河流综合管理技术等方面，凝练并形成适合现阶段的河流治理和生态恢复的重点技术。技术需求分析方法和重点技术确定的方法详述见 6.2 节。

4.7 路线图制定技术流程

技术路线图是将战略任务和技术重点在时间维度上的演变过程通过图形形式展现出来。在设计时要综合考虑国家/地方政府需求、近期和远期战略目标、河流水污染治理关键技术储备、经济社会效益等因素，按照时间轴建立河流污染技术与污染治理目标之间的有机联系。在情景分析及其模拟预测基础上，提出分阶段河流污染治理目标、生态修复水平、不同治理阶段匹配适宜的技术，以及投融资机制和政策保障措施等，形成近期（2021～2025 年）、中期（2026～2030 年）、远期（2031～2035 年）河流水污染治理与生态修复技术路线图。

方 案 篇

第 5 章　全国河流分区与分类研究

　　由于我国河流所处区域的气候气象、地势地貌、人文特征、产业结构、社会经济等都不尽相同，因此在河流水环境问题和水生态特征方面存在着巨大的空间差异。这就需要在河流水污染治理与水生态修复技术层面统筹考虑，分门别类地提出针对不同河流、不同河段的水污染治理与生态修复技术思路与方法。鉴于河流生态系统特征的空间差异性，有必要先对全国河流进行分区分类，逐一识别不同河流的问题成因并形成解决方案，即河流水污染治理与生态修复分类指导的总体思路。

5.1　全国河流分区方法与结果

5.1.1　分区思路

　　为了统筹流域水环境的管理需求与区域差异特征，综合考虑监测数据的可获得性，本指导方案中全国河流分区借鉴现有水环境管理实践，即使用"流域—控制区—控制单元"的三级分区体系：一级分区根据全国尺度自然地理环境因素进行划分；二级分区以河流水生态系统结构与功能过程的影响因素进行划分；三级分区以衔接行政区、社会经济发展等管理因素进行划分。

5.1.2　分区方法与结果

1. 全国河流一级分区

1）分区依据

　　全国河流一级分区主要参考水利部水资源一级分区，以反映全国尺度上河流自然地理差异（气温、降水等）和区域社会经济发展的差异。

2）分区方法

　　划分过程是对全国自然水系进行分割，以保持七大江河及主要水系的整体性为原则，结合水环境管理需求及县级行政区界对流域边界进行修正。

3）分区结果

　　全国河流一级分区以流域为基础进行划分，包括长江、黄河、淮河、海河、珠江、松花江、辽河、浙闽片河流、西南诸河、西北诸河 10 个区域（图 5-1）。

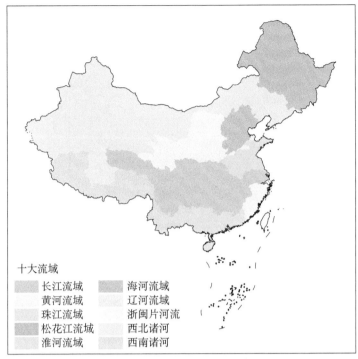

十大流域

长江流域	海河流域
黄河流域	辽河流域
珠江流域	浙闽片河流
松花江流域	西北诸河
淮河流域	西南诸河

图 5-1　全国河流一级分区结果

2. 全国河流二级分区

1）分区依据

全国河流二级分区主要借鉴环境规划院提出的控制区划分，是对流域的进一步细化，其划分目的是对不同区域分别提出有针对性的治理措施，并有效落实地方政府治污责任和任务。

2）分区方法

基于气候、地质、地形地貌、植被、土壤和水生生物地理分布格局等指标，进行划分。如果跨省（区、市），按照省（区、市）界进行分割。

3）分区结果

全国河流二级分区根据影响水生态系统形成因素的属性，在一级分区的基础上，将全国河流划分为 341 个二级区（图 5-2）。

3. 全国河流三级分区

1）分区依据

全国河流三级分区借鉴环境规划院提出的控制单元划分，是控制区的进一步分解细化，其划分目的是建立水体-行政区-断面的对应关系，通过削减排污达到有效改善水质的目的。

图 5-2　全国河流二级分区结果

2）分区方法

划分过程是在二级区（即控制区）层面下，结合水系、县级行政区中心、水质断面位置、土地利用、排污特征等诸多因素，进行污染控制单元边界识别，在保证乡镇行政边界和子流域边界完整性的同时划分三级区。

3）分区结果

全国河流三级分区能有效衔接流域水自然特征和水资源三级分区，以乡镇级行政区划与流域管理相结合，综合考虑污染源分布、社会经济、土地利用等诸因素，将全国河流划分为 1784 个区（即控制单元）（图 5-3）。

4."十四五"全国河流分区

按照重点流域水生态环境保护"十四五"规划编制要求，生态环境部新提出我国流域管理要在以往控制单元的基础上增加汇水范围的划分，要求未来要以汇水范围作为水生态环境管理的基本单元。本章目前还使用了以三级区（即控制单元）为基础分类单元作为河流分类指导方案制定的基础，未来可进一步细化，以汇水范围作为河流分类指导方案制定的基础单元。新调整的汇水范围包括 3442 个，每个汇水范围由若干个乡镇组成，汇水范围与行政边界相统一（图 5-4）。

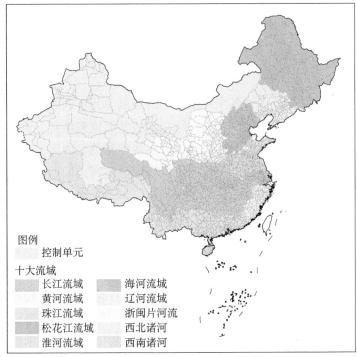

图例
　　控制单元
十大流域
　　长江流域　　　海河流域
　　黄河流域　　　辽河流域
　　珠江流域　　　浙闽片河流
　　松花江流域　　西北诸河
　　淮河流域　　　西南诸河

图 5-3　全国河流三级分区结果

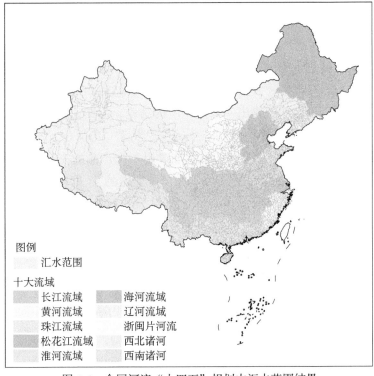

图例
　　汇水范围
十大流域
　　长江流域　　　海河流域
　　黄河流域　　　辽河流域
　　珠江流域　　　浙闽片河流
　　松花江流域　　西北诸河
　　淮河流域　　　西南诸河

图 5-4　全国河流"十四五"规划中汇水范围结果

5.2 河流类型划分思路与方法

5.2.1 分类思路

在全国流域分区的基础上，对各个三级区（即控制单元）内的河流进行水环境污染和水生态状况受损属性的判别与分类。首先，结合水质断面监测结果分析各控制单元内河流的污染类型。其次，结合水生态健康评价结果分析各控制单元内河流生态系统健康是否受损。以河流水质达标情况和水生态退化情况作为河流分类判别依据，进行河流污染和生态退化类型划分。

5.2.2 分类方法

制定分类指导方案应在河流分类的基础上，分析每一类型的管理内容，例如水质提升生态保育型的管理内容是水污染治理，水质提升生态改善型的管理内容则是水污染治理和水生态系统修复。针对每一河流类型的管理内容，分析造成水环境污染或水生态退化的成因。以水专项已有的水污染治理技术和生态修复技术制作技术清单，并对技术清单进行技术适用性甄选评估。针对某一河流类型的管理内容和问题成因，提出该河流类型下推荐应用的技术，即该河流类型的指导方案，综合各个类型形成流域的河流分类指导方案。

在管理学领域中常用到 SWOT 分析法。SWOT 分析，即基于内外部竞争环境和竞争条件下的态势分析，就是将与研究对象密切相关的各种主要内部优势、劣势和外部的机会和威胁等，通过调查列举出来，并依照矩阵形式排列，然后用系统分析的思想，把各种因素相互匹配起来加以分析，从中得出一系列相应的结论，而结论通常带有一定的决策性。其中，S（strengths）是优势，W（weaknesses）是劣势，O（opportunities）是机会，T（threats）是威胁。基于 SWOT 分析有助于去推导出一个产品的完整战略，且战略应是一个企业"能够做的"（即组织的强项和弱项）和"可能做的"（即环境的机会和威胁）之间的有机组合。

河流分类的最终目的也是服务于后期管理，满足河流分类指导。因此两者间有很强的相似性，河流分类可借鉴采用 SWOT 分析法（表 5-1）。以河流水质达标和水生态健康退化作为判别依据进行 SWOT 分析，S 代表水质达标（为区分以 A 表示），W 代表水质不达标（为区分以 B 表示）；O 代表水生态健康（为区分以 A′ 表示），T 代表水生态退化（为区分以 B′表示）。通过汇总各水质监测断面的监测数据，识别出不同河流的污染及生态受损类型，分析污染和生态受损特征，将河流分为四种类型，即 AA′——水质达标生态保育型，AB′——水质达标生态改善型，BA′——水质提升生态保育型和 BB′——水质提升生态改善型。

表 5-1　基于 SWOT 分析法的河流水质与生态分类方案

水生态	水质	
	A 水质达标	B 水质不达标
A′ 水生态健康	AA′	BA′
B′ 水生态退化	AB′	BB′

第6章 河流污染特征与主控因子识别

6.1 河流污染与生态受损分析单元

全国河流三级分区能有效衔接流域水自然特征和水资源三级分区，以乡镇级行政区划与流域管理相结合，综合考虑污染源分布、社会经济、土地利用等因素，全国河流三级分区包括 1784 个控制单元。本分类指导方案水污染与生态受损分析单元参照全国河流三级分区，以 1784 个区作为分析单元。

6.2 河流污染与水生态健康特征分析

6.2.1 数据获取

1. 水环境污染分析数据获取

在河流水体污染治理的理论与经验下，为了解我国河流水污染的主要特征、污染总体变化等，进行科学调查和数据收集。水污染数据主要来自生态环境部、各省（区、市）生态环境厅、各地市生态环境局、中国环境监测总站、各省市生态环境监测中心网站以及文献调研等。

河流污染源类别划分为点源和非点源。其中，点源包括工业源、城市生活源、农业源（集约化养殖）、城市污水处理厂（按工艺调查其削减量）；非点源按土地利用形式及农村人口、农村散养畜禽、降水大气沉降等因素，具体包括水田、旱田、果林、其他农村用地、农村人口、牲畜、家禽、城镇用地、草地、林地、未利用地和降水因素等。具体见图 6-1。

依据流域水污染的历史资料和现状调查数据，分析流域水环境质量演变规律，从影响水环境质量演变的自然因素和人为因素两方面分析水环境质量变化的驱动力。其中，自然因素是人类活动的前提，自然因素主要包括地质、地貌、土壤、植被、气候、气象、水文等；人为因素主要包括人口、经济、政策、技术等。可运用系统分析方法分析流域水环境演变的人文因素。查明近 20 年流域工业污染源时空分布特征，总结工业污染源时空分布、变化规律以及工业废水总量排放时空变化规律，探明流域工业废水主要污染物排放区域时空变化特征，为分析工业化进程与水环境演变关系服务。根据面源污染物的主要来源和影响因素，对流域的人口分布、土壤类型、土地利用类型、农药、化肥施用量等指标进行全面调查，运用空间分析技术研究流域面源污染的产生与分布。

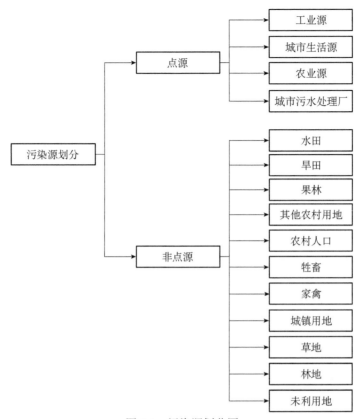

图 6-1　污染源划分图

点源、面源和水质调研具体方向如下。

1）流域点源污染调研

点源污染调研的主要手段是数据收集和分析。收集资料包括流域分省（自治区、直辖市）环境统计数据、流域水污染控制规划（五年计划）及完成情况材料和数据、历年流域水资源公报（以及水利部相关分区水量水质资料）、近期全国污染源普查数据和节能减排统计数据等。

2）流域面源污染调研

面源污染调研方式为收集历年流域分省（自治区、直辖市）农业统计数据（包括农药化肥施用量等）、近期有关流域面源研究的数据[包括 SWAT（土壤与水评估工具）模型分析以及实测研究等]。

3）流域水质监测数据分析

主要是收集主要控制断面（有同步水文流量及水质数据的断面）的污染通量数据。

2. 水生态健康分析数据获取

水生态数据主要通过现场调研、文献调研等方式获取。河流水生态现场调查应对浮游植物、着生藻类、大型底栖无脊椎动物、鱼类等进行采集。至少应在评价年的春、秋季各采集一次，如有必要可按季度各采一次。采样点设置应具有代表性、安全性、便利性。可根据相关资料确定多个备选点位，再通过现场查勘，确定合适的采样点。

1）浮游植物采集方法

参照《水和废水监测分析方法（第四版）》中"水生生物群落的测定"以及《内陆水域浮游植物监测技术规程》（SL733—2016）中的方法。

浮游植物定量样品采集方法：利用 1L 采水器采集水样，在水体表面（水下 0.5 m）和水体底层（底层上 0.5 m）分层采集浮游植物定量样品。

浮游植物定性样品采集方法：利用 25 号浮游植物网（孔径 64 μm）在上层水体呈"∞"字形捞取 3～5 min，并将滤取的样品放入样品瓶中，加入鲁哥氏液进行固定浓缩，带回实验室在 400～1000 倍显微镜下，鉴定浮游植物样品的种类。

2）着生藻类采集方法

参照《河流生态调查技术方法》中着生藻类的采集方法，开展着生藻类定量样品和定性样品采集。

3）大型底栖无脊椎动物采集方法

参照《水和废水监测分析方法（第四版）》中"水生生物群落的测定"中的大型底栖无脊椎动物采集方法，进行大型底栖无脊椎动物定性样品和定量样品采集。

4）鱼类采集方法

参照《水和废水监测分析方法（第四版）》中"水生生物群落的测定"中的鱼类采集方法，开展鱼类样品采集。

采用生境调查法对生境质量开展调查，并结合文献调研等，计算并确定目标水域的植被覆盖岸线比例、河流连通性、生态基流量保障率等。生境调查法用来评价目标水域周围物理生境状况的优劣，物理生境状况的稳定性和多样性直接影响水生生物群落结构组成。从底质、栖境复杂性、流速和深度结合、堤岸稳定性、河道变化、植被多样性、人类活动强度、河岸边土壤利用类型等方面对栖息地环境进行评价，并根据评价标准对各指标进行打分，然后累计求和得到河流栖息地质量指数（habitat quality index，HQI）。该数值越大表明该处河流栖息地环境质量越好。

6.2.2 数据分析

1. 水环境污染数据分析

1）水环境质量指数计算

水环境质量指数（water quality index，WQI）是一种直观、综合反映水质状况的水质指数，可客观、科学、合理地量化河流水质污染程度，综合、有效地体现各河流综合整治的成效。

WQI 的计算公式为

$$WQI = N_i \times 100 \qquad N_i \leqslant 1 \qquad\qquad (6\text{-}1)$$

$$\text{WQI} = 100 + （N_i - 1）/（20 - 1）\times（500 - 100）\qquad 1 < N_i \leqslant 20 \qquad （6\text{-}2）$$

$$\text{WQI} = 500 \qquad N_i > 20 \qquad （6\text{-}3）$$

$$N_i = \sqrt{\frac{1}{2}\left\{\left(\frac{C_i}{C_{S5}}\right)^2_{\text{MAX}} + \left(\frac{1}{3}\sum_{i=1}^{3}\frac{C_i}{C_{S5}}\right)^2\right\}} \qquad （6\text{-}4）$$

式中，WQI 为水环境质量指数；N_i 为河流水质综合指数；C_i 为第 i 个水质指标的浓度监测值；C_{S5} 为第 i 个水质指标 V 类标准限值。

WQI 越小表示水质越好，例如 WQI 小于 50，表示水质优良；WQI 越大表示水受污染越严重，例如 WQI 大于 300，即表示水质受到严重污染。同样是劣 V 类水体，但污染程度并不相同，通过 WQI 指数就能直观地看出各河流之间的具体区别，也能对比出不同时间段和不同监测点水质的变化。

2）污染负荷核算

工业污染源：利用实测法或水量推移法计算出废水排放总量，再根据实测法、物料平衡法或单位负荷法计算出工业废水中某污染物的排放量。

城镇生活源：排放量由城镇人口与城镇生活污水排污系数相乘得到。城镇生活污水排污系数参照《第二次全国污染源普查产排污系数手册（生活源）》。

农村生活源：排放量由农村人口数和污染物排放系数相乘得到。农村生活污染物排放系数为：人均 COD 产生量 40 g/d、氨氮 4 g/d。

种植源：农田径流污染源排放量由农田施肥量和污染物流失系数相乘得到。污染物流失系数参见《第二次全国污染源普查产排污系数手册（农业源）》。在农田径流污染排放总量基本确定后，根据其影响因素加以修正。

养殖源：排放量由畜禽（以猪计）养殖数量与其畜禽产污系数相乘得到。

2. 水生态健康数据分析

1）河流生态健康分析方法

河流生态健康评价的发展集中在评价指标、评价方法以及尺度范围三个方面。评价指标从最早的水质物理化学指标、简单的生物指数指标，逐步拓展到涵盖物理生境、水质理化、生物、水文等多指标体系。评价方法从最初的生物指数法、指示生物法发展到预测模型法、生物完整性指数、多要素综合评价等评价方法。研究水体的尺度范围也在逐步扩大，从局部的河段、支流或单条河流到整个流域范围和整个国家的尺度。

目前，国内用于河流生态环境健康评价的方法主要有三种：指标体系法、指示生物法和数学模型法。指标体系法是目前最常用、研究成果最多的一种方法。其所用到的指标多元化，主要有物理化学、生态学以及社会、经济等指标，评价指标一般结合研究水域当时的实际情况进行选取。指示生物法是根据生物或者植物结构群落的完整性来反映水生态环境健康状况的一种定量分析方法。

2）浮游植物评价分析

（1）多样性指数评价。根据河流的具体情况，采样点选择能反映河流基本生态功能的河段，原则上应对评价河流设置至少五个采样地点。如果评价河流较长，则采样点间隔应尽量不超过 50 km，且需对特殊河段，如河流入汇处、闸坝上下侧一定范围内加密采样。

多样性指数评价的侧重点在于评价生物群落的丰富度及稳定性。利用 Shannon-Wiener 多样性指数（H）和 Pielou 均匀度指数（e）分析浮游生物多样性。

Shannon-Wiener 多样性指数（H）的计算方法如下：

$$H = -\Sigma[\,(n_i/N)\ln(n_i/N)\,]$$ （6-5）

式中，n_i 为第 i 种的个体数目；N 为群落中所有种的个体总数。

Pielou 均匀度指数（e）的计算方法如下：

$$e = H/\ln(S)$$ （6-6）

式中，H 为实际观察的物种多样性指数；$\ln(S)$ 为群落中的总物种数的自然对数。

（2）生物完整性指数评价。根据河流的具体情况，选择合适的参考点和受损点，参考点应是未受到人类干扰的，一定范围内没有人类活动及污染源的地方，受损点则是受人类干扰比较明显的地点。生物完整性指数（IBI）评价的侧重点在于评价生物群落的受损程度。浮游生物完整性指数的备选参数应根据具体情况选择，通常备选参数应能反映生境生物的数量及质量信息。

要对备选参数进行敏感性和冗余度分析，通过分析筛选并淘汰不能充分反映水生态系统受损情况的参数。敏感性分析利用相关软件绘制备选参数的箱线图，分析比较参考点和受损点间的 IQ（25% ～ 75% 分位数）的重叠程度。若两个箱体有部分重叠，但各自中位数都在对方箱体范围之外以及两个箱体没有重叠，则应保留此时的备选参数并做进一步分析使用。冗余度分析对保留下来的备选参数进行皮尔逊相关性计算，当备选参数之间的相关系数 $|r| > 0.8$ 时，则表明两个备选参数间有较高的相关性，只保留其中一个进行分析即可，这样可以最大限度保证所选参数的独立性较好。

备选的各参数通常具有自身的计量单位，不便于整体进行分析研究。为便于分析，对参数采用计分评价，具体为对于随干扰增加而下降或减少的参数，以样本从高到低排序的 5% 分位数值作为最佳期望值，该类参数的分值=参数实际值/最佳期望值；对于随干扰增加而上升或增加的参数，则以 95% 的分位数值作为最佳期望值，该类参数的分值=（最大值-实际值）/（最大值-最佳期望值）。将浮游生物的评价参数的分值求和，得到浮游生物 IBI 指数值。

以参照系样本的 IBI 值从高低排序的 25% 分位数值作为最佳期望值，IBI 指数赋分100 分。评价河段的浮游生物 IBI 赋分计算公式如下：

$$\mathrm{IBI_r} = \mathrm{IBI}/\mathrm{IBIE} \times 100$$ （6-7）

式中，$\mathrm{IBI_r}$ 为评价河段浮游生物完整性指标赋分；IBI 为评价河段浮游生物完整性指标值；IBIE 为评价河段浮游生物完整性指标最佳期望值。

根据不同河流的具体情况，对多样性指数评价和完整性指数评价的分值进行权重分配，规定河流水生态健康评价浮游生物赋分满分为 100 分。

3）大型底栖无脊椎动物评价

（1）多样性指数评价。利用大型底栖无脊椎动物 Shannon-Wiener 多样性指数（H）和 Margalef 丰富度指数（d）进行评价。

Margalef 丰富度指数（d）的计算方式如下：

$$d = (S-1)/\ln N \tag{6-8}$$

式中，N 为总个体数；S 为总的种类数。

（2）生物完整性指数评价。具体参考浮游生物完整性评价指数计算方法。

4）鱼类评价

（1）鱼类损失指数。鱼类损失指数（FOE）指评价河段内现状鱼类种数与历史参考系鱼类种数的差异程度，调查鱼类种类不包括外来物种。FOE 指标计算公式为

$$FOE = FO/FE \tag{6-9}$$

式中，FO 为评价河段调查的鱼类种类数量；FE 为 20 世纪 80 年代前该评价河段的鱼类种类数量。

（2）生物完整性指数评价。参照 Fausch 等修订的 12 个生物完整性指标方法，根据评价河流的实际情况，确定河流的鱼类种类及优势鱼种。用鱼类 IBI 指数来表示。根据不同河流的具体情况，对鱼类生物损失指数和完整性指数的分值进行权重分配。

5）其他水生态分析方法

生态基流使用年生态基流满足率作为分析指标。该指标反映了江河提供其支持功能的可达性，生态基流量是指为保证江河生态服务功能，用以维持或恢复江河生态系统基本结构与功能所需的最小流量。研究和确定江河生态基流量的目的在于遏制江河断流和流量减少而造成的生态环境恶化，最终实现江河生态系统的可持续发展。

计算方法如下：

$$年生态基流满足率 = \frac{基准年月实际流量}{最小生态基流流量} \times 100\% \tag{6-10}$$

式中，最小生态基流流量（W_{Eb}，m³）利用 Tennant 法计算，该方法属于水文学计算法的一种，以年平均流量的 10% 作为水生生物生长最低标准下限，年平均流量的 30% 作为水生生物的满意流量，即将江河多年平均流量的 10% 作为最小生态基流，该法适用于流量比较大且水文资料系列较长的江河。本方法中的多年平均流量要求为近 10 年的水文站资料平均结果。计算公式为

$$W_{Eb} = 近10年年平均流量 \times 10\% \tag{6-11}$$

数据来源：数据取自江河（段）内各监测站点数据。

河岸带质量使用自然岸线比例作为分析指标。该指标反映了河流干流、支流以及次级支流自然岸线占总岸线的比例，自然岸线越多，越适合生物生长，江河生境状况越好；人工岸线越多，生物连通性越差，江河生境越差。

计算方法如下：

$$自然岸线比例 = \frac{自然岸线长度}{河流总长度 \times 2} \times 100\% \tag{6-12}$$

数据来源：利用近两年的卫片或者航片解译江河干流、支流以及次级支流的两侧河岸线总长度，解译江河干流、支流以及次级支流两侧的自然岸线的总长度。一般应保证分辨率在 20 m 以上，云量小于 5%。

水生态退化诊断指标的判定类别分为良好和损害，判定标准见表 6-1。

表 6-1　水生态退化分析指标的判定标准

指标	单位	评价标准	
		良好	损害
年生态基流满足率	%	70～100	<70
自然岸线比例	%	80～100	<80

6）数据统计方法

主成分分析（principal component analysis，PCA）方法：PCA 是一种高普适用方法，它的一大优点是能够对数据进行降维，通过 PCA 方法求出数据集的主元，选取最重要的部分，从而达到降维和简化模型的目的，同时间接地对数据进行了压缩处理，很大程度上保留了原数据的信息。

因子分析（factor analysis，FA）方法：FA 可以看成是 PCA 的一种推广。它的基本目的是用少数几个因子 F_1，F_2，…，F_m 描述许多变量之间的关系，减少参数的数量，但保持原来的信息量不变。被描述的变量 X_1，X_2，…，X_p 是可以观测的随机变量，即显在变量，而这些因子所表征的通常是不可直接被观测的潜在或隐性变量。

典范对应分析（canonical correspondence analysis，CCA）：CCA 是探讨环境因子对水生生物群落影响常用的分析方法。其分析过程是在对应分析的迭代过程中，将每次得到的样方排序坐标值与所选取的环境因子进行多元线性回归。分析结果以环境因子与生物因子的排序图显示，当环境因子的箭头与生物因子点的夹角小于 90°时，说明两者呈正相关关系；大于 90°，则呈负相关。箭头的长度表示环境因子对生物因子的影响程度，越长说明影响程度越高。

回归分析：回归分析通过规定因变量和自变量来确定变量之间的因果关系，建立回归模型，并根据实测数据来求解模型的各个参数，然后评价回归模型是否能够很好地拟合实测数据；如果能够很好地拟合，则可以根据自变量作进一步预测。回归分析是分析生物与环境关系最常用的方法之一，可使用一元线性回归或多元线性回归进行研究，也可以用非线性回归分析。

6.3　河流污染与生态受损的主控因子识别

6.3.1　水污染类型主控因子识别

水污染成因诊断主要受到数据限制，难以使用因子分析、模型分析等定量手段，故借鉴《江河生态安全评估技术指南》（GB/T 43474—2023）中压力特征识别的方法，采用矩阵判别方法进行主控因子识别，具体诊断步骤如下。

1. 水污染诊断矩阵

建立河流水环境污染现状与污染源排放的诊断矩阵，列出所有的河流污染源类别，作为筛选河流水环境污染主要成因清单的依据（表 6-2）。诊断矩阵包括三个方面要素：水环境污染水平、污染源和污染排放比例。其中，水环境污染水平是指河流各类污染物的污染程度，主要是耗氧类污染物、营养污染物和风险污染物的污染程度。污染源是指造成河流污染的主要污染物发生源类型，污染源包括城镇源、农业源、工业源等方面。污染排放比例是指污染源对各类污染物的排放百分比。

表 6-2　河流生态污染成因诊断矩阵

受损原因	耗氧类污染物	营养污染物	风险污染物
城镇源	%	%	—
农业源	%	%	%
工业源	%	%	%

2. 查找水环境污染症状

根据污染物指标评价结果，可直观地看出污染程度高的主要指标，该指标即为水环境污染症状。

3. 确定可能的污染源

确定河流水环境污染症状后，在诊断矩阵中计算所有排放高污染程度污染物的污染源的排放量，并得出每个污染源排放该类污染物的百分比。

4. 筛选出污染成因清单

进一步筛选出核心的水环境污染成因清单，要考虑两个方面：

（1）污染严重程度成因污染源排放量。诊断矩阵中污染严重程度来自河流分类指标体系，每个污染物类型均有对应的指标及指标得分，对于污染物排放量在污染物指标中也进行了统计。

（2）污染源影响程度。污染源对水环境污染症状的影响程度，在诊断矩阵中以百分比表示。

筛选方法：当河流污染物指标处于轻度污染时，保留对其影响百分比高于 20% 的污染源，其余剔除；当河流污染物指标处于重度污染时，保留对其影响百分比高于 10% 的污染源，其余剔除。

6.3.2　水生态受损主控因子识别

基于"十一五""十二五"水专项中河流的水生态系统健康评估结果，以分类单元为基础，分析各分类单元的水生态健康状况，确定分类单元是否生态受损（评价结果分为 5级，前两级评价结果包括健康、亚健康，划分为水生态系统健康未受损；后 3 级评价结果包括一般、差和较差，划分为水生态系统健康受损），并划分各分类单元内河流是否属于生态受损类型。

受损症状是指导致河流生态损害的生态问题，主要是生物完整性损害的问题。受损原因是指引起河流生态受损的因素，受损原因包括水质状况、生态基流、物理栖息地等方面。我国河流生态健康受损主要包括生态基流不满足、河岸带受损等。

1. 水生态退化诊断矩阵

分类单元的水生态评价结果包括浮游动物完整性、浮游植物完整性、大型底栖动物完整性和鱼类完整性等评价结果，根据各生物类群评价结果，如评价结果为健康受损，参照表 6-3 的问题诊断矩阵初步判断造成水生态退化的问题类型。对于初步诊断出的问题，再结合判定标准最终确定诊断指标是否受到损害，如果指标判定为受到损害，那么该问题是导致水生态退化的原因。

表 6-3　水生态退化问题诊断矩阵

受损原因	浮游植物	着生藻类	大型底栖无脊椎动物	鱼类
水质差	××	××	××	××
年生态基流满足率低	—	—	××	××
自然岸线比例低	××	××	××	××

注：×× 为示意，无实质意义。根据实际调查情况对流域物种种类及数量进行描述。

2. 查找水生态受损症状

从生态受损指标评价结果直观地看出，水生态受损的主要指标即为水生态受损指示症状。

3. 确定可能的受损原因

确定河流水生态受损症状后，在诊断矩阵中计算所有生态受损因素，并计算年生态基流满足率及自然岸线比例。

4. 筛选出水生态受损成因清单

根据表 6-1 进一步筛选出核心的水生态受损成因清单。

第7章 河流污染治理与生态修复适用性技术甄选

7.1 适用性技术甄选思路与方法

7.1.1 技术甄选目的

水专项在河流污染治理、生态修复方面研发积累了很多实用性技术。每一项技术都有着各自的适用条件与实施效果，在选择使用前应先结合区域问题进行技术甄选，从备选技术库中筛选出适用的技术，以用来指导不同河流类型的污染治理和生态修复管理。

7.1.2 技术甄选思路

河流污染治理与生态修复适用性技术甄选思路见图7-1，基于水专项课题中的城镇水污染控制与水环境综合整治整装成套技术项目、流域水污染治理与水体修复技术集成与应

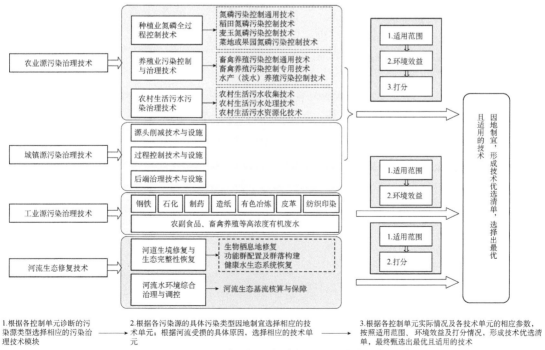

图 7-1 河流污染治理与生态修复适用性技术甄选思路

用项目中农业面源污染控制治理技术集成与应用、受损河流水体修复技术序列技术研究项目，从技术的可达性、适用性和节能降耗潜力等方面考虑，采用专家打分法，分门别类地对农业源、城镇源、工业源治理技术以及河流生态修复技术进行甄选，形成适合本书的河流水污染治理与生态修复技术清单。

7.1.3 技术甄选方法

适用性技术甄选主要考虑技术的可达性、适用性、节能降耗潜力三方面。可达性主要考虑技术施用后环境污染物的削减效果（氨氮、总磷和 COD 削减率）以及各类技术的成熟就绪度。可达性是技术使用的决定性要求或门槛，只有满足技术可达性要求的才可以进行后续的评估。适用性主要考虑技术的区域推广适用程度。节能降耗潜力主要考虑节约能源和降低消耗的潜力。适用性技术甄选包括以下步骤。

1. 技术可达性筛选

首先对技术就绪度进行筛查，技术就绪度达 7 级及以上的可保留进入下一步筛选。其次，从水质达标情况（进出水浓度范围）、生态改善能力（多样性恢复水平）的角度对技术进行二次筛选。最后，结合技术名片信息，从气候条件、场地等因素判断技术是否达到在区域的使用条件，筛选满足技术可达要求的各类技术清单。

2. 技术适用性评估

主要考虑环境效益（45 分）和技术成本（45 分），总分为 90 分。其中，污染治理类技术主要考虑环境污染物削减量、建设和运营成本等指标；生态修复类主要包括植被覆盖率、生态基流保障率、多样性指标、建设和运营成本等。按各项指标大小对技术进行排序，技术排名第一的赋 45 分，每后推一名减 3 分，直至 0 分为止。

3. 节能降耗潜力评估

根据技术名片中各类技术的节能降耗描述，对筛选的技术清单中各项技术的节能降耗潜力进行排名，规定第一的赋 10 分，第二的赋 8 分，第三的赋 6 分，第三之后的其他项赋 2 分，无节能降耗潜力的赋 0 分。

4. 甄选排序

将每项技术的适用性评估得分和节能降耗评估得分相加，得到最终的技术甄选结果，按分值高低进行排序，根据目标最优可达原则，按照分数高低选择最优技术。

7.2 适用性技术甄选结果

7.2.1 河流水污染治理技术甄选

河流水污染治理技术主要包括农业源、城镇源和工业源污染治理技术三个方面。通过对河流污染源解析，明确河流污染类型后，按照污染源种类及各地实际情况，从清单中选用合适的技术。

1. 农业源污染治理技术

针对农业源污染治理技术，本书从农业面源污染控制治理技术集成与应用技术系统技术长清单中甄选了 70 项技术，主要包括种植业氮磷全过程控制技术、养殖业污染控制与治理技术以及农村生活污水污染治理技术三大方面。其中，种植业氮磷全过程控制技术包括种植业氮磷污染控制通用技术、稻田氮磷污染控制技术、麦玉氮磷污染控制技术、菜地或果园氮磷污染控制技术；养殖业污染控制与治理技术包括畜禽养殖污染控制通用技术、畜禽养殖污染控制专用技术和水产（淡水）养殖污染控制技术；农村生活污水污染治理技术包括农村生活污水收集技术、农村生活污水处理技术和农村生活污水资源化技术。

根据各控制单元实际情况，选择相应的技术单元，再按照区域适用性（适用范围）、环境效益（COD、氮、磷削减情况）和打分，对适宜技术进行排序，形成适用的技术清单，在满足适用范围和环境效益的前提下，优先选用分数高的技术。

2. 城镇源污染治理技术

针对城镇源污染治理技术，本书从城镇水污染控制与水环境整治整装成套技术长清单中甄选了 26 项技术，主要包括源头削减技术与设施、过程控制技术与设施、后端治理技术与设施三个方面。根据各控制单元实际情况，选择相应的技术单元后，再按照区域适用性（适用范围）、环境效益（COD、氮、磷削减情况）和打分，对适宜技术进行排序，形成适用的技术清单，在满足适用范围和环境效益的前提下，按分数由高到低排列，优先选用分数高的技术。

3. 工业源污染治理技术

针对工业污染治理技术，本书从水污染防控成套技术–工业水污染全过程控制分册中甄选了 88 项技术，主要包括钢铁、石化、制药、造纸、有色冶炼、皮革、纺织印染、农副食品、畜禽养殖等高浓度有机废水八个方面。根据各控制单元实际情况，选择相应的行业污染治理技术，再按照区域适用性（适用范围）和环境效益（COD、氮、磷削减情况），对适宜技术进行打分，形成适用的技术清单。

7.2.2　河流生态修复技术甄选

针对河流生态修复技术，从受损河流水体修复技术序列技术长清单中甄选了 27 项技术，主要包括河道生境修复与生态完整性恢复以及河流水环境综合治理与调控。其中，河道生境修复与生态完整性恢复包括生物栖息地修复（河岸栖息地修复）、功能群配置及群落构建、健康水生态系统恢复；河流水环境综合治理与调控主要为河流生态基流核算与保障。根据各控制单元实际情况，选择相应的技术单元，再按照区域适用性（适用范围）和打分，对适宜技术进行排序，形成适用的技术清单，在满足适用范围的前提下，按分数由高到低排列，优先选用分数高的技术。

以淮河流域西淝河亳州市控制单元为例，根据监测数据分析，该控制单元的超标因子为五日生化需氧量和COD，且该控制单元生态受损，根据河流类型划分，该控制单元属于BB′水质提升生态改善型（耗氧污染亚型）。该类型单元既存在水质不达标问题，又存在水生态退化问题。其中，水污染问题主要与城镇源污染、农业源、工业源等密切相关，水生态退化问题主要是生态基流不保障、河岸带质量受损或两者耦合的问题。管理重点为加快产业结构调整和污染源整治，同时兼顾生态修复。

在水污染治理方面，通过源解析分析后，该控制单元污染源COD、氨氮和总磷在工业源、农业源、城镇源中的占比如表7-1所示。污染源主要为城镇源，查表7-3河流水污染治理与生态修复技术长清单——城镇源，根据技术适用范围及打分情况，推荐使用分流制雨水排水系统末端渗蓄结合的生态协同污染控制技术、复合流人工湿地处理系统与技术。对该控制单元的生态受损成因进行分析，年生态基流满足率为91.2%，自然岸线比例为10%，说明河岸带质量下降，查表7-5河流水污染治理与生态修复技术长清单——河流生态修复技术部分，根据技术使用范围及打分情况，推荐使用湿地型河道构建技术。

表 7-1 污染成因分析

污染源	工业源	农业源	城镇源
COD	2.3%	0	97.7%
氨氮	1.1%	0	98.9%
总磷	0	0	100%

7.3 河流水污染治理与生态修复技术清单

7.3.1 农业源污染治理技术

农业源污染治理技术共推荐70项，具体见表7-2。

表 7-2 农业源污染治理推荐技术

技术名称	技术编号	技术来源	适用范围	环境效益	节约资源	总分
种植业氮磷全过程控制技术—氮磷污染控制通用技术—污染物源头削减技术—肥料技术						
基于农田养分控制流失产品应用为主体的农田氮磷流失污染控制技术	ZJ31111-01	13103006	适用于水稻、小麦和油菜种植区域	氮削减效果：减少农田氮流失25%~35%。磷削减效果：减少农田磷流失25%~35%	节约化肥用量30%	103.4

续表

技术名称	技术编号	技术来源	适用范围	环境效益	节约资源	总分
栽培技术						
农业结构调整下新型都市农业面源污染综合控制技术	ZJ31112-01	12102003	城镇化条件下的都市城郊集约化程度高的新型农业	氮削减效果：总氮削减41.14%~43.5%。磷削减效果：总磷削减40.31%~41.82%。COD 削减效果：削减35.97%~38.71%	氮磷投入减少的比例在 40%左右，氮磷化肥利用率提高6.5~10.6 个百分点	100.5
污染物拦截阻断技术—生态沟渠净化技术						
富磷区面源污染防渗型收集与再削减技术	ZJ31121-01	09102004	用于流域水土流失控制，以及山地面源污染中磷输出的减控	氮削减效果：削减40%。磷削减效果：削减60%。COD削减效果：削减70%	节水，节养分投入	98.4
农田排水污染物三段式全过程拦截净化技术	ZJ31121-02	12101004	适用于南方水网种植业区域面源污染生态拦截工程	氮削减效果：总氮平均削减率达到50%以上。磷削减效果：总磷平均削减率达到40%以上。COD 削减效果：COD 平均削减率20%以上	无需动力	105.4
生态沟渠技术	ZJ31121-03	08105002	农田尾水的生态净化	氮削减效果：总氮去除率≥15%。磷削减效果：总磷去除率≥15%。COD 削减效果：未涉及	充分利用现有的农田沟渠空间，不与粮争地，节约了土地资源	100.3
生态湿地拦截技术						
湖滨带陆向农业生产区污染控制技术	ZJ31122-01	08101005	主要适用于水网地区排灌沟渠配套的设施菜地	氮削减效果：总氮平均削减率达到70%以上。磷削减效果：总磷平均削减率达到70%以上。COD 削减效果不涉及	水稻灌水动力，无额外消耗	108.1
植物篱埂技术						
截土保水抗旱丰产沟植物篱技术	ZJ31124-02	08105002	控制坡耕地水土流失	氮削减效果：削减40%。磷削减效果：削减40%。COD 削减效果未涉及	径流量和土壤流失量减少50%以上	101.3
养分的农田回用技术—全过程技术						
规模化果园面源污染防治集成技术	ZJ31140-01	14206001	南方丘陵地区果园开发及经营活动导致的水土流失及农业面源污染防治	氮削减效果：径流小区汇水中总氮流失损失降低 83.71%、氨氮流失损失降低 86.13%；果园径流总氮入河负荷削减 85.78%、氨氮入河负荷削减 94.95%。磷削减效果：径流小区汇水中总磷流失损失降低86.57%；果园径流排水总磷入河负荷削减81.28%	化学农药使用量较2013 年（基准年）降低 20%以上	100.9

技术名称	技术编号	技术来源	适用范围	环境效益	节约资源	总分
"源头减量-过程阻断-养分循环利用-生态修复" 4R技术体系	ZJ31140-03	08101005	平原河流水网种植区	氮/磷削减效果：源头减量技术的农田总氮（TN）排放削减55%~63%；前置阻断技术，对周边200亩农田尾水中TN、NH₃-N的去除率分别为54.1%~76.0%、54.9%~82.4%。夏秋季对污染河水中TN、NH₃-N和总磷（TP）的平均去除率分别约为80%、72%和60%，出水水质TN优于V类水，NH₃-N和TP优于Ⅲ类水；生态修复技术，对开放水域NH₃-N、TP的处理效率达到19%和22%以上。COD削减效果：30%	削减化肥氮投入30%以上	110.7
三峡库区及其上游流域轮作农田（地）、柑橘园面源污染防控技术	ZJ31140-04	12104003	三峡库区水稻-榨菜轮作水田、玉米-榨菜轮作旱坡地和优质柑橘园面源污染防控；库区上游流域水稻-油菜轮作水田和玉米-油菜轮作旱坡地面源污染防控	氮削减效果：30%~70%。磷削减效果：60%~90%。COD削减效果：不涉及	减少径流损失30%以上，减少泥沙流失70%以上	105.6
稻田氮磷污染控制技术—污染物源头削减技术—肥料技术						
水稻控释肥育秧箱全量施肥技术	ZJ31211-02	09212004	稻田生产区氮肥施用减量和面源污染控制	总氮削减13.2%，氨氮削减15.1%，总磷削减21.8%，COD削减6.3%	肥料用量减少40%以上	102.7
农业主产区大田作物氮磷减量控制栽培技术	ZJ31211-03	09103002	农业主产区	氮削减效果：削减20%~25%。磷削减效果：削减15%~25%	节省化肥用量20%	100.3
基于水稻专用缓控释肥与插秧施肥一体化稻田氮磷投入减量关键技术	ZJ31211-04	12101004	适宜于江苏省的高产水稻田，尤其是规模化经营农户	氮削减效果：地表径流氮磷流失率削减30%左右。磷削减效果：无。COD削减效果：无	农田养分投入减少30%以上	105.5

续表

技术名称	技术编号	技术来源	适用范围	环境效益	节约资源	总分
水稻施肥插秧一体化技术	ZJ31211-06	14201009	东北单季稻种植	氨氮减少 38.9%～51.4%，总磷减少 14.0%～37.2%		93.8
污染物拦截阻断技术—生态沟渠净化技术						
基于稻作制农田消纳的氮磷污染阻控技术	ZJ31221-01	14101012	种植业面源污染防治	氮削减效果：减排氮 1760 kg/10^3 亩。磷削减效果：减排磷 281 kg/10^3 亩。COD 削减效果：减排磷 17300 kg/10^3 亩	减少肥料施用量 20%以上	102.1
农田退水污染控制技术	ZJ31221-02	12201003	适用于流域内农田退水污染负荷治理，适用于寒冷地区因水量大、污染负荷高而造成的面源污染问题	氮削减效果：总氮削减 71.9%。磷削减效果：总磷削减 86.8%	节约化肥使用量 11.6%，节约农田灌溉用水量 30%	101.0
生态农田构建技术	ZJ31226-01	14105001	洱海流域地区	氮削减效果：生物田埂的构建使农田沟渠出水口总氮浓度削减 10.2%；生态沟塘进、出水总氮多次平均去除率为 26.15%；稻田种养共生（鸭/蟹）技术的应用使养鸭/蟹稻田的田面水总氮降低了 6.9%/14.6%；通过以碳控氮技术的实施，土壤全氮提高了 2.5%，土壤铵态氮、硝态氮含量分别下降 28.93%、22.13%。磷削减效果：生物田埂的构建使农田沟渠出水口总磷浓度削减 15.3%；生态沟塘进、出水总磷多次平均去除率为 33.97%；稻田种养共生（鸭/蟹）技术的应用使养鸭/蟹稻田的田面水总磷降低了 7.9%/18%。COD 削减效果：未涉及	能够减少 11.4%的农田径流，稻季可减少 90%以上的氮磷化肥投入	102.3
全过程技术						
河口区稻田生态系统面源污染控制与水质改善技术	31240-02	13202007	稻田生产过程中田间及稻田生产区退水中氮磷污染控制	氮削减效果：稻田体系氮磷减排 19.9%；退水进一步净化后氮磷削减 40%以上。COD 削减效果：不涉及	纯氮施用量减少 35.1%，节水 12.5%～18.87%	99.0

技术名称	技术编号	技术来源	适用范围	环境效益	节约资源	总分
麦玉氮磷污染控制技术—污染物源头削减技术—肥料技术						
基于耕层土壤水库及养分库扩蓄增容基础上的农田增效减负技术	ZJ31311-01	15203007	平原河网区农田清洁生产	氮削减效果：冬小麦氮素流失降低32.55%。夏玉米氮素流失分别减少40.43%；小麦-玉米整个轮作周期氮素流失量平均减少40.36%。磷削减效果：冬小麦磷素流失降低32.52%；夏玉米磷素流失分别减少48.85%；小麦-玉米整个轮作周期磷素平均流失量减少44.00%。COD削减效果：未涉及	冬小麦氮素总投入量可降低35%左右，磷素总投入降低55%；夏玉米氮肥用量降低21%，替代化肥40%	101.9
菜地或果园氮磷污染控制技术—污染物源头削减技术—肥料技术						
基于硝化抑制剂-水肥一体化耦合的蔬菜氮磷投入减量关键技术	31411-01	12101004	水网地区设施菜地	氮削减效果：总氮拦截率49.2%。磷削减效果：总磷拦截率34.8%。COD削减效果：不涉及		94.9
水源区坡地中药材生态种植及氮磷负荷削减集成技术	31411-02	12205002	汇水流域坡地中药材种植	氮削减效果：总氮削减量56.9%。磷削减效果：总磷削减量70.2%。COD削减效果：不涉及		90.7
都市果园低污少排放集成技术	31411-03	12102003	城镇化条件下的都市城郊集约化程度高的新型农业	氮削减效果：削减43.5%。磷削减效果：削减41.82%。COD削减效果：削减38.71%	化肥量氮/磷用量平均减少38.5%	100.5
栽培技术						
露地农田宽畦全膜覆盖蔬菜种植技术	31412-01	12102003	滇池流域露地农田	氮削减效果：总氮降低42%。磷削减效果：总磷降低64%。COD削减效果：削减53%		87.6
污染物拦截阻断技术—原位阻拦技术						
基于行间生草耦合树盘覆盖的果园氮磷投入减量关键技术	31423-01	12101004	果园土壤耕作管理	氮削减效果：总氮削减率在24%～56%，平均削减率41%。磷削减效果：总磷削减率在21%～63%，平均削减率33%。COD削减效果：不涉及	减施氮肥30%	103.5

续表

技术名称	技术编号	技术来源	适用范围	环境效益	节约资源	总分
坡耕地土壤氮磷截留与流失阻控的复合植物篱防控技术	31424-01	12205001	农业面源污染治理	氮削减效果：总氮的去除率超过 80%。 磷削减效果：总磷的去除率超过 95%。 COD 削减效果：不涉及		92.1
全过程技术						
基于总量削减-盈余回收-流失阻断的菜地氮磷污染综合控制技术	31440-01	12101004	水网地区排灌沟渠配套的设施菜地	氮削减效果：填闲玉米对氮素淋洗拦截率为 30% 左右，化肥减量的同时配合填闲作物对氮淋洗的拦截率为 61%，削减硝态氮 15 kg/ hm²，总氮 16.81 kg/hm²。 磷削减效果：削减总磷 0.16 kg/hm²。 COD 削减效果：未涉及		96.2
都市苗圃降污少排放集成技术	31440-03	12102003	城镇化条件下的都市城郊集约化程度高的新型农业	氮削减效果：削减 42.37%。 磷削减效果：削减 40.31%。 COD 削减效果：削减 35.97%	化肥用量平均减少 45%，提高氮肥利用率 7.3 个百分点，提高磷肥利用率 6.5 个百分点	97.7
茶叶、柑橘等特色生态作物、肥药减量化和退水污染负荷削减技术	31440-04	12205001	农业面源污染治理	氮削减效果：流失减少 40% 以上。 磷削减效果：流失减少 40% 以上。 COD 削减效果：不涉及	化肥施用量平均减少达 25%，不使用农药	102.6
养殖业污染控制与治理技术—畜禽养殖污染控制通用技术—氮磷有机污染减排技术—粪便无害化工艺及技术						
畜禽粪便和养殖有机垃圾厌氧消化过程消除抑制技术	32121-01	09104002	粪污处理	氮削减效果：50% 以上。 磷削减效果：50% 以上。 COD 削减效果：80% 以上	废水可以资源化利用	82.45
农业废弃物清洁制备活性炭技术	32121-06	13201007	粪便及干垃圾处理	氮削减效果：资源化利用排放低。 磷削减效果：资源化利用排放低。 COD 削减效果：资源化利用排放低		88.33
畜禽粪便二段式好氧堆肥技术	32121-07	13201007	畜禽养殖场和农村环境连片整治农业面源的污染控制	氮削减效果：氨氮去除 30.6 t/a。 COD 削减效果：COD 去除 558 t/a		88.11

续表

技术名称	技术编号	技术来源	适用范围	环境效益	节约资源	总分
污水净化工程或设备						
规模化猪场废水高效低耗脱氮除磷提标处理技术	32122-03	14101012	养殖污水处理	氮削减效果：≥70%。磷削减效果：≥70%。COD 削减效果：≥90%		73.25
污水生态净化技术						
立体养殖氮磷减量控制技术	32122-01	08405002	有较大池塘的养猪场	氮削减效果：全量收集利用，基本实现零排放。磷削减效果：全量收集利用，基本实现零排放。COD 削减效果：全量收集利用，基本实现零排放	节约用水和饲料	92.24
养殖废水原位生物治理技术	32123-02	15203007	养殖污水处理	氮削减效果：≥80%。磷削减效果：≥80%。COD 削减效果：≥90%		86.32
粪污混合处理技术						
畜禽废弃物低能耗高效厌氧处理关键技术	32124-02	15203007	养殖污水处理	氮削减效果：≥80%。磷削减效果：≥80%。COD 削减效果：≥90%		70.22
粪污生态循环技术						
东北寒冷地区畜禽养殖污染系统控制技术	32125-01	14602004	养殖场	氮削减效果：90%以上。磷削减效果：90%以上。COD 削减效果：90%以上	循环利用节约肥料	98.58
废弃物资源化利用技术—肥料化及还田技术						
畜禽养殖废弃物异位微生物发酵床处理与资源化利用技术	32131-01	15103007	养殖粪污资源化利用	氮削减效果：全量收集利用，基本实现零排放。磷削减效果：全量收集利用，基本实现零排放。COD 削减效果：全量收集利用，基本实现零排放	拓展基质或肥料来源，消耗一定的电能总体上产出大于消耗	102.79
基质化技术						
固体废弃物基质化利用技术	32133-01	08105002	粪便处理	氮削减效果：全量收集利用，基本实现零排放。磷削减效果：全量收集利用，基本实现零排放。COD 削减效果：全量收集利用，基本实现零排放	拓展基质或肥料来源，消耗一定的电能总体上产出大于消耗	93.48
发酵床垫料及沼渣有机肥配方技术	32135-02	14114001	发酵床养殖	氮削减效果：资源化利用排放低。磷削减效果：资源化利用排放低。COD 削减效果：资源化利用排放低	提高产气率，但需要消耗一定电能增温	94.05

续表

技术名称	技术编号	技术来源	适用范围	环境效益	节约资源	总分
畜禽养殖污染控制专用技术—氮磷有机污染减排技术—污水生态净化技术						
高密度养殖区水源保护组合处理技术	32223-01	08405002	养殖污水处理	氮削减效果：全量收集利用，基本实现零排放。磷削减效果：全量收集利用，基本实现零排放。COD 削减效果：全量收集利用，基本实现零排放	节约用水和饲料	92.99
粪污生态循环技术						
山地果畜结合区面源污染控制技术	32225-01	09211001	山地果林地区	氮削减效果：无排放。磷削减效果：无排放。COD 削减效果：无排放	节约用水用肥	89.67
水产（淡水）养殖污染控制技术—污染源头控制技术—清洁养殖模式						
水产养殖污染物削减技术	32314-01	12209007	淀区及相似湖库的渔业生产	磷削减效果：每生态养殖 1 kg 鱼，可以从水中带走 0.0013 kg 的磷，与传统养殖方式相比，会减少磷负荷 0.0123 kg		73.59
食性差异与空间互补的水产混养技术	32314-02	14101006	水产立体混养污染削减与水循环利用	氮削减效果：削减率 95%。磷削减效果：削减率 95%。COD 削减效果：削减率 60%		83.44
尾水净化技术—达标排放技术						
温室甲鱼废水生态净化处理成套技术	32321-02	19101012	温室甲鱼养殖设施的新建、改建和扩建及养殖方式	总氮的削减率为 90% 以上。总磷的削减率为 85 % 以上。COD 削减率 59%		90.40
回用技术						
养殖水序批式置换循环生态处理与再利用技术	32322-01	10101005	水产养殖废水循环处理	氮削减效果：65%。磷削减效果：75%。COD 削减效果：45%	养殖尾水循环利用	89.85
河口湿地养殖水体污染的物理-生物联合阻控与水质改善技术	32322-02	18202007	养殖苇田湿地	COD、氨氮去除率分别为 49%、44%	减少水电费支出 0.1 万元/（a·km²）	96.62
农村生活污水污染治理技术—农村生活污水收集技术—径流污染收集技术—初雨明沟拦截技术						
村落无序排放污水收集处理及氮磷资源化利用技术	33121-01	07101005	农村地表无序径流收集拦截	总氮去除率：61%～68%。氨氮去除率：65%～80%。总磷去除率：60%～76%。COD 去除率：60%～72%		80.10

续表

技术名称	技术编号	技术来源	适用范围	环境效益	节约资源	总分
农村生活污水处理技术—生物处理技术—接触氧化技术						
厌氧滤池+太阳能曝气生物接触氧化技术	33211-01	07209003	低耗能易管理农村生活污水处理	总氮去除率：无。 氨氮去除率：约86%。 总磷去除率：约77%。 COD 去除率：约 92%		87.31
FMBR 兼氧膜生物反应器技术	33212-01	07105007	黑臭水体治理、已建污水处理厂提标扩容、乡镇村污水以及高速服务区景区等不便接入市政管网的分散有机污水治理场合	总氮去除率：>80%。 氨氮去除率：>90%。 总磷去除率：>70%。 COD 去除率：>90%		86.25
A²O/AO 技术						
立体循环一体化氧化沟技术	33214-01	07101006	农村生活污水处理	总氮去除率：60%。 氨氮去除率：90%以上。 总磷去除率：50%以上。 COD 去除率：80%以上		85.26
高效回用小型一体化污水处理技术	33214-02	07212001	人口密度小、地形复杂、污水不易收集入网的分散式污水处理，如农户较分散的村庄、高速服务区、别墅区、农家乐等	总氮去除率：68.48%。 氨氮去除率：80%左右。 总磷去除率：无。 COD 去除率：90%左右	与同类技术对比节能 15%	93.73
生态处理技术—生态滤床处理技术						
农村生活污水自充氧层叠生态滤床处理技术	33222-01	07101012	村镇面源污染治理	总氮去除率：73%～95%。 氨氮去除率：94%～99%。 总磷去除率：69%～94%。 COD 去除率：74%～93%		88.57
氧化塘技术						
农村生活污水非点源污染控制技术	33223-01	07203002	农村村落非点源污染控制，包括降水径流污染和农村生活散排污水	总氮去除率：>40%。 氨氮去除率：>55%。 总磷去除率：>60%。 COD 去除率：>30%		78.12
农村生活污水三级塘生物生态处理强化技术	33223-02	07103002	有废弃坑塘的农村生活污染污水处理	总氮去除率：约 70%。 氨氮去除率：约 90%。 总磷去除率：约 80%。 COD 去除率：约 80%		83.11

续表

技术名称	技术编号	技术来源	适用范围	环境效益	节约资源	总分
土壤渗滤技术						
人工快渗一体化净化技术	33224-01	07203007	农村、村镇生活污水处理，农业面源和受污染河水治理	氨氮去除率：90%以上。总磷去除率：80%以上。COD 去除率：90%以上		88.45
基于竹纤维填料的生活污水除磷脱氮一体化装置	33224-02	07101012	村镇面源污染治理	总氮去除率：46.83%～57.21%。氨氮去除率：70.85%～84.12%。总磷去除率：61.73%～74.08%。COD 去除率：76.64%～83.28%		85.61
组合处理技术—生物生态组合技术						
厌氧滤井＋跌水曝气人工湿地处理农村生活污水技术	33231-01	07209003	低耗能易管理农村生活污水处理	总氮去除率：无。氨氮去除率：约44.7%。总磷去除率：约46.4%。COD 去除率：约74.9%		92.53
农村污水改良型复合介质生物滤器处理技术	33231-03	07101012	适用于水质水量波动大的农村和农家乐污水治理，也可与其他工艺联用于养殖污水、垃圾中转站污水处理	总氮去除率：约 70%。氨氮去除率：约 80%。总磷去除率：约 70%。COD 去除率：约 70%		93.41
功能强化型生化处理+阶式生物生态氧化塘集中型村落污水组合处理技术	33231-04	07101005	水量大于200 t/d 的规模较大的集中居住村庄的生活污水处理、镇村生活污水尾水深度处理	总氮去除率：约72.3%。氨氮去除率：约85.1%。总磷去除率：约90.8%。COD 去除率：约 86.0%		84.86
"基质+菌剂+植物+水力"人工湿地四重协同净化技术	33231-09	07212001	北方寒冷地区分散式生活污水	总氮去除率：目前未将此指标作为监测项目。氨氮去除率：60%以上。总磷去除率：目前未将此指标作为监测项目。COD 去除率：80%以上		84.01

续表

技术名称	技术编号	技术来源	适用范围	环境效益	节约资源	总分
分散厌氧-人工活性土集中式原位处理技术	33231-10	07103002	欠发达地区耕地紧张的生活污染治理技术	总氮去除率：75%以上。氨氮去除率：80%以上。总磷去除率：80%以上。COD 去除率：75%以上		83.09
生态组合技术						
高效低成本农村生活污水处理技术	33232-02	07205001	经济发展水平低的农村地区生活污水处理	总氮去除率：约75%。氨氮去除率：约84%。总磷去除率：约85%。COD 去除率：约78%		78.57
多重人工强化生态缓冲带污染削减技术	33232-03	07205002	适用于高水质要求的水源区难以收集和集中处理的生活污水与污水处理厂尾水汇入河流前的污染拦截和入河后的污染修复	总氮去除率：约90%。氨氮去除率：约92%。总磷去除率：约90%。COD 去除率：约85%		84.30
农村生活污水资源化技术—灌溉农用资源化技术						
农村生活污水厌氧+跌水曝气+经济型人工湿地处理技术	33310-01	07101005	规模小于200 t/d的分散式农村生活污水处理	总氮去除率：大于80%。氨氮去除率：大于95%。总磷去除率：大于85%。COD 去除率：大于85%	较其他正在使用的农村生活污水处理设施能耗降低70%	102.53
农村生活污水反硝化脱臭+水车驱动生物转盘+浸润度可控型潜流人工湿地处理技术	33310-02	07101005/07202004	规模小于200 t/d的分散式农村生活污水处理	总氮去除率：大于80%。氨氮去除率：大于95%。总磷去除率：大于85%。COD 去除率：大于85%	较其他正在使用的农村生活污水处理设施能耗降低70%	104.12
农村生活污水营养供体利用型处理技术	33310-03	07103006	农村生活污水处理与资源化利用	总氮去除率：约70%。氨氮去除率：约70%。总磷去除率：约60%。COD 去除率：约80%		83.17
寒冷地区农村杂排水处理与循环利用技术	33310-04	07201011	寒冷地区分散居住的农村居民生活杂排水处理	氨氮去除率：91.3%。COD 去除率：68.8%		82.92
村镇污水生态处理与梯级利用技术	33310-05	07203004	村镇污水生态处理与梯级利用	总氮去除率：无。氨氮去除率：约92%。总磷去除率：无。COD 去除率：约86%		83.65

续表

技术名称	技术编号	技术来源	适用范围	环境效益	节约资源	总分
污水杂用资源化技术						
中部平原地区典型农村生活污水资源化技术	33320-01	07210004	以农业生产为主，经济欠发达的中部平原地区典型农村	总氮去除率：约85%。 氨氮去除率：约95%。 总磷去除率：约80%。 COD去除率：约95%		83.64
沼气资源化技术						
生活垃圾与生活污水共处置新型沼气池技术	33340-01	07101007	农村生活垃圾和生活污水的处理	COD去除率为：2～3 t/（户·a）。 总氮去除率为：0.4～0.6 t/（户·a）。 总磷去除率为：20～30 kg/（户·a）		76.94

7.3.2　城镇源污染治理技术

城镇源污染治理技术共推荐26项，具体见表7-3。

表 7-3　城镇源污染治理推荐技术

技术名称	技术编号	技术来源	适用范围	环境效益	节约资源	推广应用程度	总分
源头削减技术与设施—利用技术							
路面雨水集蓄净化利用系统与技术	ZJ22230-01	08317004	道路雨水径流污染控制	径流总量控制率：>60%。 有机物净化率：30%～60%。 氮污染物净化率：30%～60%。 磷污染物净化率：60%～90%		西安思源学院雨污水再生利用示范工程	81.0
停车位雨水原位净化蓄水回用技术	ZJ22230-02	11301002	雨水、污水-污染物去除目标	径流总量控制率：89%。 TSS（总固体悬浮物）净化率：89.3%		城市水污染控制与水环境综合整治技术研究与示范	85.7
过程控制技术与设施—分流技术							
雨水径流时空分质收集处理技术	ZJ22310-01	08313004	雨水、径流中污染物去除	径流总量控制率：84%。 TSS净化率：80%		城市面源雨水径流综合收集处理示范工程	91.34
无线广播式初期雨水弃流技术	ZJ22310-02	10320002	初期雨水弃流	径流总量控制率：90.6%。 TSS净化率：74.4%		深圳市光明新区城市道路与开放空间低影响开发雨水技术示范（新城公园）	89.21
合流制管网溢流雨水拦截分流控制装置与关键技术	ZJ22310-03	11301004	山地城市老城区合流排放口初期雨水径流污染控制；生态景观要求高	径流总量控制率：60%。 TSS净化率：50%		重庆主城重污染河流伏牛溪水质保障技术综合示范工程	71.13
合流制溢流（CSO）污水末端综合处理技术	ZJ22310-04	11301004	平原河网区，下游排水管网或污水处理厂处理能力不足的合流制管网溢流污染的末端治理	径流总量控制率：0。 TSS平均削减率：60%		嘉兴市合流制污水末端污染调蓄净化综合技术示范工程	70.14

技术名称	技术编号	技术来源	适用范围	环境效益	节约资源	推广应用程度	总分
截污技术							
雨水口高效截污装置与关键技术	ZJ22321-01	10320002	城市道路高效截污的雨水口	径流总量控制率：42%。 TSS净化率：80%		北京经济技术开发区城市道路与开放空间低影响开发雨水技术示范（北京机场高速辅路）	85.46
雨水口除污装置与应用技术	ZJ22321-02	10320003	低影响开发设施	径流总量控制率：90%。 TSS净化率：71%～91%		光明示范工程	98.92
带有高效截污型雨水篦的道路雨水高效吸附净化带技术	ZJ22321-03	11301002	雨水径流污染物去除目标	径流总量控制率：82%。 TSS净化率：90%		城市新区面源污染控制综合示范工程	90.86
自动净化雨水检查井与截污技术	ZJ22321-04	10320002	雨水固体悬浮物过滤	径流总量控制率：42%。 TSS净化率：80%		北京经济技术开发区城市道路与开放空间低影响开发雨水技术示范（北京机场高速辅路）。北京某厂区雨水综合利用工程	82.39
雨水检查井智能截污装置与技术	ZJ22321-05	10320002	雨水口	径流总量控制率：42%。 TSS净化率：80%		北京经济技术开发区城市道路与开放空间低影响开发雨水技术示范（北京机场高速辅路）	85.97
初期雨水专管调蓄储存技术	ZJ22322-02	12301001	截流道路5 mm左右初期雨水，并消纳	径流总量控制率：100%。 TSS净化率：30%		该技术有两项示范工程：①初期雨水专管储存示范工程；②雨水面源污染分质收集和处理集成技术示范工程	73.09
分流制雨水排水系统末端漂浮介质过滤污染控制技术	ZJ22322-03	11301004	DN1000以内分流制雨水排放口末端及末端生态净化设施的预处理	径流总量控制率：0。 TSS平均削减率：77%		嘉兴市生态绿道网雨水控制利用关键技术示范工程	67.5
城市溢流污染削减及排水管道沉积物减控技术	ZJ22322-04	14303003	混接雨水口或合流制排水系统溢流口溢流污染控制	径流总量控制率：24%。 TSS净化率：30%		两个水专项示范工程	54.95
调蓄技术							
城区合流制系统溢流量削减技术	ZJ23331-01	11303002	合流制城区溢流污染控制	径流总量控制率：38.3%。 TSS净化率：90%		合肥市合流制溢流污水调蓄示范工程，工程地点合肥市庐阳区	80.23
基于昆明降雨和水资源利用特征的初期雨水调蓄池设计技术	ZJ22331-02	11302001	适用于径流污染控制的合流制雨污调蓄池设计	径流总量控制率：20.9%。 TSS净化率：22%		雨污调蓄设施设计、建设及运行示范。新宛平排水系统工程	52.7
基于昆明降雨排水特征的溢流污染控制调蓄池设计技术	ZJ22332-02	11302001	用于分流制初期雨水调蓄和利用工程设计、施工、管理与维护	径流总量控制率：20.9%。 TSS净化率：22%		雨污调蓄设施设计、建设及运行示范	54.69

续表

技术名称	技术编号	技术来源	适用范围	环境效益	节约资源	推广应用程度	总分
后端治理技术与设施—物理化学处理技术与装备							
泵站雨水强化混凝沉淀过滤净化处理技术	ZJ22411-01	08314004	雨水径流污染物净化处理及回用	TSS 净化率：95%。COD 去除率：40%～60%。NH$_3$-N 去除率：20%～40%。TP 去除率：70%～80%		外环河水环境改善示范工程（赤龙河雨水泵站、清化祠雨水泵站）	72.24
用于初期雨水就地处理的旋流分离及高密度澄清处理技术与装备	ZJ22412-01	09316001	污水-污染物去除目标	TSS 净化率：70%。COD 去除率：70%。NH$_3$-N 去除率：较低。TP 去除率：较低		合肥市南淝河上游截污与水质改善示范工程	53.58
初期雨水面源污染水力旋流-快速过滤技术	ZJ22413-01	08313001	道路初期雨水的截流、储存、处理和排放	SS 去除率 95%，COD 去除率 50%，氨氮去除率 80%，总氮去除率 30%，总磷去除率 70%		①晋陵泵站初期雨水处理示范工程；②竹林初雨快速处理工程；③丽华初雨快速处理工程；④横塘河西路初雨快速处理工程	59.44
复合流人工湿地处理系统与技术	ZJ22421-01	08317004	城市污水和不同功能区雨水径流的净化与利用	径流总量控制率：80%以上。TSS 净化率：90%以上。COD 去除率：30%～90%。NH$_3$-N 去除率：40.0%～60.0%。TP 去除率：65.0%～85.0%		对城市地表径流污染物的处理效果明显，是适于高污染负荷雨污水净化的可靠技术。同时，已形成一处湿地研究与教育教学基地	80.31
山地陡峭岸坡带梯级湿地净化技术	ZJ22421-02	12307002	山地陡峭岸坡带	径流总量控制率：50%。TSS 净化率：72.58%。COD 去除率：82%。NH$_3$-N 去除率：94%。TP 去除率：78%		重庆市主城重污染河流伏牛溪水质保障技术综合示范工程	89.13
分流制雨水排水系统末端渗蓄结合的生态协同污染控制技术	ZJ22421-03	11301004	DN1000 以内分流制雨水排水系统排放口末端，具备一定场地面积	径流总量控制率：95%以上。TSS 平均削减率：66.5%。COD 平均削减率：84%。NH$_3$-N 平均率：68.3%。TP 平均率：85.5%		嘉兴市生态绿道网雨水控制利用关键技术示范工程	87.84
三带系统生态缓冲带技术	ZJ22422-01	12307002	地形坡度较大的山地河流河岸初期雨水径流污染物削减	径流总量控制率：60%。TSS 净化率：50%。COD 去除率：30%。NH$_3$-N 去除率：30%。TP 去除率：40%		三带系统生态缓冲带技术示范工程	70.18
多塘系统生态缓冲带技术	ZJ22422-02	12307002	平缓地形的河岸带	径流总量控制率：60%。TSS 净化率：75%。COD 去除率：49.12%。NH$_3$-N 去除率：62.32%。TP 去除率：58.31%		多塘系统生态缓冲带技术示范工程	70.36

续表

技术名称	技术编号	技术来源	适用范围	环境效益	节约资源	推广应用程度	总分
城市面源污染水体净化与生态耦合修复技术	ZJ22422-04	14303003	在点源、面源基本控制情况下，实施城市受损景观水体水质提升与生态恢复	径流总量控制率：60%。TSS 净化率：75%。COD 去除率：49%。NH_3-N 去除率：66%。TP 去除率：65%		1 个示范工程（3 个子项目示范）	76.61

7.3.3 工业源污染治理技术

工业源污染治理技术共推荐 88 项，具体见表 7-4。

表 7-4 工业源污染治理推荐技术

技术名称	技术编号	课题编号	适用范围	环境效益	节能降耗	示范工程地址	总分
钢铁行业							
绿色供水技术	ZJ11111-01	07402001	水源水净化、中水等非常规水源的应用	硬度、SS（固体悬浮物）脱除率分别大于 70%、95%			78.91
循环水水质稳定强化技术	ZJ11111-02	07402001	可用于工业净循环水的绿色阻垢缓蚀，生物黏泥脱除，稳定水质	硬度、SS 脱除率分别大于 6%～80%、95%			80.45
高炉干法除尘技术	ZJ11141-01	07202-013	适用于受空间限制的旧钢铁厂区高炉干法除尘改造，也适用于钢铁园区新建高炉	高炉煤气年发电量从 7240 万 kW·h 提高至 13589 万 kW·h，发电量提高 87.7%	水消耗降低 99.96%～99.97%，药剂消耗减少 66.7 万元/a；煤气含尘量降至 2 mg/Nm^3		93.21
干熄焦技术	ZJ11121-01	07207-003	石化、冶金、制药、印染、造纸等重污染行业	使污泥利用率达到烧结总量的 2%		七台河宝泰隆煤化工股份有限公司	79.22
污水配矿烧结技术	ZJ11131-01	07402001	邯钢高炉配套烧结机	烧结工序达到节新水 20%，提高烧结矿成品率，改善烧结矿质量	降低新水消耗，烧结工序达到节新水 20%	邯郸钢铁集团有限责任公司	89.24
一排式布置高炉干法除尘技术	ZJ11141-01	07202-013	适用于受空间限制的旧钢铁厂区高炉干法除尘改造，也适用于钢铁园区新建高炉	发电量提高 87.7%。污染物去除效果：煤气含尘量降至 2 mg/Nm^3	新鲜水消耗降低至 0.4～0.5 m^3/h，水消耗降低 99.96%～99.97%，药剂消耗降为零	鞍山钢铁集团有限公司	90.56
高炉用水减量化控制及冷却制度优化技术	ZJ11151-01	07402001	高炉炼铁过程全生命周期冷却系统水量控制	将分散污水收集集中处理	节约循环冷却水量 22.66%，可节水 20%以上	邯郸钢铁集团有限责任公司	90.78
转炉炼钢工序节水技术	ZJ11161-01	07402001	转炉冶炼过程蒸发冷水量控制	把使用的水量调节比降低	降低水量消耗，实施后节水量可达 10%以上	邯郸钢铁集团有限责任公司	89.78
轧钢过程节水技术	ZJ11171-01	2017ZX07402001	热轧轧钢工序		除鳞及轧制机架间用水减量化，除鳞及轧制机架间用水减量化	邯郸钢铁集团有限责任公司	89.78
高毒性脱硫废液解毒处理技术	ZJ11211-01	07202006	适用于煤化工、钢铁等企业焦化废水的预处理	特征污染物去除效果：总氰化物 200 mg/L 以下，硫化物 10 mg/L 左右	节约新水 1138.8 万 m^3/a，减少废水排放量 1138.8 万 m^3/a	鞍钢集团五期焦化厂废水深度处理示范工程	88.85

续表

技术名称	技术编号	课题编号	适用范围	环境效益	节能降耗	示范工程地址	总分
铁碳联合强化厌氧污水处理技术	ZJ11221-01	07209001	适用于煤化工、钢铁等企业焦化废水的预处理	常规污染物去除效果：COD 5000～7000 mg/L。特征污染物去除效果：总酚 700～1500 mg/L，油类 100 mg/L 以下		鞍钢集团五期焦化厂废水深度处理示范工程	80.45
梯级生物强化降解技术	ZJ11231-01	07202006	适用于焦化废水处理过程效率低下、传统生物脱氮工艺处理成本高、处理效果差等情况	常规污染物去除效果：COD 150～200 mg/L；氨氮 10 mg/L 以下；总氮 15 mg/L 以下。特征污染物去除效果：挥发酚 0.5 mg/L 以下；总氰化物 0.5 mg/L 以下			80.78
高效脱氰脱碳混凝技术	ZJ11241-01	07202006	适用于焦化废水生化出水深度处理	脱氰混凝药剂氰化物去除率大于 90%，COD 平均去除率 51%，色度去除率 73.4%	节水约 90 万 m³，减排 COD 2500 t	鞍钢化工三期焦化废水强化处理示范工程	90.78
非均相催化臭氧氧化技术	ZJ11251-01	07208-004	钢铁联合企业/独立焦化厂的焦化废水深度处理、煤化工废水深度处理	COD 50 mg/L 以下，氨氮 8 mg/L 以下。特征污染物去除效果：总氰化物<0.2 mg/L，苯并芘<0.02 μg/L		鞍钢化工三期焦化厂废水深度处理示范工程	82.14
热平衡自动调控技术	ZJ11260-02	07402001	钢铁企业焦化尾水闷渣处理			钢铁企业焦化尾水闷渣处理	78.24
基于纳米陶瓷无机膜过滤电絮凝的酸性废水处理技术	ZJ11311-01	07402001	轧钢酸洗废水处理	COD 50 mg/L 以下，pH>6，重金属离子去除率 90% 以上			78.45
基于高效破乳陶瓷膜过滤电絮凝的轧钢乳化液处理技术	ZJ11321-01	2017ZX07402001	轧钢含油废水处理	常规污染物去除效果：COD 去除率为 75%。特征污染物去除效果：含油量去除率 90% 以上			87.45
低碳反硝化生物脱氮技术	ZJ11410-01	07202-013	钢铁园区综合废水深度处理总氮去除、市政污水提标改造总氮去除	常规污染物去除效果：COD 30 mg/L 以下，氨氮 1 mg/L 以下，总氮 15 mg/L 以下		营口京华钢铁集团有限公司综合污水处理与回用示范工程	80.12
低浓度有机物深度臭氧氧化技术	ZJ11410-02	07202013	钢铁园区综合废水、化工园区综合废水深度处理	常规污染物去除效果：COD<30 mg/L。特征污染物去除效果：多环芳烃<0.05 mg/L，苯并芘<0.03 μg/L		鞍钢西大沟综合废水处理示范工程	78.24
多流向强化澄清技术	ZJ11410-03	07209001	钢铁企业综合废水处理	常规污染物去除效果：悬浮物 5 mg/L 以下；COD 30 mg/L 以下。特征污染物去除效果：石油类 1 mg/L 以下		营口京华钢铁集团有限公司综合污水处理与回用示范工程	80.24

续表

技术名称	技术编号	课题编号	适用范围	环境效益	节能降耗	示范工程地址	总分
高盐废水资源化与双极膜电渗析酸碱联产技术	ZJ11420-03	07402001	适用于钢铁、煤化工和焦化等行业高盐废水资源化处理与近零排放	常规污染物去除效果：85%NaCl 转化为酸和碱，COD 30 mg/L 以下。特征污染物去除效果：水硬度<1 mg/L，重金属浓度<1 mg/L，氟化物<5 mg/L		邯钢高盐水处理示范工程	82.13
石化行业							
腈纶废水高聚物截留回收-A/O 生物膜-氧化混凝处理技术	ZJ12300-02	07207004	化纤（腈纶）含二甲基乙酰胺（DMAC）废水的处理	每年可削减 COD 392t、DMAC 38 t、丙烯腈 5 t		吉林奇峰化纤股份有限公司污水处理厂改造工程	73.56
丙烯酸酯废水有机酸回收技术	ZJ12200-02	07201005	丙烯酸丁酯装置废水资源化及有机物减排	有机酸回收率 80%，COD 减排率 95.8%			80.78
ABS 树脂装置清洁生产废水减排技术	ZJ12300-01	07201005	石化行业废水处理厂、站等	清釜废水及污染物源头削减率>75%，悬浮聚合物削减率 80%		吉林石化公司ABS 树脂装置废水污染物减排工程	83.12
综合废水处理过程优化控制与升级改造达标技术	J12400-04	07203011	石化综合废水达标处理	出水 COD 浓度 39 mg/L，出水氨氮浓度 1.9 mg/L		综合废水处理过程优化控制与升级改造示范工程	76.45
强化预处理中水回用技术	ZJ12400-07	2013ZX07210001	中水回用	出水 COD 浓度 5.0 mg/L，出水溶解性总固体（TDS）25 mg/L		石家庄炼化分公司中水回用示范工程	70.14
基于电絮凝强化除油的电脱盐废水预处理技术	ZJ12110-01	07402002	高含油含盐乳化废水的预处理	出水 COD≤1000 mg/L，出水石油类≤50 mg/L，石油类去除率≥80%		中国石油天然气股份有限公司吉林石化分公司	79.90
丙烯腈废水膜分离资源化-辐射分解脱氰-生物处理技术	ZJ12200-03	07207004	丙烯腈废水的处理	氨氮的去除率达 80%～93%，氰化物的去除率达到 82%～90%			78.45
ABS 树脂装置清洁生产废水减排技术	ZJ12300-01	07201005	乳液接枝-本体苯乙烯-丙烯腈共聚物（SAN）掺混法 ABS 树脂装置废水污染物减排、污染全过程控制	无需外加碳源，TN 去除率达 80%以上，丙烯腈、芳香族等有毒有机物去除率达 95%以上	清釜废水及污染物排放量削减 70%以上	吉林石化公司、吉林市吉科检测技术有限公司	89.89
微氧水解酸化-缺氧/好氧-微絮凝砂滤-臭氧催化氧化技术	ZJ12400-01	07201005	石化工业废水处理	臭氧投加量降低 15%		吉林石化公司综合污水处理厂提标改造工程、石化综合污水处理厂中的臭氧催化氧化单元改造工程	80.12
臭氧催化氧化耦合曝气生物滤池（BAF）同步除碳脱氮技术	ZJ12400-02	07202010	难降解污染物和氨氮浓度高、可生化性低的工业废水处理	可使出水 COD 浓度小于 49 g/L，出水氨氮浓度小于 8 mg/L		中国石油抚顺石化公司	78.34

续表

技术名称	技术编号	课题编号	适用范围	环境效益	节能降耗	示范工程地址	总分
磁性树脂深度脱氮技术	ZJ12400-03	07210001	石化废水深度处理	可使出水 COD 浓度小于 30 g/L, 出水氨氮浓度小于 8 mg/L, 树脂交换容量为 3~3.5 mol/kg		南京环保产业创新中心有限公司	80.45
微絮凝-接触过滤难降解石化废水回用技术	ZJ12400-05	07208004	化纤废水的深度处理	可使出水 COD 浓度小于 24.9 g/L, 出水 TDS 小于 800 mg/L, 出水水质降至 COD 30 mg/L、SS 10 mg/L、TN 10 mg/L 与 TP 0.5 mg/L	年减排 COD 大约 350 t	辽阳石化化纤废水深度与回用示范工程	90.45
以耐污染膜为核心的低污染膜组合技术	ZJ12400-06	07210001	石化废水的回用处理	可使出水 COD 浓度小于 10 g/L, 出水 TDS 小于 65 mg/L, 出水总硬度<20 mg/L、COD<10 mg/L、TDS<90 mg/L	COD 年削减量约 260 t、氨氮年削减量约 130 t、总氮年削减量约 195 t、总磷年削减量约 8.2 t	中盐昆山有限公司	9.1
制药行业							
基于培养基替代的青霉素发酵减排技术	ZJ13100-01	07402003	适用于青霉素规模化清洁生产	废酸水中氨氮降低了30%, COD 削减效果 20% 以上, 氨氮削减效果 30% 以上		华北制药集团倍达有限公司	78.56
头孢氨苄酶法合成与分离技术	ZJ13100-02	07402003	适用于头孢氨苄规模化清洁生产	废水量削减效果 30% 以上, COD 削减效果 30% 以上, 原料转化率 99% 以上			73.25
高氨氮废水氨回收技术	ZJ13200-02	07402003	适用于制药等行业产生的高氨氮废水的处理	处理后氨氮浓度低于 15 mg/L, 氨氮去除效果>99%			78.46
VC 发酵醪液渣古龙酸钠回收技术	ZJ13200-06	07208002	VC 发酵醪液渣古龙酸钠回收	年减排COD 258 t, COD 排放量降低 38.91%, 减少废渣排放 2500 t/a, 每年减少有机污染物产生与排放 142.1 t		VC 发酵醪液渣古龙酸钠回收技术示范	80.14
粒子产品晶体形态调控共性技术	ZJ13100-03	07402003	适用于药物规模化清洁生产	COD 排放降低 40% 以上		山东新华制药股份有限公司	79.15
高硫酸盐废水硫回收技术	ZJ13200-03	07402003	适用于制药、食品等行业产生的高硫废水的处理, 以及含硫化氢沼气的生物处理	硫化氢脱除率达 99% 以上, 质硫的生成率接近 90%, 最大负荷近 6 kg S/(m³·d)			77.45
膦霉素钠废水磷回收技术	ZJ13200-04	07208003	高浓度含有机磷工业废水	去除废水的生物毒性, 有机磷转化率 99.0% 以上, 对废水中无机化磷酸盐进行回收, COD 去除率 95.0%			82.23
含铜黄连素废水铜回收技术	ZJ13200-05	07202002	含铜黄连素废水中回收铜	回收废水中的 Cu^{2+} 等有价物质, 急性毒性去除 90% 以上		东北制药集团	77.24
VC 制药凝结水反渗透再利用技术	ZJ13200-07	07208002	含低浓度有机物凝结水回用	脱盐率高于 99%, TOC 去除率高于 98%			80.34

续表

技术名称	技术编号	课题编号	适用范围	环境效益	节能降耗	示范工程地址	总分
超滤-反渗透双膜处理再利用技术	ZJ13200-08	07210001	制药尾水深度处理及回用	膜（UF+RO）深度处理水回收率达50%～70%，出水COD≤15mg/L，COD去除效果：出水COD≤15mg/L	废水回用率达50%以上	河南拓洋实业有限公司	89.67
残留抗生素深度脱除技术	ZJ13300-01	07402003	制药尾水深度处理	残留抗生素去除率＞99%，年削减COD 150 t以上			79.56
折流式厌氧反应器-循环活性污泥法（ABR-CASS）生物强化处理技术	ZJ13300-02	07202002	主要针对化学合成类制药高浓度难生物降解有机废水	COD削减效果：年削减COD 5500 t		东北制药集团沈阳市细河开发区	82.24
高硫酸盐制药废水脱硫-MIC多级内循环厌氧强化处理技术	ZJ13300-05	07207003	高硫酸盐制药废水处理	COD去除效果：去除率90%，硫酸根总去除率达97%以上		哈药集团制药总厂	81.67
造纸行业							
低固形物塔式连续蒸煮工艺	ZJ14110-01	07213001	适用于非木材和木材纤维原料的水污染源头控制	中段废水降至30 t/a以下，COD削减243.6 t/a，AOX削减42.8 t/a		驻马店市白云纸业有限公司	83.12
无元素氯清洁漂白技术（ECF）	ZJ14130-01	07213001	适用于非木材和木材纤维原料的水污染源头控制	COD、BOD降低30%以上，AOX较传统减少50%			80.24
螺旋压榨高效洗涤技术	ZJ14210-02	07213001	适用于木材纤维原料的化学机械法制浆低污染生产	使废水排放量＜10 m³/t，特征污染物碱回收率接近100%			80.67
双转鼓高浓碎浆工艺	ZJ14310-01	07213001	适用于废纸为原料节水降耗制浆造纸生产	废水排放量＜10 m³/t，浆节水超过70%，废水重复利用率达99%		山东省泉山东省东营市大王镇华泰纸业股份有限公司林纸业有限公司	78.14
一体化厌氧处理及沼气提纯利用技术	ZJ14510-02	07213001	适用于造纸综合废水处理	处理后废水回用率达到50%以上，COD去除率超过95%		脱墨浆造纸节水减排示范工程	76.34
改良Fenton氧化工艺	ZJ14510-03	07213001	适用于造纸综合废水处理	COD去除率在66%～89%，色度去除率在80%～92%		造纸行业废水深度处理技术产业化示范	82.45
高低浓协同磨浆新工艺	ZJ14210-01	07213001	适用于木材纤维原料的化学机械法制浆低污染生产	常规污染物去除效果：废水排放量＜10 m³/t浆。特征污染物去除效果：可以碱回收，接近100%。产生的固体物质可资源化利用，无固体废弃物排放		化学机械法制浆过程水污染控制关键技术工程应用示范	80.45
过程水过滤-沉淀协同处理回用技术	ZJ14210-03	07213001	适用于木材纤维原料的化学机械法制浆低污染生产	使废水排放量＜10 m³/t浆，可以碱回收，接近100%			79.46
基于"MVR-多效蒸发-燃烧"碱回收处理技术	ZJ14221-01	07213001	适用于木材纤维原料的化学机械法制浆低污染生产	常规污染物去除效果：废水排放量＜10 m³/t浆。特征污染物去除效果：可以碱回收，接近100%		山东省兖州市太阳纸业	82.67

续表

技术名称	技术编号	课题编号	适用范围	环境效益	节能降耗	示范工程地址	总分
复配中性脱墨剂	ZJ14320-01	07213001	适用于废纸为原料节水降耗制浆造纸生产	常规污染物去除效果：脱墨效率超过 95%，废水排放量<10 m^3/t 浆。特征污染物去除效果：与传统脱墨相比，COD 降低约 20%	废水重复利用率达 90%	废纸制浆与造纸过程水污染控制关键技术产业化示范	90.14
多级浮选技术	ZJ14320-02	07213001	适用于废纸为原料节水降耗制浆造纸生产	常规污染物去除效果：脱墨效率超过 95%，废水排放量<10 m^3/t 浆。特征污染物去除效果：基本实现"零排放"	废水重复利用率达 90%	废纸制浆与造纸过程水污染控制关键技术产业化示范	80.24
阴离子垃圾捕剂	ZJ14410-01	07213001	造纸白水封闭循环的生产线	常规污染物去除效果：体系 zeta 电位由 −18 mV 升到约 −2 mV。特征污染物去除效果：基本实现封闭循环		废纸制浆与造纸过程水污染控制关键技术产业化示范	80.13
胶黏物控制技术	ZJ14410-02	14410-02	适用于废纸为原料节水降耗制浆造纸生产	常规污染物去除效果：年产 15 万 t 的化学机械浆生产线，以废纸为原料。每年减少清水用量 31 万 m^3，COD 年减排量为 884 t。特征污染物去除效果：前浮选、精筛胶黏物下降30%～60%		废纸制浆与造纸过程水污染控制关键技术产业化示范	82.78
有色冶炼行业							
铅冶炼污酸中铅、砷重金属和氟氯离子高效脱除新技术	ZJ15100-02	07212-008	适用于铅冶炼污酸治理	污酸中硫酸的脱除率达到 99%以上，重金属的沉淀率都达到95%以上，污酸的回用量达到90%以上，石膏渣量减少80%			79.19
酸性高砷废水还原-共沉淀协同除砷技术	ZJ15100-01	07212-007	适用于冶金、硫精矿制酸、磷化工、半导体等涉砷行业废水处理以及电镀、线路板等行业重金属废水处理与资源化等领域	污染物去除率>90%，废水回用率<20%，固废减少量较基准技术石灰中和法的固废减少量<20%		厦门谊瑞货架有限公司	79.45
重金属废水电化学处理技术		07212-001	适用于有色冶炼重金属废水的深度处理	固废减少量较基准技术石灰中和法的固废减少量<20%		水口山有色金属有限责任公司	80.56
常压富氧直接浸锌减污技术	ZJ15300-01	07212-001	电解锌行业锌精矿浸出	综合回收有价金属，有效解决锌浸出渣污染问题		株洲冶炼集团股份有限公司	87.45
重金属冶炼废水生物-物化组合处理与回用技术	ZJ15200-02	07212-001	该技术适用于有色冶炼重金属废水的深度处理，对环境和规模无特殊要求	金属资源回收率：较基准技术石灰中和法的金属资源回收率>50%。污染物去除率：较基准技术石灰中和法，常规与特征污染物综合去除率>90%，废水回用率>90%，较基准技术石灰中和法的固废减少量>50%	减排废水 500 多万吨	湖南省株洲市清水塘原株洲冶炼集团	90.23

续表

技术名称	技术编号	课题编号	适用范围	环境效益	节能降耗	示范工程地址	总分
重金属废水生物制剂深度处理技术	ZJ15200-03	07212-001	该技术适用于有色冶炼、电镀、化工等含重金属废水的深度处理，对环境和规模无特殊要求	金属资源回收率>70%，常规与特征污染物综合去除率>95%，废水回用率>90%，固废减少量为2550%		郴州市苏仙区白露塘镇	80.67
常压富氧直接浸锌减污技术	ZJ15300-01	07212-001	电解锌行业锌精矿浸出	硫化锌精矿中锌的浸出率保持在97%以上，硫化锌精矿冶炼过程的元素综合回收率85%或以上。每年可减少排放含高浓度汞、镉、砷的污酸18万 m^3	减少生产水耗41万 m^3；循环冷却水耗122万 m^3	株洲冶炼集团股份有限公司	90.45
变形板灵变识别技术	ZJ15400-11	07212006	板面形变量智能识别	电解出槽阴极板挟带液削减82.26%，电清洗废水产生量减少80.12%，实现硫酸锌结晶物及含锌清洗水完全循环利用	年可减排废水中锌35t、铅56kg、镉2kg，减排废水3140 m^3	湖南太丰冶炼有限责任公司	92.15
皮革行业							
无氨脱灰技术	ZJ16120-01	07210003	用于制革脱灰工序	铬鞣剂吸收利用率提高至80%～98%，铬鞣剂用量减少30%～60%			78.45
高吸收铬鞣技术	ZJ16130-01	07210003	用于制革鞣制工序	与传统相比，COD、BOD降低30%以上，AOX较传统减少50%		鑫皖制革污染减排示范工程	84.45
预处理控毒+COD分配后置反硝化+残留难降解COD深度处理技术	ZJ16320-02	07203-003	用于制革行业综合废水末端处理	污染物排放氨氮5.0 mg/L以下，COD_{Cr}50 mg/L以下		河北省石家庄市辛集制革工业区	80.98
保毛脱毛技术	ZJ16110-03	07210003	用于制革脱毛工序	减少总氮68.2%，氨氮75.6%；COD60.76%；总铬50%以上，COD、氨氮的去除率稳定在50%以上	减少废水排放量35.3%	鑫皖制革污染减排示范工程	92.56
铬鞣废液循环利用技术	ZJ16210-04	07210003	用于制革脱灰工序	用水量循环一次28.57%、循环两次38.10%。总铬循环两次减少27.42%，总氮循环两次减少13.38%，氨氮循环两次减少12.64%		鑫皖制革污染减排示范工程	79.34
预处理控毒+厌氧降成本+COD分配后置反硝化+残留难降解COD深度处理技术	ZJ16320-02	07203-003	用于制革行业综合废水末端处理	对COD、TN、氨氮的去除率分别达97%、90%、98%以上		河北省石家庄市辛集制革工业区	82.12

续表

技术名称	技术编号	课题编号	适用范围	环境效益	节能降耗	示范工程地址	总分
纺织印染行业							
复合生物酶清洁印染前处理技术	ZJ17100-02	07313-005	适用于复合精炼酶wck-3[①]	前处理排水减少50%，COD减排19.7%			78.56
自絮凝法印染废水预处理技术	ZJ17200-01	2009ZX07208-002	印染工业园区污水处理	COD减排去除率20%			80.14
高效澄清综合处理技术	ZJ17200-05	07313-005	适用于印染综合废水或以印染为主的工业园区废水处理	总氮去除率60%			80.24
单级水封法消除闪蒸汽的冷凝水回收技术	ZJ17100-01	07208-002	适用于印染生产冷凝水回用	削减COD排放15%以上，万米布减排污水量20%以上	万米布平均耗水量从原来的425 t降低到319 t	印染行业冷凝水回收与废水预处理示范工程	93.12
零价铁强化厌氧还原印染废水处理技术	ZJ17200-02	07208-004	适用于印染废水的厌氧生物处理	COD去除率90%		海城印染工业园区污水处理厂辽宁省海城市感王镇	80.34
厌氧折流板反应器（ABR）厌氧水解废水综合处理技术	ZJ17200-04	07313-005	适用于印染综合废水或以印染为主的工业园区废水处理	COD、BOD_5、总氮、氨氮和总磷去除率分别达到90%、95%、80%、99%和99%左右		常熟市梅李污水处理有限公司	80.78
生化尾水的磁性微球树脂吸附深度处理技术	ZJ17200-06	07210-001	适用于废水量较大的印染、工业园区污水处理厂等生化尾水的深度处理	COD、TN、TP的去除率可分别达到50%～60%、30%～45%、40%～55%，且脱色率高达90%以上，COD年削减能力达200 t以上		郑州纺织产业园示范工程	83.25
食品深加工行业							
发酵菌种及发酵技术	ZJ18110-01	07207003	赖氨酸的生产	废水明显降低		长春大成新资源集团有限公司	83.12
连续化好氧-厌氧耦合处理技术（CAAC）	ZJ18241-01	07207003	大豆分离蛋白废水	废水量从7000 m³/d降低到4500 m³/d，排水量、COD量降低		果汁加工行业固体废弃物资源化利用示范工程	80.67
水解酸化+改良开流式厌氧污泥床反应器（UASB）技术	ZJ18220-01	07210002	酒精废水	厌氧+好氧系统对COD的去除率在97.72%～98.38%，对氨氮的去除率在95.05%～97.50%		漯河天冠生物化工有限公司	80.24
多级逆流固液提取技术	ZJ18120-01	07207003	大豆分离蛋白生产	COD去除率超过90%，氨氮去除率可达到90%左右，水力停留时间缩短30%，减排COD约为91 t	用水量节省约10%，脱胶油含磷量降低到10 mg/kg以下	长春大成新资源集团有限公司	93.47
硫酸催化玉米芯水解生产糠醛技术	ZJ18130-01	07207003	玉米芯生产糠醛	减排COD14000 t	节水100万t	糠醛行业清洁生产技术研究及工程示范	90.14

① 此复合酶在精炼时发生三步反应：精炼—氧化灭火—水洗。

续表

技术名称	技术编号	课题编号	适用范围	环境效益	节能降耗	示范工程地址	总分
载体复配SBR强化生物脱氮技术	ZJ18211-01	07210002	高含氮有机发酵废水	味精废水中的COD、氨氮和TN的去除率分别可达90%、98%和75%以上,氮出水浓度控制在20 mg/L以下,COD控制在80 mg/L以下		河南省莲花味精股份有限公司	78.47
水梯级循环利用技术	ZJ18230-01	07212002	果汁加工厂废水、固废资源化与高质利用	COD减排70%以上,污水处理站剩余污泥日减量32.5 t	排放废水量从5200~5500 t减少到2700~3000 t	果汁加工行业厌氧-好氧废水处理示范工程	92.45

7.3.4 河流生态修复技术

河流生态修复技术共推荐27项,具体见表7-5。

表7-5 河流生态修复推荐技术

技术名称	技术编号	技术来源	适用范围	环境效益	节约资源	推广应用程度	总分
河道生境修复与生态完整性恢复—生物栖息地修复—河岸栖息地修复							
极端流态下河流的环境流调控技术	ZJ41212-02	122040041	极端流态河流水生态修复			极端流态沟渠河流型水生态修复工程示范	85.53
湿地型河道构建技术	ZJ41212-03	121030041	缺乏生态基流、水质较差、生态系统结构和功能退化河道的生态修复			十五里河旁道人工湿地工程示范	74.84
寒冷地区受损滨岸带生境恢复技术	ZJ41212-05	152010081	寒冷地区河流受损滨岸带生境的恢复			黑龙江省松花江一级支流梧桐河受损滨岸带生境恢复工程示范	78.73
基于植被混凝土的河岸高陡渣山原位生态修复技术	ZJ41212-06	152020121	大于60°的高陡岩石边坡生态修复			太子河流域山区段河流生态修复与功能提升关键技术与工程示范(中试)	71.64
矿山生态退化区生境改善技术	ZJ41212-07	152020121	适用于下垫面改善与基质养分调控、物种筛选与先锋植被抚育以及退化恢复区群落结构优化			矿山生态退化区生境改善技术工程示范——歪头山铁矿采场	70.15
鸟类生境保护及截污净化统筹的河岸生态功能修复技术	ZJ41212-08	152030111	包含鸟类重点生态功能区的河流湿地			独流减河河岸生态带示范区	57.12
功能群配置及群落构建—功能群恢复							
沟渠河流水生态系统食物链恢复技术	ZJ41221-03	122040041	河道治理			淮河(河南段)贾鲁河流域治理	88.31
基于生境诱导的水生生物群落构建技术	ZJ41221-04	122040041	河道治理			淮河(河南段)贾鲁河流域治理	78.73

续表

技术名称	技术编号	技术来源	适用范围	环境效益	节约资源	推广应用程度	总分
水生植被荷花与睡莲恢复关键技术	ZJ41221-05	122010041	北方河滨等水域			富锦沿江湿地保护区植被恢复示范	71.64
寒冷地区基于关键种群恢复的受损水体生物链修复技术	ZJ41221-06	152010081	寒冷地区河流受损水体			松花江珍稀鱼类恢复工程示范	67.33
内陆人工鱼礁鱼巢复合体技术	ZJ41221-08	122090081	水生植被较少、流速变动较大的河流，特别是开展鱼类人工增殖放流的河段			海河流域水专项凉水河工程示范	71.13
群落构建							
鱼类栖息地及食物链恢复技术	ZJ41222-01	122010041	松花江鱼类自然繁殖条件遭到破坏的河段			松花江珍稀鱼类恢复工程示范	70.15
寒冷地区珍稀鱼类生态恢复技术	ZJ41222-02	152010081	松花江流域珍稀鱼类生境受损河段			松花江珍稀鱼类恢复工程示范	81.02
以功能修复为目标的汇水区植物群落保护关键技术	ZJ41222-03	152020121	太子河上游汇水区			太子河南支脆弱生境维系与生物多样性保护工程示范	72.11
河流植物群落修复物种配置技术	ZJ41222-04	122090081	海河流域非常规水源补给河流、季节性河流、干涸河道三类河流			河流植物群落修复物种配置技术示范	63.45
有机污染河流鱼类底栖动物增殖放流技术	ZJ41222-05	122090081	华北平原地区有机物排放超标污染河流鱼类及大型底栖动物增殖放流活动			凉水河大红门管理处工程示范工作站	69.16
健康水生态系统恢复—食物链恢复							
生态坝-库塘-湿地生态综合治理关键技术	ZJ41231-01	152030051	北方山区河流及具有坡陡、产汇流时间短、流速大和水土流失严重等特点的河流			山区河道生态治理综合工程示范	81.23
湿地生态恢复技术	ZJ41231-02	142030081	流域水源保护区			海河	71.51
伊通河河道生态修复关键技术	ZJ41231-03	082070091	流经城市的重污染河流			伊通河水污染治理与河道生态修复综合示范	70.50
水生态系统健康维持							
淮河流域水生态健康修复技术	ZJ41232-05	122040041	干旱、半干旱地区河流水生态修复			淮河下游重污染河道水生态净化与修复工程示范	73.66
区域"河道-湿地-湖库-河口"生态廊道构建技术	ZJ41232-01	152030110	流域尺度及更大尺度范围内生态环境破碎化改善与河岸带生态修复			海河	66.43
健康河流完整性评估技术	ZJ41232-02	122020041	辽河等东北地区平原河流			辽河保护区	60.12

技术名称	技术编号	技术来源	适用范围	环境效益	节约资源	推广应用程度	总分
重污染河道水质改善生态净化与生态修复技术	ZJ41232-05	142040051	适用于碳氮比失衡、高盐污染水体治理			淮河下游重污染河道水生态净化与水生态修复技术工程示范	71.65
河流水环境综合治理与调控—河流生态基流核算与保障—基流管控							
河湖一体化生态补水技术	ZJ41422-01	121030041	缺乏生态基流入湖河道治理			塘西河生态补水工程	99.34
流域湿地生态水文调控技术	ZJ41422-02	142030080	适合水资源极度短缺、水质高度污染地区			海河	77.62
西部缺水重污染河流生态基流计算模拟技术	ZJ41422-03	092120021	适用于通过确定西部缺水重污染河流的生态基流进行流域水量调控			渭河关中段生态基流保障技术示范区	74.41
淮河生态需水保障关键指标及闸坝可调性识别技术	ZJ41422-05	142040061	淮河洪泽湖以上干流、沙颍河、涡河			淮河流域	77.86

第 8 章　河流水污染治理与生态修复分类指导方案框架

河流污染治理与生态修复分类指导方案应包括总则、河流污染与生态健康现状评估、成因分析、适用技术筛选等内容。

8.1　总则

应明确河流污染治理与生态修复分类指导方案的编制目的、编制依据、时限和范围、工作原则等内容。

1. 编制目的

针对河流污染治理与生态系统修复问题复杂性、区域差异性的问题，从河流分区、污染与生态特征分类、技术优选评估等方面，建立适合本区域的河流分类污染治理与生态修复的方案。

2. 编制依据

《中华人民共和国环境保护法》；

《中华人民共和国水污染防治法》；

《中华人民共和国水法》；

《中华人民共和国环境影响评价法》；

《地表水环境质量标准》（GB 3838—2002）；

《城镇污水处理厂污染物排放标准》（GB 18918—2002）；

《污染防治可行技术指南编制导则》（HJ 2300—2018）；

《全国农业可持续发展规划（2015—2030 年）》；

《水污染防治工作方案编制技术指南》（环办函〔2015〕1232 号）；

《水体达标方案编制技术指南（试行）》（环办函〔2015〕1711 号）。

3. 时限和范围

基于河流污染、生态受损程度以及采用的适用技术相关情况，合理确定技术适用范围及水生态环境改善时限。

4. 工作原则

1）科学性原则

基于河流污染与生态受损的空间差异性特征，按照全国河流分区、分类，将河流按照污染源、生态退化类型进行分类治理与修复。参考河流污染治理与生态修复分类指导方案，统筹设计、区域细化落实编制体系，将数据梳理、问题分析、措施设计等均细化到具体控制单元，实施网格化精细管理。

2）可行性原则

以解决实际问题为导向，查找分析原因、科学确定目标、研究提出对策，制定因地制宜的综合治理和生态修复方案。

8.2　河流污染与生态健康状况评估

包括河流区域概况、现状河流水生态环境状况调查与评估、分区分类分级确定等。

8.3　河流污染与生态受损成因分析

包括河流水污染状况和生态受损成因分析指标筛选、分析方法确定以及评价结果等内容。

8.4　河流污染治理与生态修复策略与目标

根据河流分区、分类、分级结果，结合国家和地方流域环境管理要求，提出河流水污染治理与生态修复的策略和思路、总体目标及分阶段目标。

8.5　河流污染治理与生态修复适用技术筛选

结合流域地理位置、经济技术水平、污染治理及生态修复需求等，从技术库中筛选适宜的技术。

政　策　篇

第9章 河流水污染防治技术政策

9.1 总则

9.1.1 目的

为贯彻《中华人民共和国环境保护法》《中华人民共和国水法》《中华人民共和国水污染防治法》《水污染防治行动计划》《中共中央 国务院关于全面加强生态环境保护 坚决打好污染防治攻坚战的意见》等，防治河流水环境污染，提升河流水生态环境质量，保障生态环境安全和人体健康，指导环境管理与科学治污，促进河流水污染防治技术进步，制定本技术政策。

9.1.2 适用范围

本技术政策适用于我国境内主要河流的干流、各级支流及其区域内各类点源、面源及内源等入河污染的综合治理，以及受损河流水体及其河流缓冲带的生态修复。健康河流的水源涵养和生态保育等不适用于本技术政策。

9.1.3 主要内容

本技术政策为指导性文件，主要包括河流流域综合治理实施模式、入河污染源识别与控制技术、河流生态缓冲带保护技术、受损河流生态修复技术、河流生态基流保障技术以及鼓励研发的新技术新装备等内容。

9.1.4 主要原则

河流水污染防治应遵循预防为主、防治结合、统筹施治、分类施策、强化监管的综合原则。

坚持污染源控制与生态恢复相结合、内源治理和外源治理并重、工程措施和管理措施并举的技术路线。

逐步建立河流水污染防治全过程的信息化监管体系。

9.2　河流流域综合治理模式

9.2.1　河流流域综合治理模式的选择

河流流域综合治理模式的选择与构建应以汇水范围内所有源–流–汇为切入点，并遵循流域统筹、区域治理思路，分区分类、精准施策的策略或原则。

河流流域综合治理模式可按水污染防治的流域规模选择全流域系统治理模式或小流域综合治理模式。

9.2.2　全流域系统治理模式

针对河流全流域制定水污染防治策略时，应选择全流域系统治理模式。根据不同的流域特征，宜选择以下流域综合治理模式。

（1）针对高寒区、跨国界、高风险的流域，宜选择"双险齐控、冬季保障、面源削减、支流管控、生态恢复"的流域综合治理模式。

（2）针对北方缺水型重化工业重污染的流域，宜选择"控源、协同治理、系统修复、产业支撑"（即"管、控、治、修、产"）五位一体的流域综合治理模式。

（3）针对人口密度大、工农业用水量大、地下水超采严重、资源缺水型、污染严重的流域，宜选择"系统控源为主、清水产流流域生态圈修复、湖泊水体生境改善、湖泊生态安全保障"的流域综合治理模式。

（4）针对闸坝多、污染重、基流匮乏、风险高、生态退化的流域，宜遵循"抓住关键问题、聚焦重点区域、设立阶段目标、突破关键技术、改善流域水质"思路，选择从污染源、河道、管理与流域综合调控的"点–线–管–面"流域综合治理模式。

（5）针对高质量发展要求和高经济密度、高发展速度、高水质要求、高强度控污的流域，宜选择控制风险（控）、维护生态（维）、保水甘甜（保）、高质发展（发）的流域综合治理模式。

9.2.3　小流域综合治理模式

在河流分区分类基础上，针对不同治理目标的控制单元（或汇水范围）制定水污染防治策略时，应选择小流域综合治理模式。小流域综合治理模式根据不同的治理类型分为污染型治理模式、生态型治理模式和综合型治理模式。根据不同的治理目标，宜选择以下小流域综合治理模式。

（1）针对水质不达标、生态未受损的污染型小流域，建议先分析导致水质不达标的污染指标和污染程度，再分析控制单元（或汇水范围）内主要污染来源及污染负荷，得出导致河流污染的主要污染源（即主控因子），对应采取相应污染源（包括工业源、农业源、城镇源、内源）污染控制技术解决该类型流域环境污染问题。

（2）针对水质达标、生态受损的生态型小流域，建议先分析导致生态受损的主要因素和受损程度，包括缓冲带受损和水生态系统受损，再根据受损对象对应采取相应的生态修复技术（包括水生态保护修复、缓冲带修复、水生态基流保障等）解决该类型流域生态受损问题。

（3）针对水质不达标、生态受损综合型小流域，应按照控源截污、内源治理、生态修复、活水保质的顺序开展综合治理。

9.3 河流污染源综合治理技术

9.3.1 工业污染治理技术

河流污染源综合治理主要针对工业源、农业源和内源，鼓励采用河流水环境容量总量动态模拟与优化分配关键技术、基于水质的固定源许可排放量限值核定关键技术、基于阈值辨识的受损河流水生态修复关键技术、水生态承载力系统模拟与优化调控关键技术等，对入河污染物负荷控制，满足水体环境容量控制要求。

（1）针对河流富营养化问题（如化肥、磷化工、医药、发酵、食品等行业）污染源影响的河流，推荐使用阶式多功能强化生物生态氧化塘水质净化与氮磷资源化利用关键技术、工业污染源-污水管网-污水集中处理设施综合管理成套技术。

（2）针对受特定行业的工业污染源影响的河流，根据工业种类和污染物类型，选用印染、电镀、机械加工、造纸、高盐废水、制药废水等系列污染物分离关键技术及多级控制成套技术。

9.3.2 农业污染治理技术

河流农业源污染来源多样化，主要包括化肥施用、禽畜粪便、农田固体废弃物和暴雨径流等。

（1）针对农药、化肥大量使用导致的农业源污染，推荐利用控失剂与控失增值肥料或应用"源头减量-过程阻控-养分回用-生态修复"（4R）控制技术体系、稻田氮磷阻断控制和减量减排关键技术等控源减排方法。

（2）针对禽畜粪便和农田废弃物释放大量有机物导致的农业源污染，推荐基于微生物发酵床的养殖废弃物全循环利用成套技术、基于种养耦合和生物强化处理的水产养殖污染物减排及资源化利用关键技术、种养区"科、企、用"废弃物循环一体化关键技术和农业废弃物清洁制备活性炭关键技术。

（3）针对地表径流、地下渗漏和农田排水等造成农业源污染的河流，推荐高适应性农村生活污水处理低能耗好氧处理关键技术、自充氧层叠生态滤床/复合介质生物滤器关键技术、人工快渗一体化净化关键技术、农业农村复合型污染控制清洁小流域构建等成套技术。

（4）针对受暴雨径流等随机因素影响较大的城市源污染河流，推荐城市河网联动水循环净化与综合调控成套技术、海绵城市建设的雨水径流管控成套技术、城市入湖河口生境改善成套技术。

9.3.3　河流内源污染治理技术

内源污染主要指进入湖泊中的营养物质通过各种物理、化学和生物作用，逐渐沉降至湖泊底质表层，当累积到一定量后再向水体释放的现象。

（1）针对污染底泥堆积较厚、污染严重、确需疏挖的区域，推荐精确薄层生态疏浚技术，合理配合水环境综合毒性生物预警监测关键技术与水环境监测全过程质控关键技术处理堆场余水二次污染，并鼓励开展底泥处理处置及资源化利用。

（2）针对局部浅水区域底泥堆积较厚的内源污染河流，推荐污染底泥环保疏浚工程，配合高有机质清淤底泥脱水-好氧发酵-园林利用关键技术、河湖底泥环保疏浚与处理处置成套技术、河道内源污染改性生物质炭阻断关键技术。

（3）针对底泥生态疏浚工程的设计和施工过程，推荐利用生态基底改良与沉水植物恢复、群落优化等关键及成套技术，浅水富营养化湖泊草型清水态植被构建与维持关键及成套技术进行河流水生生物的恢复。

9.4　河流水生态修复技术

河流水体生态恢复的关键任务是水质水文条件的改善、河流地貌特征的改善以及生物物种的恢复。

（1）针对水质水文特征的修复，推荐多闸坝重污染河流水质水量水生态多维调控关键技术、河流生态需水保障关键指标及闸坝可调性识别技术、极端流态下河流的环境流调控技术。

（2）针对河流结构形态的修复，推荐湿地型河道构建技术、基于阈值辨识的受损河流水生态修复关键技术、流域水生态功能区多尺度定量划分关键技术。

（3）针对种群结构的修复，推荐基于生境诱导的水生生物群落构建技术、沟渠河流水生态系统食物链恢复技术、寒冷地区基于关键种群恢复的受损水体生物链修复技术、鱼类栖息地及食物链恢复技术。

（4）针对维持和恢复河流蜿蜒性特征、保护和恢复河流栖息地的多样性的河流水体生态修复，推荐河岸功能提升与自然生境恢复关键技术、湖泊岸带及河口蓝藻水华综合防控与清除成套技术、寒冷地区受损滨岸带生境恢复技术。

9.5　河流缓冲带修复技术

9.5.1　河流生态缓冲带建设与修复目标

科学确定河流生态缓冲带建设与修复目标，以减少面源入河污染负荷，恢复河流生态功能，缓冲隔离人为干扰对河流的负面影响。

（1）针对自然型河流（河段）缓冲带保护和自然恢复，坚持选择本土物种，维护生态安全。可参照《封山（沙）育林技术规程》（GB/T 15163—2018），采取全封育或半封育方式。

（2）针对河岸带周边生产生活干扰、河岸带生态空间被挤占、生境条件破坏等问题，推荐河岸功能提升与自然生境恢复关键技术、河口多级人工湿地运行保障关键技术、滞流河道污染控制和强化净化修复成套技术、源头区水源涵养与清水产流功能提升成套技术、经济高度集约化区域受损河流生态修复成套技术、缓冲带低污染水调蓄净化成套技术。

9.5.2 河流功能修复技术

合理制定河流功能修复指标，科学选用适用性技术。

（1）针对需完成生物多样性保护指标的河流，推荐多自然型湖滨带生态修复成套技术、大型近自然湿地系统构建和水质提升成套技术、基于生境改善的贝类控制水体颗粒物关键技术。

（2）针对需完成缓冲带生态修复指标的河流，推荐采用卫星遥感、无人机等技术手段，结合地面调查监测，定期开展缓冲带生态监测与评价，对河流生态缓冲带的保护和自然恢复、植被恢复、生态护岸建设情况进行跟踪评估，加强河流生态缓冲带数字化管理。

（3）针对需完成生态多样性保护和缓冲带建设双重指标的河流，推荐水环境遥感监测成套技术、流域复杂水环境动态预测与智能预警成套技术、水环境累积性风险评估与预警防控成套技术、基于风险源-敏感目标的流域突发性风险识别关键技术，并进一步优化管理。

9.6 河流生态基流保障技术

加强河流生态基流补偿建设和运行，鼓励将再生水、雨水、矿井水、苦咸水等经处理后，作为重点补给源补偿河流生态基流。

（1）针对河流不同河段生态基流补偿需求及时空分布特征，综合考虑水量、水质、水域、水流等多个维度的内涵，推荐缺水城市海绵城市建设的雨水径流管控成套技术、面向生态流量的多水源水资源优化配置关键技术、选用季节性河流生态基流与高标准水质协同保障成套技术等，统筹规划生态需水特征与优化配置方案。

（2）针对非常规水资源直接补偿河流生态基流问题，推荐河滨湿地生态系统构建及稳定维持成套技术、大型河漫滩湿地植被恢复与生态功能提升成套技术、闸前河道湿地构建及生态维护技术等，恢复非常规水资源自然属性后补偿，避免二次污染的产生。

（3）针对退耕还河（林、草）、休耕（养、捕）等开展农业生态保护补偿政策研究，推荐城市浅水湖泊水质改善与水生植被构建成套技术、基于水质目标的流域污染物排放标准制定关键技术、典型水质水量联合调度成套技术等，强化河流生态基流补偿后水质保障。

9.7　河流智慧监管技术

9.7.1　河流水体监控预警技术

鼓励小流域综合利用自动在线监测技术、自动视频监测技术、人工巡视监控技术、网络信息传媒等手段，构建水体监控预警系统。

9.7.2　大流域水环境监测预警决策支持系统构建技术

鼓励大流域构建基于空间数据架构集成水环境数学模型、物联网、移动互联、数据集成、GIS 技术的水环境监测预警、考核评估和综合决策支持系统技术。

（1）针对居民较少、污水管网建设不全的农村地区河流，推荐水环境质量综合调控平台与分散式生活污水处理设施智慧监控运行管理平台技术。

（2）针对重污染行业污水处理、城镇污水处理厂工业废水占比高的河流，推荐工业污染源–污水管网–污水集中处理设施综合调控与监管技术。

（3）针对水源供给与生物多样性维护生态服务功能下降的河流，推荐卫星遥感应用的高效组织技术和环境事件自动检测技术。

9.8　鼓励发展的新技术新装备

加快先进环保装备研发和应用推广，因地制宜研发新技术新装备，提升环保装备制造业整体水平和供给质量。

（1）鼓励研发结构简单、处理效率高、全自动运行维护、一体化集约型可移动受损河流水体处理技术。

（2）鼓励研发河流生态基流补偿后保障河流水动力的技术与设备。

（3）鼓励研发能够高效拦截污染物的河流缓冲带建设技术。

（4）鼓励研发可对入河污染、河流水体水质、修复设施效果在线监测并能控制设施开关的技术与设备。

（5）鼓励研究河流污染防治机理、开展污染治理效果评价、开发河流信息管理系统开发。

案　例　篇

第10章 辽河流域污染治理
与生态修复技术路线图

10.1 辽河水环境污染历程和主要问题

10.1.1 辽河水环境污染历程和治理成效

随着国家改革开放、经济社会的快速发展，辽河流域水污染加重，到 20 世纪 90 年代中期，辽河已经被严重污染，被列入国家重点治理的"三河三湖"（淮河、海河、辽河和太湖、巢湖、滇池）之一，国家和地方开始重视辽河流域的水污染治理。

"十五"期间，从辽河流域污染物总量控制着手，水质恶化趋势基本得到遏制，水质优良（Ⅰ～Ⅲ类）比例由 2001 年的 8.3%上升到 2005 年的 30%，劣Ⅴ类比例由 59.7%下降到 2005 年的 40%，但同时流域经济社会发展对水环境的压力也持续增大，污染治理效果不明显。

"十一五"期间，国家和流域地方加大治理力度，并启动实施水专项强化了科技支撑，这是辽河治理提速的阶段，辽河流域由重度污染变为中度污染，水质优良比例上升到 43.2%，劣Ⅴ类比例下降到 24.3%。辽宁省在 2008 年提出了辽河治理的新目标，可以归结为"333"的治理策略，即三年消除劣Ⅴ类、"三铁精神"（铁的决心、铁的手腕、铁石心肠）和三大工程。三大工程之一是以造纸行业为重点的工业源治理工程，辽宁省对 417 家造纸企业进行了停产整顿，彻底关闭了近 300 家，减排工业污染物总量达到 40%。三大工程之二是开展了以污水处理厂建设和运行为重点的生活源治理工程，兴建了 99 座污水处理厂，实现县县都有污水处理厂，新增日处理能力 315 万 t。同时，辽宁省还有一项重要的举措，就是将污水处理厂纳入环保系统管理，建立了污水处理厂管理中心，这对保障污水处理厂的运行发挥了非常重要的作用，是管理体制机制的创新。三大工程之三是以河流功能恢复为重点的生态治理工程。随着"十一五"三大工程的实施，2009 年流域水污染治理效果就得以迅速显现，辽河干流 26 个断面首次全面消除 COD 劣Ⅴ类，2010 年底流域 43 条主要支流 COD 达到了Ⅴ类水质标准。

"十二五"之初辽宁省提出了"摘掉重污染流域帽子"的目标，实施了治理"三大战役"，经过国家和地方的集中投入，2013 年水质优良比例创历史新高，达到 45.5%，劣Ⅴ类比例下降到 5.4%，实现辽河干流阶段性目标"摘掉重污染流域帽子"。"十二五"期间辽河治理实施 197 个项目，总投资 33.75 亿元；大浑太（大辽河、浑河、太子河）治理实施 130 个项目，总投资 33.49 亿元；凌河治理实施 106 个项目，总投资 14.47 亿元。2012 年底按照国家多个部委的联合考核，以及地表水 21 项水质指标考核，2012 年 8～12 月流域内 36 个干流断面稳定达到或好于Ⅳ类水质，54 条主要支流达到或好于Ⅴ类水质。

"十三五"期间，随着国家"水十条"的实施，辽河流域各省（自治区）委、省（自治区）政府以及松辽流域生态环境监督管理局强化政治责任，坚持绿色发展理念，深入践行习近平生态文明思想，全力推进碧水保卫战，协同推进松辽流域生态文明建设取得阶段性成就，生态文明理念深入人心，水污染防治攻坚战进展顺利，生态文明建设顶层设计和制度体系基本形成，全社会生态环境保护意识显著提升。总体来看，辽河流域"十三五"生态环境主要目标指标基本完成，水环境质量明显改善。截至 2020 年，辽河流域 117 个国控断面（实际参评 113 个）中，水质达到或优于Ⅲ类的比例为 73.5%，较 2015 年提高了 29.7%；无劣Ⅴ类断面，较 2015 年下降了 11.5%。主要城市饮用水水源地水质基本稳定达到Ⅲ类标准。城市建成区黑臭水体基本消除。流域内湿地面积增加，部分当地鱼类、水生植物复现。

10.1.2　辽河水环境现状

2020 年，辽河流域地表水总体水质为轻度污染。在 92 条河流、9 座湖库上共布设国控断面 209 个，达到或优于Ⅲ类的断面占 75.0%，劣Ⅴ类断面占 0.5%，主要污染指标为化学需氧量、高锰酸盐指数和五日生化需氧量。92 条河流 195 个监测断面中，5 个断面断流未参评。在参评的 190 个断面中，达到或优于Ⅲ类的断面占 73.2%，劣Ⅴ类断面占 0.5%，主要污染指标为化学需氧量、高锰酸盐指数和五日生化需氧量。干流（含独流入海河流干流）总体水质为轻度污染，达到或优于Ⅲ类的断面比例为 72.5%，无劣Ⅴ类水质断面，干流主要污染指标为化学需氧量、高锰酸盐指数和五日生化需氧量；支流总体水质为轻度污染，达到或优于Ⅲ类的断面比例为 69.2%，老哈河支流英金河的小南荒断面为劣Ⅴ类断面，支流主要污染指标为化学需氧量、高锰酸盐指数和五日生化需氧量。9 座水库，14 个监测断面（点位），总体水质为优，达到或优于Ⅲ类的断面占 100.0%，无劣Ⅴ类断面。

辽河流域水资源匮乏，近五年平均水资源总量 376.2 亿 m³，其中地表水资源量 289.1 亿 m³，地下水资源量 179.2 m³，地下水资源与地表水资源不重复量 87.1 亿 m³。近五年平均人均水资源量 668 亿 m³，约为全国人均水平的 30%。辽河流域地表水资源空间分布不均，"东南多西北少"。水资源年内变化幅度大，70%～80%的径流量集中在汛期。

辽河流域水生态健康状况总体较差。按照水生态综合评价，较好及轻度污染的区域占 93.33%，中度污染占 6.67%。藻类生物完整性评价结果：西辽河为"一般"，东辽河为"较好"。西辽河源头支流和下游部分干流区域生态完整性较好；东辽河上游和下游部分区域生境质量一般，河流中段生境质量较好。浑河、太子河生态整体状况优于西辽河，低于东辽河。

10.1.3　辽河流域水环境治理的瓶颈问题

1. 部分水体水环境改善成效不稳固

依据辽河流域水污染的历史资料和现状调查数据，研究分析了流域水环境质量演变规律，从影响水环境质量演变的自然因素和人为因素两方面分析了水环境质量变化的驱动力。其中，在自然驱动力方面，降水状况和气温是主要限制因子；在人为驱动力方面，工业污染为主要因子。

在人为驱动力方面存在不达标或不稳定达标的饮用水水源地。部分国控断面水质不达标或不稳定达标。老哈河东山湾大桥断面、乌尔吉沐沦河断面、寇河松树水文站断面年度水质不达标，细河于台、北沙河河洪桥等 69 个断面水质不稳定达标，存在劣 V 类水体。2020 年，仅英金河的小南荒断面水质为劣 V 类，但各水系干支流均存在部分河段个别月份水质劣 V 类情况。黑臭水体成果还需巩固。丹东、营口、辽源已治理完成的黑臭水体还需进一步巩固，沈阳市、锦州市部分区县所属农村黑臭水体仍需重点治理，氮、磷等污染问题依然较为严重。

2. 工业污染问题依然存在

工业污染排放主要来自黑色金属冶炼和压延加工业、石油煤炭及其他燃料加工业、化学原料和化学制品制造业、农副食品加工业、汽车制造业、纺织业、电力热力生产和供应业、医药制造业、酒饮料和精制茶制造业、金属制品业、有色金属冶炼和压延加工业等行业，污染物排放量占 80% 以上，且企业偷排、超标排放现象时有发生。辽宁省沈阳市、鞍山市、抚顺市、丹东市、营口市、阜新市、辽阳市、盘锦市、铁岭市，内蒙古自治区赤峰市、通辽市工业集聚区污水集中处理设施、污水再生利用设施、配套管网及接入城镇污水处理厂等方面仍不完善。

3. 生态流量保障程度不高

辽河流域水资源开发利用程度高，水资源严重短缺。而水体污染将造成严重的水质型缺水，进一步加剧了水资源供需矛盾。由于很多工业行业（如食品、纺织、造纸、电镀等）需要利用水作为原料或直接参加产品的加工过程，水质的恶化将直接影响产品质量，提高水处理成本。工业冷却水的用量最大，水质恶化也会造成冷却水循环系统的堵塞、腐蚀和结垢问题，水硬度的增高还会影响锅炉和换热器的寿命和安全。资源型、水质型水资源短缺严重影响了城镇居民生活和工农业生产，制约了区域经济发展。

部分河流生态流量不足，部分河段断流。辽河流域水资源相对比较匮乏且时空分布不均，部分河流长时间断流或部分月份部分河段断流，主要分布在西辽河干流及部分支流、东辽河部分支流、辽河干流部分支流、部分独流入海河流、鸭绿江上游部分支流。西辽河部分河段、老哈河部分河段、教来河、秀水河部分河段、二道沟河、五里河、百股河常年断流，东辽河部分河段、柳河、绕阳河、小柳河、条子河、柳壕河、复州河、细河、十二德堡河等 30 条河流局部河段部分时段断流。

4. 部分区域水生态受损较严重

辽河流域多数河段人为干扰严重、人工化现象较为突出，导致水体污染严重，河流生态自净能力退化明显。具体表现在以下方面：第一，辽河属北方缺水型河流，流域内大部分区域为农业生产区，干支流的水利用率较高，造成河流污径比较大。第二，辽河流域人类活动密集，多数河段人工化现象严重，河岸带植被覆盖程度低，导致外源污染物在缺少河岸缓冲截留条件下直接入河，加剧水体污染程度。第三，河道采砂活动泛滥，河道内水生维管束植物数量相比 20 世纪 80 年代数量急剧减少，代以水绵等污水型水生植物为主，水体净化能力退化。

近半个世纪以来，辽河流域水生生物多样性锐减。鸭绿江、浑江花羔红点鲑、细鳞、哲罗鲑、虹鳟等珍稀特有鱼类资源量减少或濒危，渔获物小型化、低龄化明显。哨子河的斑鳜、唇䱁等当地鱼基本消失。大伙房水库等大型湖泊浮游动物、浮游植物量呈下降趋势，底栖生物以耐低氧生物种类为主。

10.2　辽河流域治理推荐技术和实施策略

10.2.1　辽河流域污染控制技术重点和实施策略

"十四五"期间重点发展污染控制及水环境质量改善的结构减排、技术减排、管理减排控制技术；2025 年之后重点发展有毒有害污染物全程控制技术、农业面源综合治理技术，并大力推进技术的设备化产业化、截污管网城乡一体化，产业结构调整集群化发展，创建生态工业园区，在流域层面进行技术推广与应用。

1. 增加城镇污水处理能力，提高污水管网覆盖率

单元内污水收集处理设施相对落后，污水处理能力不足，截污管网建设相对滞后，覆盖率低，存在管网渗漏等问题，且污水处理厂执行二级排放标准，出水标准低，大量的城镇生活污水直排造成地表水污染严重。"十四五"期间，应加强单元内城镇污水处理能力建设，新建和改造配套截污管网，提高城镇污水管网覆盖率、收集率，提高城市污水集中处理率，提高污水处理厂出水水质要求。

2. 适当调整产业结构，加强工业点源污染防治

单元产业发展以食品加工业、造纸等行业为重点，"十四五"期间应加强对重点工业点源的清洁生产与污染治理。按照国家产业结构调整，淘汰造纸等重点行业落后生产能力要求，合理调整农副产品加工产业链条。

3. 开展畜禽养殖和农业面源污染治理

梨树县、辽源市等地以畜禽养殖业为主，公主岭市是国家大型商品粮基地。畜禽养殖业发展迅速、但规模化程度低，集中污染治理设施落后，农村面源污染负荷大，随径流汇入河道内对水质影响较大。"十四五"期间，重点开展水土流失综合治理，加强规模化畜禽养殖粪便综合治理与管理，增加畜禽养殖规模化程度，开展生态农业建设。

4. 开展流域污染综合治理

加强生态沿岸生态恢复和涵养林建设。重点加强招苏台河源头涵养林建设，包括河岸营造护堤护岸林、水源涵养林、水土保持林等。结合生态镇、生态村建设，加强农村生活污染、规模化畜禽养殖等农村面源污染治理。建立农村生活污水收集处理系统，逐步完善生活垃圾收集处理系统。加强对河流水质有较大影响的重点村屯进行综合治理。重点对条子河、招苏台河沿岸村屯的生活污水、生活垃圾及畜禽养殖污染进行综合治理。

5. 加强水库水源地污染防治

加强水源地面源控制，开展水库水源涵养林及库区生态环境保护与建设，实施库区及其周围退耕还林（草）和水土保持生态建设工程。建设生态隔离缓冲带，推行生态农业等措施；加强分散畜禽养殖的管理，严格限制饮用水源地等环境敏感区域的畜禽养殖和水产养殖，对敏感区内的污染源进行关闭和迁移，并加强日常监测和执法检查。

10.2.2 辽河流域管理技术

优化辽河流域产业结构和布局，促进经济增长方式转变，从源头预防环境污染和生态破坏，促进经济、社会和环境的全面协调可持续发展。管理减排是各种减排措施的总抓手，可以促进工程减排和结构减排的顺利实现；而管理减排的作用，也通过工程减排和结构减排表现出来。对辽河流域而言，环境管理减排的首要任务就是促进工业发展模式的转变，提高资源能源利用效率，控制污染规模和污染物排放总量。因此应从源头管理减排、过程管理减排和末端管理减排出发，为环境与经济的协调发展提供保障。

以改善河流水质、提高河流生态系统功能、逐步建设健康河流为目标，遵循科学性、目的性、重点性、针对性、可行性和综合性原则，构建基于河岸带结构稳定性、功能完整性和自我调节能力的健康河岸带评价指标体系与评价标准。通过"专职专责与群防群护相结合"，管理局与公安局联动和省（自治区、直辖市）、市（自治州、盟）、县（自治县、市）三级联动，实施辽河流域排污权交易管理、生态补偿管理，制定保护区巡查巡护综合执法调度会等涉及依法行政的相关制度，并将河道所改造升级成为巡护站进行经常性巡查，为辽河水生态的科学、有序、集中管理提供机制保障。

10.2.3 辽河流域水生态修复技术推荐

在河流生态修复方面加强河流沿岸生态恢复和涵养林建设，开展生态系统修复、城市段景观化建设。通过重要支流河口人工湿地构建、坑塘湿地群建设与恢复，以及牛轭湖、库型湿地、干流河岸区湿地生态恢复等工程建设，重点恢复双台子自然湿地保护区的生态完整性，维持生态平衡，保护生物多样性和珍稀物种资源。盘锦城市段以景观化建设为重点，建设生态城市。

10.3 辽河流域污染治理与生态修复路线图

辽河流域污染治理技术路线图主导思想即针对辽河流域水环境问题，通过"陆域污染削减、河道综合整治、水域质量考核"实现水陆兼顾。不同时期分别采取不同的治理对策，有计划、有重点地推进水污染治理工作，将以往只重视直接排入干流水体污染源治理向干支流并重转变，重点突出城市重污染支流综合整治。同时，做好"源头区、河口区和跨界区"等重点区域的水污染综合防治工作，源头区和河口区重在保护和预防，跨界区重在治理与统筹。

污染防治点、面兼顾，点源以工业污染防治和城镇污水治理为主，面源以畜禽养殖污染防治、饮用水源和湿地保护为主。加强污染源风险分类、分级与综合识别，提高重点水域风险防控水平。推动河口控制区的污水处理厂建设和再生水利用，开展河口区的点源、非点源综合治理。同时，以河岸区湿地生态恢复为重点，建设人工湿地群，恢复双台子自然湿地保护区生态完整性，实现河海统筹，保护近岸海域环境生态。"十四五"期间，辽河流域应突破流域常规污染负荷持续削减、营养物大幅削减,以及特征污染物有效削减技术,试点应用流域非点源污染控制、湿地生态系统恢复重建与河流生态修复的技术,中长期广泛应用河流水生态修复技术,持续提升辽河水环境质量,以构建流域经济社会发展与水环境协调的河流水生态系统。

辽河流域污染治理与生态修复技术路线图详见图 10-1。

国家战略		生态环境持续改善	生态环境全面改善	生态环境根本好转
科学问题	河流水生态完整性恢复	化学完整性恢复	物理完整性恢复	生物完整性恢复
		水污染控制 耗氧型污染物控制 营养型污染物控制 毒害有害污染控制	水资源保障 水系连通 生态基流保障	水生态恢复 指示种出现 多样性恢复
分阶段治理目标	水环境			
	地表水优Ⅲ类占比	78%以上	83%以上	88%以上
	地表水劣Ⅴ类占比	国控断面全面消劣	重要支流全面消劣	地表水体全面消劣
	水资源			
	达到生态流量要求河湖数量	25个以上	主要河流干支流得到保障	全面保障生态流量
	恢复有水河湖数量	15个以上	全面恢复断流河段	全面保障天然河流全年不断流
	水生态			
	缓冲带修复长度	1800km以上	2000km以上	3000km以上
	湿地建设(恢复)面积	100km²以上	150km²以上	300km²以上
	重现土著物种水体	15个以上	30个以上	100个以上
对策措施	水环境	优化调整产业结构布局,严格管控重点行业污染排放;实施入河排污口排查整治,持续推进城镇、农村、工业污染治理	构建完善的流域源排放管控体系;实施排污口规范化管控和零排放管控	全面建成流域水生态环境综合管控体系
	水资源	转变高耗水方式;加强生态流量监管;强化重要河湖水资源配置与调度	全力加强河流生态流量配置与调度,形成水系连通格局;完善区域再生水循环利用体系	全面保障天然河流生态流量;全面推进节水型社会建设
	水生态	严格"三线一单",加强湿地建设和河流缓冲带修复;实施重点干支流河道生态修复工程	全面实施河流源头区水源涵养保护和河湖保护修复工程;推进水生生物完整性恢复	全面实施水生态保护工程;全面建设生态湿地和完善河流缓冲带;全面构建美丽河湖体系;全面推进河流生态系统完整性恢复
技术路径	水环境	种植业氮磷污染控制技术 农村生活污水资源化技术 水产(淡水)养殖污染控制技术 难降解工业废水生物处理技术 工业全过程控制技术	城镇污水处理新兴技术 污染物源头削减技术 废水零排放技术	管网运维管理与诊断评估技术
	水资源	工农业节水技术 生态流量监管技术	水资源高效配置技术 水系连通技术 再生水循环利用技术	生态基流保障技术 水资源高效利用技术
	水生态	河岸栖息地修复技术 河岸带污染拦截削减技术	水生态管理监测技术 河道生境修复技术	水生态系统健康维持技术 生物群落构建技术 生态完整性恢复技术
预期效果		有河有水,有鱼有草	生态完整性整体提高	清水绿岸,鱼翔浅底
时间轴		2025年	2030年	2035年

图 10-1 辽河流域污染治理与生态修复技术路线图

第 11 章　辽河流域河流污染治理
与生态修复分类指导方案

11.1　辽河流域河流分类

11.1.1　水体污染类型分析

　　基于辽河流域三级分区（即控制单元）结果，全流域共有 106 个分类单元。结合国控断面监测数据收集情况，其中有 4 个控制单元缺少水质监测数据（图 11-1），将不参与河流分类的后续分类（表 11-1），对其余 102 个分类单元进一步开展分类。

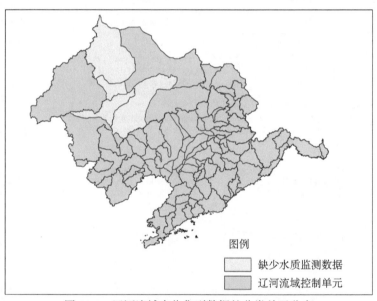

图 11-1　辽河流域未收集到数据的分类单元分布

表 11-1　辽河流域各省区未收集到数据的分类单元统计

省区	控制单元名称	数量/个
内蒙古	老哈河赤峰市大兴南控制单元、乌力吉木仁河赤峰市控制单元、西拉木伦河赤峰市大兴北控制单元、西辽河通辽市孔家控制单元	4
	合计	4

　　以各分类单元 2020 年水质管理目标参比，基于 2019 年水质监测结果分析发现，辽河

流域 102 个分类单元中共有 84 个水质达标，仅需维持水质不变差；另有 18 个分类单元水质等级不达标，需要投入污染治理技术（表 11-2）。

表 11-2　辽河流域各省区水质达标分类单元统计

项目	辽宁	吉林	内蒙古	河北	合计
水质达标分类单元	72	8	3	1	84
水质不达标分类单元	14	3	1	0	18

辽河流域 18 个水质不达标的分类单元中，有 8 个单元水体表现出耗氧型污染，主要超标污染物为 COD、高锰酸盐指数或 BOD_5，且主要分布于辽宁；仅有 1 个分类单元表现出营养型污染，超标污染物为总磷和氨氮；有 8 个分类单元为混合型污染，超标污染物包括 COD、高锰酸盐指数、BOD_5、总磷和氨氮，多数分布于辽宁。此外，另有 1 个分类单元为其他污染类型，超标污染物为氟化物（表 11-3）。从行政区角度来看，水质超标的分类单元主要集中于辽宁，合计 14 个。吉林和内蒙古分别有 3 个和 1 个。

表 11-3　辽河流域水质不达标的分类单元统计

省区	耗氧型污染 分类单元数量	营养型污染 分类单元数量	混合型污染 分类单元数量	其他污染类型 分类单元数量
辽宁	6	0	7	1
吉林	1	1	1	0
内蒙古	1	0	0	0
合计	8	1	8	1

11.1.2　水生态系统受损分析

基于水专项课题辽河流域水生态系统健康评价结果，分析发现辽河流域水生态处于健康状况的分类单元有 20 个，包括辽宁 17 个、吉林 3 个；水生态受损的分类单元有 82 个，包括辽宁 68 个、吉林 9 个、内蒙古 5 个，见表 11-4。

表 11-4　辽河流域各省区水生态健康/受损的分类单元统计

项目	辽宁	吉林	内蒙古	合计
水生态健康分类单元	17	3	0	20
水生态受损分类单元	68	9	5	82

11.1.3　河流分类结果

1. 水质达标生态保育型

参照各分类单元 2020 年水质管理目标，基于 2019 年水质监测结果分析发现，辽河流域 102 个分类单元中共有 17 个水质达标且水生态处于健康状况的分类单元（图 11-2 和表 11-5）。

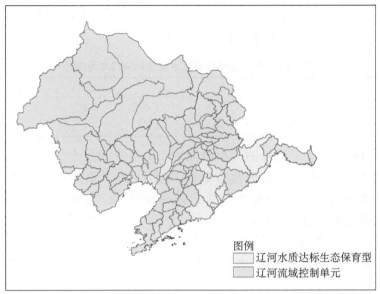

图 11-2　辽河流域水质达标生态保育型单元分布

表 11-5　辽河流域水质达标生态保育型单元统计

单元编号	分类单元	断面名称	2019 年水质类别	2020 年水质目标	水生态评价结果
AA′-1	太子河本溪市老官砬子控制单元	老官砬子	Ⅱ	Ⅱ	健康
AA′-2	太子河本溪市兴安控制单元	兴安		Ⅳ	健康
AA′-3	南太子河本溪市控制单元	南太子河入库口	Ⅰ	Ⅲ	健康
AA′-4	浑江本溪市控制单元	凤鸣电站	Ⅱ	Ⅲ	健康
AA′-5	大洋河丹东市控制单元	大洋河桥		Ⅳ	健康
AA′-6	爱河丹东市控制单元	爱河大桥	Ⅱ	Ⅱ	健康
AA′-7	鸭绿江丹东市荒沟控制单元	荒沟	Ⅰ	Ⅱ	健康
AA′-8	鸭绿江丹东市厦子沟控制单元	厦子沟	Ⅱ	Ⅱ	健康
AA′-9	鸭绿江丹东市江桥控制单元	江桥	Ⅱ	Ⅱ	健康
AA′-10	鸭绿江丹东市文安控制单元	文安	Ⅱ	Ⅱ	健康
AA′-11	蒲石河丹东市控制单元	蒲石河大桥	Ⅰ	Ⅱ	健康
AA′-12	辽河盘锦市赵圈河控制单元	赵圈河	Ⅳ	Ⅳ	健康
AA′-13	辽河鞍山市控制单元	盘锦兴安	Ⅳ	Ⅳ	健康
AA′-14	大辽河鞍山市控制单元	三岔河	Ⅴ	Ⅴ	健康
AA′-15	浑江通化市控制单元	民主		Ⅲ	健康
AA′-16	鸭绿江白山市云峰控制单元	云峰	Ⅱ	Ⅱ	健康
AA′-17	鸭绿江通化市控制单元	老虎哨	Ⅱ	Ⅱ	健康

2. 水质达标生态改善型

辽河流域水质达到 2020 年考核目标而水生态健康受损的分类单元包括 67 个（图 11-3），具体信息见表 11-6。

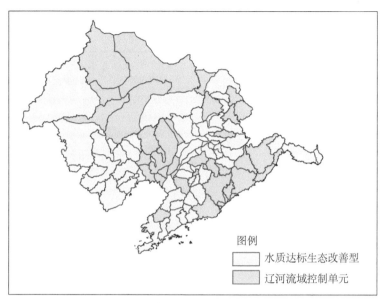

图 11-3　辽河流域水质达标生态改善型单元分布

表 11-6　辽河流域水质达标生态改善型单元统计

单元编号	分类单元	断面名称	2019 年水质类别	2020 年水质目标	水生态评价结果
AB′-1	哨子河鞍山市控制单元	关门山大桥		Ⅲ	受损
AB′-2	大洋河鞍山市控制单元	口子街	Ⅱ	Ⅲ	受损
AB′-3	太子河鞍山市小姐庙控制单元	小姐庙		Ⅴ	受损
AB′-4	太子河鞍山市刘家台控制单元	刘家台		Ⅴ	受损
AB′-5	大凌河西支朝阳市控制单元	大凌河西支入河口		Ⅲ	受损
AB′-6	老虎山河赤峰市控制单元	老虎山河大桥	Ⅱ	Ⅱ	受损
AB′-7	老虎山河朝阳市控制单元	李家湾大桥	Ⅱ	Ⅲ	受损
AB′-8	大凌河朝阳市南大桥控制单元	南大桥	Ⅱ	Ⅲ	受损
AB′-9	大凌河朝阳市章吉营控制单元	章吉营	Ⅲ	Ⅳ	受损
AB′-10	牤牛河朝阳市控制单元	牤牛河大桥	Ⅱ	Ⅲ	受损
AB′-11	柳河沈阳市-阜新市控制单元	柳河桥	Ⅳ	Ⅳ	受损
AB′-12	辽河沈阳市红庙子控制单元	红庙子	Ⅳ	Ⅳ	受损
AB′-13	辽河沈阳市马虎山大桥控制单元	马虎山	Ⅳ	Ⅳ	受损
AB′-14	辽河沈阳市巨流河大桥控制单元	巨流河大桥			受损
AB′-15	拉马河沈阳市控制单元	拉马桥	Ⅳ	Ⅳ	受损
AB′-16	浑河抚顺市东陵大桥控制单元	东陵大桥			受损
AB′-17	浑河沈阳市控制单元	砂山		Ⅳ	受损
AB′-18	浑河沈阳市于家房控制单元	于家房	Ⅴ	Ⅴ	受损
AB′-19	蒲河沈阳市蒲河沿控制单元	蒲河沿	Ⅴ	Ⅴ	受损
AB′-20	蒲河沈阳市兴国桥控制单元	兴国桥		Ⅳ	受损
AB′-21	碧流河大连市控制单元	城子坦	Ⅱ	Ⅲ	受损
AB′-22	复州河大连市三台子控制单元	三台子	Ⅲ	Ⅲ	受损

单元编号	分类单元	断面名称	2019年水质类别	2020年水质目标	水生态评价结果
AB'-23	英那河大连市万泰控制单元	万泰	II	II	受损
AB'-24	英那河大连市英那河入海口控制单元	英那河入海口	III	III	受损
AB'-25	庄河大连市控制单元	小于屯		IV	受损
AB'-26	大沙河大连市控制单元	麦家	III	III	受损
AB'-27	太子河本溪市北太子河入观音阁水库口控制单元	北太子河入观音阁水库口	II	III	受损
AB'-28	浑河抚顺市控制单元	大伙房水库	II	II	受损
AB'-29	浑河抚顺市阿及堡控制单元	阿及堡	II	II	受损
AB'-30	浑河抚顺市戈布桥控制单元	戈布桥		IV	受损
AB'-31	社河抚顺市控制单元	台沟	II	II	受损
AB'-32	苏子河抚顺市控制单元	古楼	II	II	受损
AB'-33	浑河清原段抚顺市控制单元	北杂木	II	II	受损
AB'-34	女儿河葫芦岛市控制单元	卧佛寺		III	受损
AB'-35	六股河葫芦岛市控制单元	孤家子	II	II	受损
AB'-36	兴城河葫芦岛市控制单元	红石碑入海前		IV	受损
AB'-37	大凌河葫芦岛市控制单元	王家窝棚		III	受损
AB'-38	女儿河锦州市控制单元	女儿河入河口	IV	IV	受损
AB'-39	小凌河锦州市何家信子控制单元	何家信子	II	III	受损
AB'-40	小凌河锦州市西树林控制单元	西树林	IV	IV	受损
AB'-41	沙子河锦州市控制单元	沟帮子镇	IV	IV	受损
AB'-42	大凌河朝阳市王家沟控制单元	王家沟	II	III	受损
AB'-43	下达河辽阳市控制单元	下达河入汤河水库口	II	III	受损
AB'-44	二道河辽阳市控制单元	二道河水库口	I	III	受损
AB'-45	太子河辽阳市蔻窝坝下控制单元	蔻窝坝下		IV	受损
AB'-46	太子河辽阳市下口子控制单元	下口子		IV	受损
AB'-47	太子河辽阳市下王家控制单元	下王家		IV	受损
AB'-48	辽河铁岭市控制单元	珠尔山	IV	IV	受损
AB'-49	辽河沈阳市三合屯控制单元	三合屯		IV	受损
AB'-50	凡河铁岭市控制单元	凡河一号桥	III	III	受损
AB'-51	柴河铁岭市东大桥控制单元	东大桥		III	受损
AB'-52	亮子河铁岭市控制单元	亮子河入河口	V	V	受损
AB'-53	清河铁岭市清辽控制单元	清辽	IV	IV	受损
AB'-54	清河铁岭市清河水库入库口控制单元	清河水库入库口	II	III	受损
AB'-55	碧流河营口市控制单元	茧场	II	II	受损
AB'-56	大清河营口市控制单元	大清河口		V	受损
AB'-57	大辽河营口市控制单元	辽河公园	IV	IV	受损
AB'-58	浑江白山市控制单元	大阳岔	II	III	受损
AB'-59	鸭绿江白山市鸠谷控制单元	鸠谷	II	II	受损
AB'-60	鸭绿江白山市葫芦套控制单元	葫芦套	II	II	受损
AB'-61	东辽河四平市四双大桥控制单元	四双大桥	IV	IV	受损

续表

单元编号	分类单元	断面名称	2019 年水质类别	2020 年水质目标	水生态评价结果
AB'-62	条子河四平市控制单元	林家	V	NH₃-N≤6 mg/L V 类	受损
AB'-63	招苏台河四平市控制单元	六家子		V	受损
AB'-64	老哈河承德市控制单元	甸子		III	受损
AB'-65	老哈河赤峰市东山湾大桥控制单元	东山湾大桥		III	受损
AB'-66	西拉木伦河赤峰市海日苏控制单元	海日苏	IV	IV	受损
AB'-67	西辽河通辽市二道河子控制单元	二道河子	IV	IV	受损

3. 水质提升生态保育型

参照分类单元 2020 年水质管理目标，基于 2019 年 NH_3-N 水质监测结果，辽河流域 102 个控制单元中共有 3 个水质不达标且生态健康的分类单元（图 11-4），具体信息见表 11-7。

图 11-4　辽河流域水质提升生态保育型单元分布

表 11-7　辽河流域水质提升生态保育型单元统计

单元编号	分类单元	断面名称	2019 年水质类别	2020 年水质目标	超标因子	水生态评价
BA'-1	海城河鞍山市控制单元	牛庄	劣 V	IV	NH_3-N（2.9）、COD（0.5）、BOD_5（0.2）、COD_{Mn}（0.08）	健康
BA'-2	辽河盘锦市曙光大桥控制单元	曙光大桥	V	IV	COD（0.8）、COD_{Mn}（0.4）、BOD_5（0.3）	健康
BA'-3	盘锦市控制单元	胜利塘	劣 V	IV	NH_3-N（1.2）、BOD_5（1.0）、COD（0.5）、TP（0.3）、COD_{Mn}（0.2）	健康

水质提升生态保育型单元中包括两种亚型：第一种是混合型污染控制单元，即海城河鞍山市控制单元、盘锦市控制单元；第二种是耗氧型污染控制单元，即辽河盘锦市曙光大桥控制单元。

4. 水质提升生态改善型单元

参照控制单元 2020 年水质管理目标，基于 2019 年水质监测结果，辽河流域共有 15 个水质不达标且生态受损的分类单元（图 11-5 和表 11-8）。

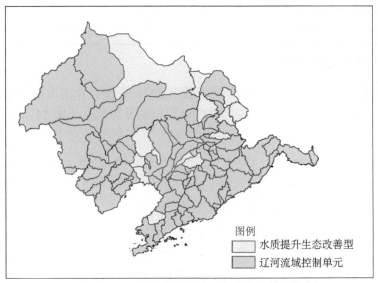

图 11-5　辽河流域水质提升生态改善型单元分布

表 11-8　辽河流域水质提升生态改善型单元统计

单元编号	分类单元	断面名称	2019 年水质类别	2020 年水质目标	超标因子	水生态评价
BB′-1	浑河沈阳市于家房控制单元	于台	劣 V	氨氮 ≤5 mg/L, 为 V 类	NH_3-N（3.2）、TP（1.7）、石油类（0.8）、COD（0.4）、BOD_5（0.3）、COD_{Mn}（0.2）	受损
BB′-2	复州河大连市复州湾大桥控制单元	复州湾大桥		III	COD_{Mn}（0.1）	
BB′-3	庞家河锦州市控制单元	柳家桥	劣 V	IV	TP（2.6）、NH_3-N（0.2）、BOD_5（0.1）、COD（0.08）	受损
BB′-4	西细河阜新市控制单元	高台子	劣 V	V	TP（1.6）、COD（0.3）、COD_{Mn}（0.2）、氟化物（0.1）、BOD_5（0.02）	
BB′-5	大凌河锦州市西八千控制单元	西八千	V	IV	COD（0.7）、BOD_5（0.05）、COD_{Mn}（0.03）	
BB′-6	大凌河锦州市张家堡控制单元	张家堡		III	氟化物（0.02）	受损
BB′-7	汤河辽阳市汤河桥控制单元	汤河桥		III	NH_3-N（0.2）	

续表

单元编号	分类单元	断面名称	2019年水质类别	2020年水质目标	超标因子	水生态评价
BB′-8	北沙河辽阳市控制单元	河洪桥	劣V	V	NH₃-N（3.4）、TP（1.4）、COD（0.5）、BOD₅（0.2）、COD$_{Mn}$（0.03）	受损
BB′-9	柴河铁岭市柴河水库入库口控制单元	柴河水库入库口		III	COD（0.1）	受损
BB′-10	寇河铁岭市控制单元	松树水文站		III	COD$_{Mn}$（0.05）	受损
BB′-11	招苏台河铁岭市控制单元	通江口	劣V	V	TP（1.2）、NH₃-N（0.9）、BOD₅（0.3）、COD（0.3）	受损
BB′-12	东辽河辽源市控制单元	河清	劣V	V	NH₃-N（1.3）、BOD₅（0.4）、COD（0.3）、TP（0.1）、COD$_{Mn}$（0.05）	受损
BB′-13	西辽河通辽市西辽河大桥控制单元	西辽河大桥	劣V	IV	氟化物（0.5）、COD（0.6）、BOD₅（0.4）、COD$_{Mn}$（0.4）	受损
BB′-14	东辽河四平市城子上控制单元	城子上	V	IV	NH₃-N（0.5）、TP（0.06）	受损
BB′-15	西辽河四平市控制单元	金宝屯	V	IV	COD（0.5）、COD$_{Mn}$（0.4）、氟化物（0.4）、BOD₅（0.1）	受损

辽河流域15个水质提升生态改善型单元分为四种亚型，包括营养污染型1个（东辽河四平市城子上控制单元）；耗氧污染型7个（复州河大连市复州湾大桥控制单元、大凌河锦州市西八千控制单元、汤河辽阳市汤河桥控制单元、柴河铁岭市柴河水库入库口控制单元、寇河铁岭市控制单元、西辽河通辽市西辽河大桥控制单元、西辽河四平市控制单元）；混合污染型6个（浑河沈阳市于家房控制单元、庞家河锦州市控制单元、西细河阜新市控制单元、北沙河辽阳市控制单元、招苏台河铁岭市控制单元、东辽河辽源市控制单元）；其他污染型1个，即大凌河锦州市张家堡控制单元（图11-6）。

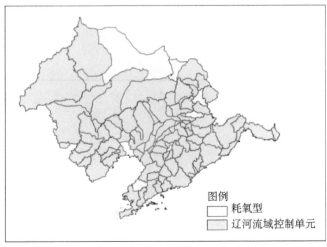

(a) 耗氧型

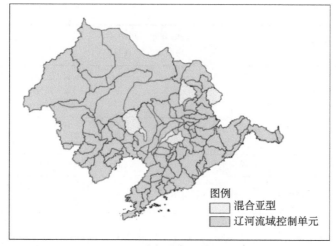

（b）混合亚型

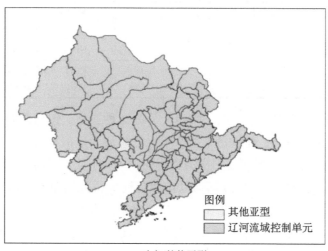

（c）其他亚型

（d）营养亚型

图 11-6　辽河流域水质提升生态改善型单元的亚型分布

通过以上对辽河流域水质及生态的分析与汇总，最终形成辽河流域总体类型图，即辽河流域内各污染类型以及污染亚型分布情况（图 11-7）。

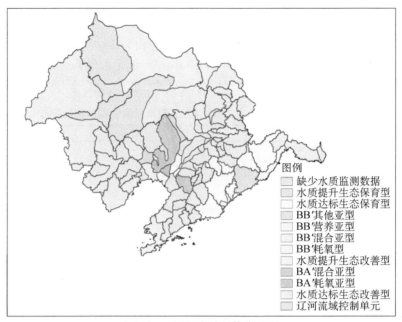

图 11-7 辽河流域总体类型图

11.2 水质达标生态保育（AA′）型单元指导方案

辽河流域包含 17 个水质达标生态保育（AA′）型河流单元。该类型河流单元的水质国控考核断面均达标，且水生态系统处于健康状态。这些河流单元仅需保持现有管理水平与要求，保证水质等级不下降和水生态状况不退化，无需额外技术投入（表 11-9）。

表 11-9 水质达标生态保育（AA′）型单元特点与管理重点

序号	单元编号	水质评价	水生态评价	管理重点
方案 1	AA′-1～AA′-17	达标	健康	水质维持、水生态保护

11.3 水质达标生态改善（AB′）型单元指导方案

辽河流域包含 67 个水质达标生态改善（AB′）型河流单元。该类型单元的河流水质均达标，但水生态系统健康状况有所下降。由于水质达标不宜作为管理重点，因此结合未来管理内容从物理生境质量方面开展退化原因诊断，包括河道生态基流保障情况和河岸带质量退化情况。结合水生态评价指标、生态退化影响矩阵、生态流量保障率计算、河岸带开发率计算等分析，发现 AB′ 型单元水生态受损成因主要包括河岸带受损（AB′-a）、生态基流不满足（AB′-b）、生态基流不满足以及河岸带受损（AB′-c）、其他原因（AB′-d）四类。

11.3.1　问题成因诊断

　　水生态系统退化诊断分析发现该类型的主要环境问题包括生态基流不保障以及河岸带质量下降。其中，有 17 个分类单元由于河岸带受损进而导致水生态健康下降；有 13 个分类单元由于生态基流不满足进而引起水生态健康下降；有 25 个分类单元水生态健康下降是由河岸带受损及生态基流不满足造成；有 12 个分类单元水生态健康下降可能由其他原因造成，如水生生物的自然分布、种群规模自然变动、物种入侵等（表 11-10）。

表 11-10　水质达标生态改善（AB'）型单元的特点与管理重点

单元编号	水质评价	水生态评价	水生态问题诊断	管理重点
AB'-1	达标	受损	河岸带受损	
AB'-2	达标	受损	生态基流不满足	
AB'-3	达标	受损	河岸带受损	
AB'-4	达标	受损	河岸带受损	
AB'-5	达标	受损	生态基流不满足；河岸带受损	
AB'-6	达标	受损	生态基流不满足；河岸带受损	
AB'-7	达标	受损	生态基流不满足；河岸带受损	
AB'-8	达标	受损	生态基流不满足	
AB'-9	达标	受损	生态基流不满足	
AB'-10	达标	受损	生态基流不满足	
AB'-11	达标	受损	生态基流不满足	
AB'-12	达标	受损	生态基流不满足；河岸带受损	
AB'-13	达标	受损	生态基流不满足	
AB'-14	达标	受损	生态基流不满足；河岸带受损	
AB'-15	达标	受损	生态基流不满足	
AB'-16	达标	受损	—	
AB'-17	达标	受损		
AB'-18	达标	受损	河岸带受损	
AB'-19	达标	受损	—	水生态系统保护修复，具体
AB'-20	达标	受损	—	包括：①生态基流调控；
AB'-21	达标	受损	生态基流不满足；河岸带受损	②河岸带保护恢复
AB'-22	达标	受损	生态基流不满足	
AB'-23	达标	受损	生态基流不满足；河岸带受损	
AB'-24	达标	受损	生态基流不满足	
AB'-25	达标	受损	生态基流不满足；河岸带受损	
AB'-26	达标	受损	生态基流不满足；河岸带受损	
AB'-27	达标	受损	河岸带受损	
AB'-28	达标	受损	—	
AB'-29	达标	受损	河岸带受损	
AB'-30	达标	受损	—	
AB'-31	达标	受损	—	
AB'-32	达标	受损	河岸带受损	
AB'-33	达标	受损		
AB'-34	达标	受损	生态基流不满足	
AB'-35	达标	受损	生态基流不满足；河岸带受损	
AB'-36	达标	受损	生态基流不满足；河岸带受损	
AB'-37	达标	受损	生态基流不满足	
AB'-38	达标	受损	河岸带受损	
AB'-39	达标	受损	河岸带受损	

续表

单元编号	水质评价	水生态评价	水生态问题诊断	管理重点
AB′-40	达标	受损	—	
AB′-41	达标	受损	河岸带受损	
AB′-42	达标	受损	河岸带受损	
AB′-43	达标	受损	河岸带受损	
AB′-44	达标	受损	—	
AB′-45	达标	受损	—	
AB′-46	达标	受损	河岸带受损	
AB′-47	达标	受损	—	
AB′-48	达标	受损	生态基流不满足；河岸带受损	
AB′-49	达标	受损	生态基流不满足；河岸带受损	
AB′-50	达标	受损	生态基流不满足；河岸带受损	
AB′-51	达标	受损	生态基流不满足；河岸带受损	
AB′-52	达标	受损	生态基流不满足	水生态系统保护修复，具体
AB′-53	达标	受损	河岸带受损	包括：①生态基流调控；
AB′-54	达标	受损	生态基流不满足；河岸带受损	②河岸带保护恢复
AB′-55	达标	受损	生态基流不满足；河岸带受损	
AB′-56	达标	受损	生态基流不满足；河岸带受损	
AB′-57	达标	受损	生态基流不满足；河岸带受损	
AB′-58	达标	受损	河岸带受损	
AB′-59	达标	受损	河岸带受损	
AB′-60	达标	受损	河岸带受损	
AB′-61	达标	受损	生态基流不满足；河岸带受损	
AB′-62	达标	受损	生态基流不满足；河岸带受损	
AB′-63	达标	受损	生态基流不满足；河岸带受损	
AB′-64	达标	受损	生态基流不满足；河岸带受损	
AB′-65	达标	受损	生态基流不满足；河岸带受损	
AB′-66	达标	受损	生态基流不满足；河岸带受损	
AB′-67	达标	受损	生态基流不满足	

11.3.2　技术指导方案

针对水质达标生态改善（AB′）型单元诊断的问题，参照河岸带修复技术和生态基流调控技术优选评估结果，提出该类控制单元适用的技术指导方案，包括 16 个单元的河岸带修复+水生态系统修复方案、13 个单元的生态基流保障+水生态系统修复方案、26 个河岸带修复+生态基流保障+水生态系统修复方案、12 个单元的水生态修复技术方案（表 11-11）。

表 11-11　水质达标生态改善（AB′）型单元的技术指导方案

序号	单元编号	单元数量	管理内容	推荐应用技术类型
方案 1	AB′-1、AB′-3、AB′-4、AB′-18、AB′-27、AB′-29、AB′-32、AB′-38、AB′-39、AB′-41、AB′-42、AB′-43、AB′-46、AB′-58、AB′-59、AB′-60	16	河岸带修复管理	河岸带修复技术+生态系统修复技术
方案 2	AB′-2、AB′-8、AB′-9、AB′-10、AB′-11、AB′-13、AB′-15、AB′-22、AB′-24、AB′-34、AB′-37、AB′-52、AB′-67	13	生态基流调控	生态基流保障技术+生态系统修复技术

续表

序号	单元编号	单元数量	管理内容	推荐应用技术类型
方案 3	AB'-5、AB'-6、AB'-7、AB'-12、AB'-14、AB'-21、AB'-23、AB'-25、AB'-26、AB'-35、AB'-36、AB'-48、AB'-49、AB'-50、AB'-51、AB'-53、AB'-54、AB'-55、AB'-56、AB'-57、AB'-61、AB'-62、AB'-63、AB'-64、AB'-65、AB'-66	26	河岸带修复、生态基流调控	生态基流保障技术+河岸带修复技术+生态系统修复技术
方案 4	AB'-16、AB'-17、AB'-19、AB'-20、AB'-28、AB'-30、AB'-31、AB'-33、AB'-40、AB'-44、AB'-45、AB'-47	12	进一步开展退化诊断，进行水生态保护修复	生态系统修复技术

11.4 水质提升生态保育（BA′）型单元指导方案

水质提升生态保育（BA′）型单元的河流水质均不达标，但水生态健康状况评价良好。需要结合环境监测数据，从工业源、农业源、生活源和集中式污染排放源等方面进行贡献程度分析，以确定导致水质超标的主要污染来源。

11.4.1 问题成因诊断

3 个水质提升生态保育（BA′）型单元的水污染均表现为生活源污染问题，包括耗氧亚型和混合亚型（表 11-12）。

表 11-12 水质提升生态保育（BA′）型单元的问题诊断

单元编号	亚型	水质超标	水质问题诊断	水生态评价	管理重点
BA′-1	混合型	NH_3-N（2.9）、COD（0.5）、BOD_5（0.2）、COD_{Mn}（0.08）	生活源	健康	水环境污染生活源污染
BA′-2	耗氧型	COD（0.8）、COD_{Mn}（0.4）、BOD_5（0.3）	生活源	健康	
BA′-3	混合型	NH_3-N（1.2）、BOD_5（1.0）、COD（0.5）、COD_{Mn}（0.2）、TP（0.3）	生活源	健康	

11.4.2 技术指导方案

针对此类型单元，参照水污染治理技术优选评估结果，提出了该类型单元的一种技术指导方案，即生活源污染治理方案（表 11-13）。

表 11-13 水质提升生态保育（BA′）型单元的技术指导方案

序号	亚型	单元编号	单元数量	管理内容	推荐应用技术类型
方案 1	混合型	BA′-1、BA′-3	2	生活源	生活源污染治理技术
	耗氧型	BA′-2	1		

11.5 水质提升生态改善（BB′）型单元指导方案

11.5.1 问题成因诊断

15 个水质提升生态改善（BB′）型单元中，多数单元的水污染问题以生活源污染为主，1 个单元复合有工业源污染问题，1 个单元由于氟化物超标而未诊断出具体污染来源。水生态健康下降问题主要与生态基流不保障、河岸带质量受损或两者耦合问题有关（表 11-14）。

表 11-14　水质提升生态改善（BB′）型单元的问题诊断与管理重点

单元编号	亚型	水质超标因子	水质问题诊断	水生态问题诊断	管理重点
BB′-1	混合型	NH₃-N（3.2）、TP（1.7）、石油类（0.8）、COD（0.4）、BOD₅（0.3）、CODMn（0.2）	生活源、工业源	—	
BB′-2	耗氧型	CODMn（0.1）	生活源	河岸带受损、生态基流不满足	
BB′-3	混合型	TP（2.6）、NH₃-N（0.2）、BOD₅（0.1）、COD（0.08）	生活源	—	
BB′-4	混合型	TP（1.6）、COD（0.3）、CODMn（0.2）、氟化物（0.1）、BOD₅（0.02）	生活源	河岸带受损	
BB′-5	耗氧型	COD（0.7）、BOD₅（0.05）、CODMn（0.03）	生活源	河岸带受损	①水污染治理：主要是生活源、工业源治理。②水生态修复：主要是河岸带修复管理、生态基流调控管理
BB′-6	其他型	氟化物（0.02）	—	河岸带受损	
BB′-7	耗氧型	NH₃-N（0.2）	生活源	—	
BB′-8	混合型	NH₃-N（3.4）、TP（1.4）、COD（0.5）、BOD₅（0.2）、CODMn（0.03）	生活源	河岸带受损	
BB′-9	耗氧型	COD（0.1）	生活源	生态基流满足	
BB′-10	耗氧型	CODMn（0.05）	生活源	河岸带受损、生态基流不满足	
BB′-11	混合型	TP（1.2）、NH₃-N（0.9）、BOD₅（0.3）、COD（0.3）	生活源	河岸带受损、生态基流不满足	
BB′-12	混合型	NH₃-N（1.3）、BOD₅（0.4）、COD（0.3）、TP（0.1）、CODMn（0.05）	生活源	河岸带受损、生态基流不满足	
BB′-13	耗氧型	氟化物（0.5）、COD（0.6）、BOD₅（0.4）、CODMn（0.4）	生活源	河岸带受损、生态基流不满足	
BB′-14	营养型	NH₃-N（0.5）、TP（0.06）	生活源	生态基流不满足	
BB′-15	耗氧型	COD（0.5）、CODMn（0.4）、氟化物（0.4）、BOD₅（0.1）	生活源	生态基流不满足	

11.5.2　技术指导方案

针对此类型单元，参照水污染治理技术优选评估结果，提出了该类型单元的 6 种技术指导方案，详见表 11-15。

表 11-15　水质提升生态改善（BB′）型单元的技术指导方案

序号	亚类	单元编号	单元数量	管理内容	推荐应用技术类型
方案 1	混合型	BB′-3	1	生活源	生活源污染治理技术
	耗氧型	BB′-7	1		
		BB′-9			
方案 2	混合型	BB′-1	1	生活源+工业源	生活源+工业源污染治理技术
方案 3	混合型	BB′-4	2	①生活源	①生活源污染治理技术
		BB′-8		②河岸带受损	②河岸带修复技术
	耗氧型	BB′-5	1		

序号	亚类	单元编号	单元数量	管理内容	推荐应用技术类型
方案 4	耗氧型	BB′-15	1	①生活源 ②生态基流不满足	①生活源污染治理技术 ②生态基流调控技术
	营养型	BB′-14	1		
方案 5	混合型	BB′-11 BB′-12	2	①生活源 ②河岸带受损、生态基流不满足	①生活源污染治理技术 ②生态基流调控+河岸带修复技术
	耗氧型	BB′-2 BB′-10 BB′-13	3		
方案 6	其他型	BB′-6	1	河岸带受损	河岸带修复技术

11.6 辽河流域河流污染治理与生态修复分类指导方案建议

针对不同河流单元类型管理重点提出推荐技术类型，形成辽河流域河流污染治理与生态修复分类指导方案（表 11-16）。具体需根据实际情况，结合适用性技术甄选结果选择使用。

表 11-16 辽河流域河流污染治理与生态修复分类指导方案

类型	亚型	水质状况	水生态状况	管理重点	单元范围	方案	管理内容	推荐应用技术类型
AA′类型：水质达标生态保育型	无	达标	健康	—	AA′-1～17	方案1	①水质维持； ②水生态保护	—
AB′类型：水质达标生态改善型	AB′-a	达标	受损	河岸带	AB′-1、AB′-3～4、AB′-18、AB′-27、AB′-29、AB′-32、AB′-38～39、AB′-41～43 AB′-46、AB′-58～60	方案2	①河岸带恢复管理； ②水生态系统重建	河岸带修复技术 生态系统修复技术
	AB′-b			生态基流	AB′-2、AB′-8～11、AB′-13、AB′-15、AB′-22、AB′-24、AB′-34、AB′-37、AB′-52、AB′-67	方案3	①生态基流调控； ②水生态系统重建	生态基流保障技术 生态系统修复技术
	AB′-c			河岸带+生态基流	AB′-5～7、AB′-12、AB′-14、AB′-21、AB′-23、AB′-25～26、AB′-35～36、AB′-48～51 AB′-53～57、AB′-61～66	方案4	①河岸带恢复管理； ②生态基流调控； ③水生态系统重建	河岸带修复技术 生态基流保障技术 生态系统修复技术
	AB′-d			—	AB′-16～17、AB′-19～20、AB′-28、AB′-30～31、AB′-33、AB′-40、AB′-44～45、AB′-47	方案5	①水生态退化诊断； ②水生态系统重建	生态系统修复技术
BA′类型：水质提升生态保育型	BA′-a	不达标	健康	生活源	营养盐+耗氧物质	BA′-1、BA′-3	方案6	生活源污染管理	生活源污染治理技术
	BA′-b				耗氧物质	BA′-2			

续表

类型	亚型	水质状况	水生态状况	管理重点	单元范围	方案	管理内容	推荐应用技术类型
BB′类型：水质提升生态改善型	BB′-a	不达标	受损	生活源	营养盐+耗氧物质　BB′-3 耗氧物质　BB′-7	方案7	①生活源污染治理；②水生态退化诊断；③水生态系统重建	生活源污染治理技术 生态系统修复技术
	BB′-b	不达标	受损	生活源工业源	营养盐+耗氧物质　BB′-1	方案8	①生活源、工业源污染治理；②水生态退化诊断；③水生态系统重建	生活源污染治理技术 工业源污染治理技术 生态系统修复技术
	BB′-c	不达标	受损	生活源河岸带	营养盐+耗氧物质　BB′-4、BB′-8 耗氧物质　BB′-5	方案9	①生活源污染治理；②河岸带修复管理	城镇源污染治理技术 河岸带修复技术
	BB′-d	不达标	受损	生活源生态基流	营养盐　BB′-14、BB′-9 耗氧物质　BB′-15	方案10	①生活源污染治理；②生态基流调控	生活源污染治理技术 生态基流调控技术
	BB′-e	不达标	受损	生活源生态基流	营养盐+耗氧物质　BB′-11~12 耗氧物质　BB′-2、BB′-10、BB′-13	方案11	①生活源污染治理；②河岸带修复管理；③生态基流调控	城镇源污染治理技术 河岸带修复技术 生态基流调控技术
	BB′-f	不达标	受损	超标污染物河岸带受损	氟化物　BB′-6	方案12	①其他污染治理；②河岸带修复管理	氟化物污染治理技术 河岸带修复技术

第12章　淮河流域污染治理与生态修复技术路线图

12.1　淮河流域河流水污染治理历程

12.1.1　"十五"时期水环境状况

"十五"期间，淮河流域水污染治理以城镇污水集中处理为主。《淮河流域水污染防治"十五"计划》（以下简称《"十五"计划》）规划建设九类488个项目，污水处理厂39座，总投资255.9亿元。

1.《"十五"计划》项目完成情况

《"十五"计划》中，共安排了488个项目，到2005年4月，进展情况如下：已完工项目232个，占项目总数的47.5%；在建项目162个，占33.2%；在建项目中预计2005年底前可完工的81个，占16.6%；未动工项目94个，占19.3%。"十五"期间，淮河流域已建成污水处理厂39座，另有35座在2005年底前可完成。累计完成治理投资144.6亿元，占计划投资的56.5%。到"十五"末，淮河流域可形成约400万t/d的城镇污水处理能力。具体见表12-1。

表 12-1　《"十五"计划》项目完成情况

项目	计划项目/个	计划投资/亿元	已完成项目比例/%	在建项目比例/%	未动工项目比例/%	投资完成情况	
						投资/亿元	比例/%
按项目类型汇总							
污水处理厂	161	148.9	41.0	9.8	19.2	87.6	58.8
工业结构调整	131	24.3	97.7	0.8	1.5	18.2	70.7
工业综合整治	116	18.3	95.7	1.7	2.6	11.7	67.9
流域综合治理	29	31.4	41.4	55.2	3.4	17.6	53.0
截污导流	15	13.5	0.0	6.7	93.3	0.4	3.2
饮水工程	3	2.8	100.0	0.0	0.0	3.9	135.0
城市垃圾处理	14	8.9	42.8	15.3	42.9	2.0	22.1
农业面源治理	6	3.9	83.3	17.7	0.0	1.8	44.9
自身能力建设	13	5.9	84.6	7.7	7.7	3.4	57.5
按行政区汇总							
江苏	80	76.4	63.8	31.2	5.0	39.5	51.7
河南	100	56.1	56.0	21.0	23.0	32.0	57.0
山东	225	58.6	81.3	13.0	6.7	31.0	52.9
安徽	83	64.8	62.7	18.1	19.2	42.1	65.0
合计	488	255.9	70.1	18.0	11.9	144.6	56.5

2. 水污染物排放状况

"十五"期间，淮河流域水污染物排放量基本保持稳定。2005 年，全流域废水排放量 41.7 亿 t，COD、氨氮排放量分别为 105.2 万 t、14.0 万 t，与 2000 年相比分别削减 1.6% 和 4.3%，未实现《"十五"计划》目标，如表 12-2 所示。

表 12-2　2005 年淮河流域水污染物排放情况

省份	COD 完成情况/万 t		氨氮完成情况/万 t	
	2005 年排放量	计划目标	2005 年排放量	计划目标
河南	29.8	18.7	4.6	4.5
安徽	15.6	11.8	2.6	3.6
江苏	40.3	24.8	4.3	1.6
山东	19.5	8.9	2.5	1.6
合计	105.2	64.2	14.0	11.3

全流域 35 个地市中，年废水排放量超过 1.0 亿 t 的有郑州、徐州、盐城、枣庄、济宁、平顶山、淮南、淮安、扬州、连云港、信阳、临沂、蚌埠、宿迁 14 个城市，COD 排放量占流域总量的 65% 以上，是水污染防治的重点区域。造纸及纸制品业、化学原料及化学制品制造业、食品加工业、食品制造业四个行业的 COD 排放量分别占全部重点工业企业的 65% 以上，化学原料及化学制品制造业、食品加工业和食品制造业三个行业氨氮排放量占全部重点工业企业的 80% 以上，是排污总量削减的重点行业。

3. 水环境质量状况

淮河流域总体处于中度污染。2005 年，44.2% 的国控断面未达到《"十五"计划》目标要求，主要污染指标是氨氮、COD、生化需氧量、高锰酸盐指数、石油类、挥发酚，枯水期水质较差。"十五"期间，水质总体呈改善趋势，2005 年劣 V 类水质断面比例为 29.4%，比 2000 年减少了 29 个百分点。

以高锰酸盐指数或 COD 评价，2005 年流域 25 个跨省界考核断面中 22 个断面水质达标，达标比例为 88%。

淮河流域污染严重的河段主要集中在池河、惠济河、奎河、泉河、涡河、颍河、包河、浍河、贾鲁河、城郭河、洸府河、泗河、洙赵新河等支流，水质均劣于 V 类，对淮河干流水质及南水北调东线输水水质影响较大。

4. 污染成因分析

一是粗放型经济增长模式尚未实现根本性转变。"十五"期间，淮河流域尽管加大了工业结构调整力度，造纸、化工等行业排污绩效明显改善，但产业结构没有得到根本性改变，排污总量依然居高不下。

二是城镇环境基础设施建设滞后于社会经济发展。到 2005 年，淮河流域建成了城镇污水处理厂 76 座，污水处理规模 410 万 t/d，城镇污水处理率不足 50%。部分已建成的污水处理厂，由于管网不配套等，不能正常发挥环境效益。

三是环境监管能力不足。淮河流域环境监测、预警、应急处置和环境执法能力薄弱，有些地区有法不依、执法不严现象较为突出，环境违法处罚力度不够。淮河流域重点工业企业基本具备了污染治理的能力，但监管手段薄弱，企业偷排、超标排污、超总量排污的现象不能得到有效遏制。

12.1.2 "十一五"以来治理和管理措施

主要梳理水专项实施以来开展的关于河流水污染治理和管理的措施，以及取得的初步成效。

1. "十一五"期间

"十一五"期间，在淮河流域拟投入 600 亿元水污染防治专项资金，用于削减污染物排放量，大幅度降低了污染物排放总量。淮河流域水污染防治"十一五"规划共安排了655 个项目，计划投资 306.65 亿元。截至 2009 年，已完工项目 492 个，占 75.1%；调试阶段项目 28 个，占 4.3%；在建项目 97 个，占 14.8%；前期阶段项目 22 个，占 3.4%；未启动项目 16 个，占 2.4%。河南、安徽、江苏、山东的项目完成率分别为 71.8%、71.1%、58.2%、89.5%。按照项目实施进展，工业治理项目进展较好，完成率 87.7%；其次是城镇污水治理项目，完成率 64.8%；较差的是重点区域污染防治项目，完成率为59.1%，项目完成进度较慢。

1) "十一五"计划完成情况

2008 年，淮河流域化学需氧量排放为 90.5 万 t，在 2005 年基础上削减了 14.1%，已完成"十一五"总量控制目标的 86.2%，其中生活污水和工业废水分别排放化学需氧量22.9 万 t 和 67.6 万 t，在 2005 年基础上分别削减了 11.9% 和 13.4%。江苏已超额完成了"十一五"总量控制目标。其中，生活污水和工业废水分别排放氨氮 2.8 万 t 和 8.4 万 t，较 2005 年分别削减了 37.0% 和 13.7%。江苏、山东、河南三省已经完成了总量控制目标，安徽实现了"时间过半，任务过半"。

2) 水污染排放情况

2008 年流域 COD 排放量为 90.5 万 t，在 2005 年基础上削减了 14.1%，已完成"十一五"总量控制目标的 86.2%；氨氮排放量为 11.2 万 t，在 2005 年基础上削减了20.2%，已完成"十一五"总量控制目标。2009 年淮河流域入河废污水排放总量为 48.01亿 t，主要污染物质 COD 和氨氮入河排放总量分别为 55.08 万 t 和 6.99 万 t。对照淮河流域水功能区限制排污总量目标，2009 年淮河流域 COD 和氨氮入河排放量分别超标0.44 倍和 1.63 倍。

2010 年，规划区域化学需氧量排放量为 1431.2 万 t，其中工业污染来源占 11.8%，城镇生活污染来源占 33.5%，农业面源污染来源占 54.7%；氨氮排放量为 136.1 万 t，其中工业污染来源占 10.2%，城镇生活污染来源占 56.9%，农业面源污染来源占 32.9%。

规划区域主要排污工业行业为造纸及纸制品业、农副食品加工业、饮料制造业、化学原料及化学制品制造业、纺织业、煤炭开采和洗选业、医药制造业七个行业，化学需氧量排放量占规划区域工业化学需氧量排放总量的 78%。优先控制单元化学需氧量排放量（工业和生活）占规划区域的 55.5%；氨氮排放量（工业和生活）占规划区域的 59.2%。

3）水环境质量状况

按照《地表水环境质量标准》（GB 3838—2002）评价（河流断面总氮不参评），2009 年，86 个国控断面中Ⅰ～Ⅲ类水质断面占 37.3%，Ⅳ类占 33.7%，Ⅴ类占 11.6%，劣Ⅴ类占 17.4%；全流域化学需氧量和氨氮平均浓度逐年下降，水质较"十一五"初期明显改善。

淮河流域"十一五"规划的 21 个跨省界规划断面评价结果显示，与 2005 年相比，达Ⅲ类水质断面比例上升了 14%，Ⅴ类水质断面比例下降了 24%，跨省界断面的超标率从 2005 年的 52% 下降至 2009 年的 38%。

淮河流域"十一五"规划在南水北调东线调水区设置了 35 个断面（其中 11 个断面有各年连续数据），2005～2009 年，南水北调东线沿线水质有所改善，Ⅴ类水质断面比例自 54% 下降到 23%；Ⅰ～Ⅲ、Ⅳ类水质断面逐年增加。按照《南水北调东线工程治污规划》的水质目标进行评价，2005～2009 年各年度水质超标率分别为 85%、77%、77%、82%、85%，尚不能满足调水要求。

4）污染成因分析

一是氨氮成为首要污染因子，2009 年丰、平、枯水期氨氮超标的国控断面比例分别为 15.0%、26.7%、32.6%，超标倍数多在 1～3 倍，最大超标倍数达 10 倍以上。氨氮已成为淮河流域的首要污染因子，主要分布在南水北调东线以及颍河、涡河、沱河、奎河等区域。

二是水资源总量匮乏，时空分布不均，淮河流域多年平均水资源总量约为 794 亿 m^3。但人均水资源总量仅为 441 m^3，亩均水资源量约为 417 m^3，均为全国平均水平的 1/5 左右，属于严重缺水的地区。另外，淮河流域水资源分布不均，年际降水量变化大，年内降水分布也极为不均匀，污染水体随洪水下泄易引发污染事故。水资源区域分布与流域人口及耕地分布、矿产和能源开发等生产力布局不匹配，经济社会发展与水环境承载能力不协调。水资源供需矛盾突出，部分淮北河流生态用水严重缺乏。

三是工业结构不尽合理，污染治理水平有待提高，淮河流域化工、造纸、饮料、食品、农副产品加工等主要污染行业产值约占流域工业总产值的 1/3，但化学需氧量和氨氮排放量分别占全流域工业源排放量的 80% 和 90%，结构性污染依然突出，流域内行业排放标准不统一，区域间工业企业污染治理水平、环境监管能力有明显差距，再生水回用率总体偏低，部分地区存在直排、超标排放现象。

四是城镇生活污染排放量不断增加，污水处理效率低，淮河流域城镇生活污染物排放量所占比例不断提高，已成为主要污染来源，其中城镇生活氨氮排放量占工业与生活排放总量的 75% 以上。尽管近年来流域内城镇污水处理厂建设规模有所提高，但城镇污水配套管网建设滞后，生活污水收集率不高，污泥无害化处理水平低，成为制约城镇水环境改善的主要因素。

2. "十二五"期间

1）"十二五"计划完成情况

"十二五"期间淮河流域列入国家《重点流域水污染防治规划（2011—2015年）》的项目1309个，完成（含调试）项目1155个，占项目总数的88.2%，其中山东省完成率最高，达93.9%；江苏省次之，项目完成率为93.7%。

2）水环境质量情况

2015年，淮河流域总体水质为轻度污染。按照《地表水环境质量评价办法（试行）》（环办〔2011〕22号）进行评价，淮河流域204个监测断面（点位）中，达到或优于Ⅲ类的断面占54.3%，劣Ⅴ类断面占9.6%，主要污染物为化学需氧量、五日生化需氧量和总磷。

其中，饮用水源地水质：2015年，淮河流域85个地级以上城市的集中式饮用水水源地中，达标水源地占94.1%，不达标水源地占5.9%。主要湖库水质：2015年，淮河流域14个有考核点位的湖泊（水库）中，达到或优于Ⅲ类的比例为78.6%；其余均为Ⅴ类水质，不存在劣Ⅴ类湖泊（水库）。2015年，开展营养状态监测的湖泊（水库）中，轻度富营养、中度富营养的比例分别为21.4%、78.6%。

3）污染成因分析

一是水环境质量差，达到或优于Ⅲ类的断面比例为55.8%，仅优于辽河和海河流域；劣Ⅴ类断面的比例达9.5%，明显差于珠江、松花江、长江流域。2015年监测的所有湖泊（水库）均呈现不同程度的富营养化水平，中度富营养的比例为78.6%。

二是湖泊生态系统恶化，部分湖泊（库）等存在水面网箱养殖、围垦种植等现象，促使湖泊面积、蓄水量逐年递减，造成湖泊生态系统破坏。

三是生态流量难以保障，淮河流域建设过多的闸坝水库，人为改变了水资源的时空分布。水资源高度开发利用，部分河道内生态用水被挤占，导致部分河流存在干涸萎缩断流现象，破坏了河流水生态系统，生态流量不足。

四是全面建成小康社会对环境要求更高。未来淮河流域经济社会发展仍将处于中高速增长期，给流域水环境造成很大压力，淮河流域水污染防治工作的复杂性、艰巨性和长期性没有改变，水环境形势依然严峻。

综合考虑控制单元水环境问题严重性、水生态环境功能重要性、水资源禀赋、人口和工业聚集度等因素，淮河流域共划分188个控制单元，其中75个为优先控制单元，结合地方水环境管理需求，优先控制单元再细分为39个水质改善型和36个水质保持型单元，实施分级分类管理，因地制宜综合运用水污染治理、水资源配置、水生态保护等措施，提高污染防治的科学性、系统性和针对性。淮河流域75个优先控制单元中，水质改善型单元主要分布在运料河、涡河、颍河、沱河、贾鲁河、清潩河、洙赵新河、小清河、洪泽湖、白马湖等水系，涉及淮安、宿迁、亳州、阜阳、济宁、枣庄、漯河、周口、许昌等城市；水质保持型单元主要涉及南四湖水系、沙河、东渔河、沂河等河流上游好水和骆马湖、峡山水库等良好湖库，以及奎河、浍河、沱河、颍河等需要持续改善的区域。

加强淮河流域污水管网建设，推进江苏、山东等省份敏感区域内城镇污水处理设施提标改造，深化河南、山东等地区污泥处理处置设施建设；促进畜禽养殖布局调整优化，推进畜禽养殖粪便资源化利用和治理。

推进高耗水企业废水深度处理回用；加强跨省界水体治理和风险防范；实施闸坝联合调度，开展涡河、沙河、颍河等主要支流生态流量保障试点；严格实行东淠河、沂河等河流上游好水和南四湖、骆马湖、峡山水库等良好湖库生态环境保护，保障京杭运河、通榆河、通扬运河等南水北调东线输水河流水质安全。

《2018中国生态环境状况公报》显示，淮河流域为轻度污染，主要污染指标为化学需氧量、高锰酸盐指数和总磷。监测的180个水质断面中，Ⅰ类占0.6%，Ⅱ类占12.2%，Ⅲ类占44.4%，Ⅳ类占30.6%，Ⅴ类占9.4%，劣Ⅴ类占2.8%。与2017年相比，Ⅰ类水质断面比例上升0.6个百分点，Ⅱ类上升5.5个百分点，Ⅲ类上升5.0个百分点，Ⅳ类下降6.1个百分点，Ⅴ类上升0.5个百分点，劣Ⅴ类下降5.5个百分点。干流水质为优，主要支流和山东半岛独流入海河流为轻度污染，沂沭泗水系水质良好。

12.2　淮河流域水环境问题与社会经济现状

12.2.1　淮河流域概况

1. 地貌

淮河流域地处我国东部，介于长江和黄河两流域之间，位于111°55′E～121°25′E，30°55′N～36°36′N，面积为27万km^2。流域西起桐柏山、伏牛山，东临黄海，南以大别山、江淮丘陵、通扬运河及如泰运河南堤与长江分界，北以黄河南堤和泰山为界与黄河流域毗邻。淮河流域西部、西南部及东北部为山区、丘陵区，其余为广阔的平原。山丘区面积约占总面积的1/3，平原面积约占总面积的2/3。流域西部的伏牛山、桐柏山区，一般高程200～500 m，沙颍河上游石人山高达2153 m，为全流域的最高峰；南部大别山区高程在300～1774 m；东北部沂蒙山区高程在200～1155 m。丘陵区主要分布在山区的延伸部分，西部高程一般为100～200 m，南部高程为50～100 m，东北部高程一般在100 m左右。淮河干流以北为广大冲、洪积平原，地面自西北向东南倾斜，高程一般在15～50 m；淮河下游苏北平原高程为2～10 m；南四湖湖西为黄泛平原，高程为30～50 m。流域内除山区、丘陵和平原外，还有为数众多、星罗棋布的湖泊、洼地。

2. 气候

淮河流域位于南北气候的过渡区，流域内从南到北气候类型由亚热带向暖温带过渡，由湿润型向半湿润半干旱气候过渡，大部分地区属暖温带半湿润季风气候区，四季分明，夏季多雨，冬寒晴燥，秋旱少雨，局部地区受锋面和涡旋气流的影响，冷暖和旱涝转换往往很突然。年平均气温为11～16℃。气温变化由北向南，由沿海向内陆递增。极端最高气温达44.5℃，极端最低气温达−24.1℃。蒸发量南小北大，年平均水面蒸发量为 900～1500 mm，无霜期 200～240 天。自古以来，淮河就是中国南北方的一条自然分界线。多年平均降水量为 875 mm。其中淮河水系 911 mm。沂沭泗水系 788 mm。

3. 水文特征

淮河流域年际之间降水量变化剧烈，如 1954 年、1956 年分别为 1185 mm、1181 mm，1966 年、1978 年仅 578 mm、600 mm。最大年雨量可达最小年雨量的 2 倍以上。淮河流域降水量在不同季节的分布也极不均匀，雨季高度集中，汛期雨量丰沛，年内汛期 6～9 月雨量占全年降水量的 50%～75%，平均达 70% 左右，淮河流域多年平均年径流深约 231 mm，其中淮河水系为 238 mm，沂沭泗水系为 215 mm。

径流的年内分配也很不均匀，主要集中在汛期。淮河干流各控制站汛期实测地表径流量占全年总径流量的 60%～80%，沂沭泗水系各支流汛期水量所占比例更大，为全年的 70%～80%。非汛期径流量随降水量的减少而大幅度减少。春季地表径流约占全年的 15%，冬季是地表径流的最枯季节，仅占全年的 6%～10%，大多数河流干枯断流，长达数月。

径流的高低与降水量关系十分密切，径流的高低值与多雨、少雨区彼此相应。基本上是南部大于北部、山区大于平原，且由西至东递减，其空间分布特点与降水量总趋势大体一致。

淮河流域地表水资源受地形地貌的影响，空间分布也极为不均，不同地区水资源分布差异显著。该流域地表水地区分布总的趋势是南部大、北部小，同纬度地区山区大、平原小，平原地区则是沿海大、内陆小。位于淮南大别山区的淠河上游年降水量最大，可达 1500 mm 以上，而西北部与黄河相邻地区则不到 680 mm。东北部沂蒙山区虽处于本流域最北处，由于地形及邻海缘故，年降水量可达 850～900 mm。

淮河流域是我国重要的农业生产基地，流域分别承载了全国 13% 的人口和 11.7% 的耕地面积，承担了国家中长期粮食稳定和增产的任务。而多年平均水资源总量却仅占全国 2.2%，水资源人均、亩均占有量分别只有我国平均水平的 18.6%、19.1%。流域内豫皖苏鲁四省的人均地表水资源量，分别仅为全国人均水资源量的 15%、23.4%、18.7%、16.1%。目前，在保证率为 50% 的平水年份缺水 11 亿 m^3，保证率为 75% 的中等干旱年份缺水 41 亿 m^3，保证率为 95% 的特枯年份缺水 116 亿 m^3。在我国七大一级流域中，淮河流域拥有的水资源份额和人均水资源量居倒数第二位，分别为 3.4% m^3/人和 411 m^3/人，属于严重缺水地区之一。

不仅如此，有研究表明：过去半个世纪以来，淮河流域降水量总体呈下降趋势。1995～2004 年年均降水量（906.5 mm）比 1954～1963 年（1011.4 mm）下降了 10%。由于降水量的下降，1954～2004 年径流量也呈现出下降趋势，1995～2004 年年均径流量（212×10^8 m^3）比 1954～1963 年（344×10^8 m^3）下降了 38%。

流域内水资源严重短缺、时空分布极不均匀，而且降水量呈现出下降趋势，从而造成了近年来越来越多的河流上游缺乏天然基流，季节性断流现象较为普遍。例如，贾鲁河水系中的许多支流季节性断流现象非常突出。另外，在黑河、惠济河等支流这种现象也非常普遍。严重缺水导致淮河流域水环境容量变小，对污染物质的自净能力减弱，在污染物总量不是很大的情况下都会显得污染十分严重，增加了流域污水治理和水生态恢复的复杂性与难度。

12.2.2 淮河流域水资源总体特征与趋势

1. 淮河流域水资源总体特征

1）地表水资源量

地表水资源量是指河流、湖泊等地表水体中由当地降水形成的、可以逐年更新的动态水量，即天然河川径流量。2018 年淮河片天然年径流深 233.3 mm，年径流量 769.94 亿 m³，较常年偏多 14.7%，较上年偏多 10.0%。其中，淮河流域天然年径流深 246.2 mm，年径流量 662.06 亿 m³，较常年偏多 11.3%，较上年偏多 2.6%；山东半岛天然年径流深 176.7 mm，年径流量 107.88 亿 m³，较常年偏多 31.4%，较上年偏多 97.3%。从各分区年径流深分布看，沂沭泗河区年径流深 162.6 mm，为最小，淮河上游区 302.0 mm，最大。淮河片各分区 2008～2018 年及多年平均地表水资源量比较见表 12-3。淮河流域不同年代年平均入海入江以及引黄、引江水量见表 12-4。

表 12-3　淮河片各分区地表水资源量特征值（2008～2018 年）

年份	淮河流域年降水量/mm	折合降水总量/亿 m³	水资源总量/亿 m³	平均降水量/mm				
				湖北省	河南省	安徽省	江苏省	山东省
2018	943.1	2536.21	887.01	872.0	817.9	1180.0	1003.1	775.1
2017	930.5	2502.55	880.85	1132.2	945.2	1071.0	908.0	744.5
2016	965.0	2595.41	955.22	1133.3	856.0	1115.1	1124.7	751.8
2015	877.6	2361.00	799.11	963.0	767.7	999.3	1081.0	649.9
2014	846.0	2275.00	471.00	1037.0	794.0	1014.0	940.0	592.0
2013	716.0	1926.0	569.46	742.0	635.0	811.0	764.0	669.0
2012	748.6	2014.30	689.00	650.0	654.2	948.0	877.6	642.8
2011	817.0	2194.56	655.70	716.3	716.3	834.4	795.5	783.8
2010	871.2	2343.04	859.60	1078.2	863.3	948.0	915.7	724.4
2009	837.0	2251.26	710.92	836.9	784.9	937.9	882.5	737.1
2008	903.6	2430.26	905.34	1197.8	832.7	980.7	990.0	807.2
平均值	859.6	2311.78	762.11	941.7	787.93	985.4	934.75	716.15

表 12-4　淮河流域不同年代年平均入海入江以及引黄、引江水量　（单位：亿 m³）

年份	入海、入江水总量	引江水总量	引黄水总量
2018	523.49	52.26	32.51
2017	521.81	57.94	31.24
2016	511.26	58.81	30.95
2015	363.70	53.80	30.10
2014	332.30	96.10	25.30
2013	186.00	89.00	24.60
2012	263.30	91.40	28.40
2011	276.20	89.60	27.00
2010	446.00	60.20	21.70
2009	307.04	52.78	22.40
2008	530.86	41.21	19.33
平均值	387.45	67.55	26.68

2）地下水资源量

淮河流域浅层地下水资源量见表 12-5，2018 年淮河片地下水资源量为 431.77 亿 m³，较常年偏多 8.7%，较上年偏多 3.0%，其中平原区浅层地下水资源量 305.98 亿 m³。淮河流域地下水资源量为 360.43 亿 m³，较常年偏多 6.6%，较上年偏少 2.4%，其中平原区地下水资源量 276.54 亿 m³。山东半岛地下水资源量为 71.33 亿 m³，较常年偏多 21.1%，较上年偏多 42.9%，其中平原区地下水资源量 29.00 亿 m³。

表 12-5　淮河流域浅层地下水资源量（2008～2018 年平均）

年份	地下水资源量/亿 m³		
	地下水资源量	平原	山东半岛
2018	360.43	276.54	71.33
2017	369.33	287.82	49.88
2016	380.70	305.90	47.42
2015	335.00	267.00	40.00
2014	315.00	258.00	41.00
2013	286.00	223.00	60.00
2012	294.90	231.20	58.00
2011	328.20	256.70	70.70
2010	353.60	269.60	58.90
2009	335.21	263.22	55.31
2008	363.35	280.72	67.24
平均值	338.34	265.43	56.34

2. 淮河流域水资源变化趋势

通过综合分析淮河流域水资源的主要特征发现，淮河流域水资源的变化趋势主要包括社会经济发展对水资源量日益增大的需求量导致淮河流域水资源量持续短缺。对淮河流域主要河流断流干涸情况的研究表明，自 20 世纪 50 年代开始，流域内主要河流的断流天数和断流长度不断增大；对水资源过量开发的同时，流域废污水直排入河量不断增加。

1）淮河流域水资源量持续减少

淮河流域 2008～2018 年平均水资源总量为 762.11 亿 m³，最大为 2016 年的 955.22 亿 m³，最小为 2014 年的 471 亿 m³。

2）淮河流域Ⅴ类、劣Ⅴ类水体依然存在

据《淮河片水资源公报 2018》，淮河片全年期水质评价河长 20991.8 km，其中，Ⅰ类水质河长 148.4 km，占 0.7%；Ⅱ类水质河长 3710.5 km，占 17.7%；Ⅲ类水质河长 9331.2 km，占 44.5%；Ⅳ类水质河长 4849.0 km，占 23.1%；Ⅴ类水质河长 1891.0 km，占 9.0%；劣Ⅴ类水质河长 1061.7 km，占 5.0%。山东半岛全年期评价河长 3440.1 km，其中，Ⅰ类水质河长 38.8 km，占 1.1%；Ⅱ类水质河长 647.1 km，占 18.8%；Ⅲ类水质河长 970.7 km，占 28.2%；Ⅳ类水质河长 827.2 km，占 24.0%；Ⅴ类水质河长 374.5 km，占 10.9%；劣Ⅴ类水质河长 581.8 km，占 17.0%。

3）淮河流域主要河流干涸程度增大

2018 年淮河流域 46 条跨省河流 50 个省界断面共监测 1152 次，按照 22 项全因子评价，水质达标测次比例为 51.7%，淮河片 57 个全国重要饮用水水源地，2018 年有 4 个水源地由于干涸等不参与达标建设评价，其他 53 个饮用水水源地水质全部达标。淮河片纳入国家考核的全国重要江河湖泊水功能区共 348 个，因河流干涸断流，2018 年实际监测的水功能区共 339 个，水质达标的水功能区有 240 个，占 70.8%；水功能区评价河长 11057.2 km，达标河长 8149.0 km，占 73.7%；评价湖泊面积 6031.8 km²，达标面积 5167.6 km²，占 85.7%；评价水库落水量 50.7 亿 m³，达标蓄水量 50.6 亿 m³，占 99.8%。

4）闸坝和其他水利设施的修建影响河道

淮河流域水资源的短缺促使水资源开发利用程度不断提高，淮河流域成为我国水资源开发利用程度较高的地区之一。全流域共修建大中小型水库 5700 多座，平均每 50 km² 建水库一座，每条支流建水库近 10 座。现有各类水闸 5000 多座，其中大中型水闸约 600 座。此外，全流域还修建了各类引水工程 19290 座（其中大型 107 座、中型 97 座、小型 19086 座）、各类调水工程 43 项（其中大型 28 项、中型 13 项、小型 2 项）、机电井 177 万眼（其中配套机电井 150 万眼）以及集雨工程、污水处理回用等其他水源工程。目前淮河流域地表水资源在 50%、75% 和 95% 频率下利用率分别为 49.6%、70.7% 和 90% 以上，高于全国平均 20～30 个百分点。2018 年淮河流域地表水资源开发利用率为 73.3%，远远高于国际上内陆河流开发利用率公认为 30%（合理利用程度）和 40%（合理程度上限）的水平。

淮河流域众多闸坝和其他水利设施的修建，使沟渠河道硬质化、渠道化问题突出，改变了水文过程和水资源的时空分布格局，引起了天然径流过程的大幅度改变，使部分河段天然基流缺乏、断流时间持续增加等问题突出，对河流生态与环境造成了非常不利的影响，对水生生物的生存和发展造成危害。近年来，全流域内的排污负荷控制、闸坝工程调度、水资源开发利用与水环境修复保护之间的协调与矛盾等一系列问题日益突出，对淮河水生态修复提出了严峻挑战。

3. 淮河流域主要污染物分布特征与演变趋势

虽然重点流域水污染防治工作取得明显成效，截至 2018 年，淮河流域部分区域仍存在着排放不达标、处理设施不完善、管网配套不足、排污布局与水环境承载能力不匹配等现象，部分水体水环境质量差、水资源供需不平衡、水生态受损严重、水环境隐患多等问题依然十分突出，与 2020 年全面建成小康社会的环境要求和人民群众不断增长的环境需求相比，仍有不小差距。

2008 年淮河流域国控断面达 Ⅰ～Ⅲ类水质标准的占 38%，劣Ⅴ类占 22%，经过近 10 年的治理，淮河各国控断面水质有了明显改善，Ⅰ～Ⅲ类水质占比整体呈上升趋势，到 2018 年，Ⅰ～Ⅲ类水质占比为 57%；劣Ⅴ类水质的国控断面逐年减少，10 年间从 22% 降低到 3%，下降了 19 个百分点（图 12-1），淮河流域水质较治理前有了明显改善。但是Ⅳ类和Ⅴ类水体依然存在，对于污水治理的工作依然迫在眉睫。

水中溶解氧的浓度可作为有机污染及其自净程度的间接指标。淮河流域 2008～2018 年国控断面溶解氧变化见图 12-2，溶解氧浓度>7.5 mg/L 的国控断面从 2008 年的 41% 增加到 2018 年的 74%，溶解氧浓度的增加有利于鱼类的生存，使得藻类生长量合理，近几年污染主要集中在淮河中部和东北部，经过水专项实施以来的治理，到 2018 年水质均达到

Ⅳ类以上，且大部分地区为Ⅰ～Ⅲ类。

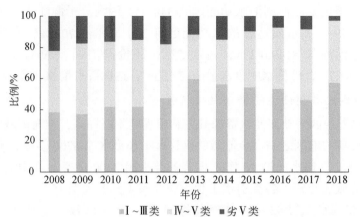

图 12-1　淮河流域 2008～2018 年国控断面各类水质比例变化

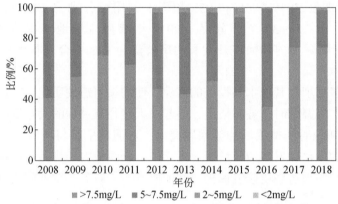

图 12-2　淮河流域 2008～2018 年国控断面溶解氧变化

1）水质现状分析

淮河流域内各区域的总氮、氨氮、硝态氮、亚硝态氮浓度在空间分布上有显著差异性。淮河流域各大水系的总氮浓度空间分异较大，总体呈现北高南低的趋势。淮河流域的北部地区和沂沭泗水系的北部地区的总氮浓度较高，位于淮河流域东部的江苏地区，其总氮浓度也较高。淮河干流及干流南部地区水体总氮浓度较低。淮河干流总氮浓度从上游至下游逐渐降低，中上游平均总氮浓度约为 2.7 mg/L，多为Ⅴ～劣Ⅴ类水体，下游地区平均总氮浓度约为 0.85 mg/L，多为Ⅱ、Ⅲ类水体。

淮河流域各大水系的氨氮浓度与总氮分布趋势有所区别，呈现北面高南面低，西部高东部低的趋势。流域内位于淮河流域西北部的贾鲁河子流域，其氨氮浓度总体最高，基本为Ⅴ～劣Ⅴ类水体，部分河段氨氮浓度可达 8.69 mg/L。位于淮河流域北部的沂沭泗水系，氨氮浓度总体较高。位于淮河流域东部沿海的江苏省地区，氨氮浓度有所降低，为Ⅳ类水体。淮河流域的淮河干流地区，氨氮浓度总体较低，平均氨氮浓度为 0.45 mg/L，多为Ⅰ、Ⅱ类水体。

淮河流域各河流水系的硝态氮浓度在空间分布上差异较大，总体为东北部较高，其他地区较低的分布趋势。沂沭泗水系北部地区，硝态氮浓度较高。其次，位于流域内西北部河南地区的水体硝态氮浓度也较高，其中沙河子流域的平均硝态氮浓度可达 1.1 mg/L，这与该地河流为山间地表径流，水流较湍急有关。淮河干流水体的硝态氮浓度在淮河流域处于较低水平。淮河流域中部地区（河南、安徽、江苏三省交会地区）硝态氮浓度为 0～1 mg/L，总体较低，与中部地区地处平原、河流流速不快、水体中硝化作用较弱有关。

淮河流域各河流水体的亚硝态氮浓度分布总体呈北部高南部低的趋势。首先，位于淮河流域东北地区的贾鲁河子流域，水体中的亚硝态氮浓度最高，最高浓度可达 0.9 mg/L。其次，位于沂沭泗水系的南四湖子流域亚硝态氮浓度较高，平均浓度为 0.17 mg/L，南四湖北部部分区域亚硝态氮浓度高达 0.593 mg/L。然后，位于淮河流域东北部山东沿海地区的亚硝态氮浓度也较高，平均浓度为 0.12 mg/L。最后，位于淮河流域干流南部地区的河流亚硝态氮浓度总体较低，为 0～0.05 mg/L。

淮河流域内各区域水系正磷酸盐浓度差异较大，总体呈现北高南低、西高东低的趋势。其中，位于淮河流域西北部河南地区的贾鲁河子流域的正磷酸盐值最高，平均浓度为 2.1 mg/L，部分河段可达 8.50 mg/L。其次为位于淮河流域山东北部的菏泽等地，平均正磷酸盐浓度为 1.20 mg/L；位于淮河流域山东沿海地区以及位于淮河水系干流上游桐柏山区的部分河段正磷酸盐浓度也较高，为 0～5.14 mg/L，平均浓度约为 1.0 mg/L。其他地区河流的正磷酸浓度较低，基本为 0～1.5 mg/L。

淮河流域总磷浓度分布趋势与正磷酸盐相似，为北部高南部低、西部高东部低。流域内最高总磷浓度出现在位于流域西北部河南境内的贾鲁河子流域，平均浓度为 2.98 mg/L，部分河段高达 13.82 mg/L。其次为沂沭泗水系的袁公河子流域，总磷浓度最高达 8.69 mg/L；位于沂沭泗水系南四湖子流域的水体总磷浓度也较高，平均浓度为 2.76 mg/L；淮河流域里下河流域经济发达、城镇密布。淮河干流从上游到下游，总磷浓度逐渐降低，上游桐柏山区多为山间地表径流，受岩石淋溶作用，总磷浓度较高。

2）水质问题评价

水生态系统的水质状况是由各种污染指标变量组成的复杂体系，各因子之间具有不同程度的相关性，每一因子都只从某一方面反映水质情况，因此单指标尺度的水生态系统安全评估存在片面性，在进行水质评价时表现出一定的局限性（胡金，2015）。而本次评价方法是将多个指标标准化为少数几个综合指标，它是在确保不损失原有信息的前提下，将多种影响水质的指标重新组合成一组新的、相互之间无关的、较少的综合指标，来反映指标的信息，以达到降维、简化数据和提高分析结果的可靠性的目的。

淮河流域部分水质理化各指标浓度及评估值占各水质等级百分比有以下结果：全流域溶解氧（DO）浓度 0.46～18.35 mg/L，平均浓度为 9.45 mg/L；DO 分级评价结果显示，DO 平均得分 0.8169，其中优秀和良好的比例分别为 70% 和 9.7%，占样点总数的 79.7%。一般及差的比例分别为 7.4% 及 5.1%，值得注意的是，极差的比例为 7.8%。电导率（EC）在 28.4～16500 μS/cm，平均值为 1107.74 μS/cm；EC 分级评价结果显示，EC 的平均得分为 0.6932，其中优秀和良好的比例分别为 47.1% 和 15.4%，超过样点总数的 3/5，而一般、差及极差的比例分别为 22.1%、4.8% 及 10.6%。COD_{Mn} 浓度在 0～125.4 mg/L，平均浓度为 21.48 mg/L；COD_{Mn} 分级评价结果显示，COD_{Mn} 平均得分为 0.6784，其中优秀和良好的比例分别为 59.5%和 8.4%，超过样点总数的 3/5，而一般、差及极差的比例分别仅占 3.7%、5.1%及 23.3%。流域理化指标分级评价结果显示，理化指标平均得分为 0.7159，其中优秀及良好的比例分别为 43.3%及 28.1%，超过样点总数的 2/3，一般、差及极差的比例分别为 18.5%、6.0%及 5.1%，通过水质理化分级评价，流域水生态健康呈良好状态（图 12-3）。

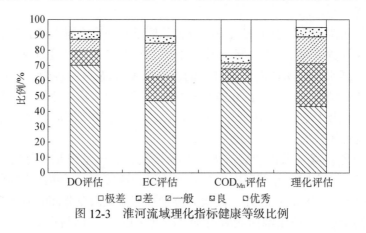

图 12-3 淮河流域理化指标健康等级比例

淮河流域部分水质营养盐各指标浓度及评估值占各水质等级百分比有以下结果：全流域 TP 浓度在 0.02～13.82 mg/L，平均浓度为 1.3 mg/L；TP 分级评价结果显示，TP 平均得分为 0.0655，其中优秀和良好的比例分比别为 3.3%和 1.4%。一般、差及极差的比例分别为 1.9%、3.7%及 89.7%。TN 浓度在 0～41.5 mg/L，平均浓度为 3.97 mg/L；TN 分级评价结果显示，TN 平均得分为 0.2316，其中优秀和良好的比例分别为 16.4%和 6.1%，而一般、差的比例分别为 1.9%、5.6%，极差的比例为 70.0%，接近样点总数的 3/4。NH_3-N 浓度在 0～11.99 mg/L，平均浓度为 0.92 mg/L；NH_3-N 分级评价结果显示，NH_3-N 平均得分为 0.7359，其中优秀和良好的比例分别为 66.1%和 8.4%，超过样点总数的 3/5，而一般、差及极差的比例分别为 5.1%、2.3%及 18.1%。淮河流域营养盐指标分级评价结果显示，营养盐指标平均得分为 0.3443，其中优秀及良好的比例分别为 0.9%及 18.1%，接近样点总数的 1/5，一般、差及极差的比例分别为 14.4%、41.9%及 24.7%，说明水质营养盐性质在流域呈现差状态（图 12-4）。

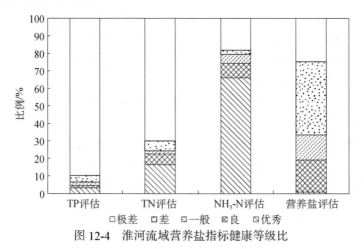

图 12-4 淮河流域营养盐指标健康等级比

12.2.3 淮河流域污染源结构与态势

淮河流域的水污染问题非常严重。污染问题引起我国国家和流域各级地方政府的高度重视,因此,淮河被列入国家"九五""十五"重点治理的"三河三湖"之首,是我国最早进行水污染综合治理的重点河流之一,淮河流域的治污历程已成为中国水污染治理史的缩影。

2008~2018 年淮河流域 COD 含量变化见图 12-5,"十一五"和"十二五"时期 COD浓度大于 40 mg/L 的国控断面占比较高,约占 4%~6%。较高的 COD 浓度表明淮河流域有机污染较为严重。"十二五"期间,淮河流域劣Ⅴ类水质面积依然呈增大趋势,且向北部地区扩散,Ⅰ~Ⅲ类水质仅占 30%左右。进入"十三五"之后,治理力度加大,受污染的部分水体恢复至Ⅰ~Ⅲ类水质,并且原先难以治理的劣Ⅴ类水域得到了有效的治理,转为Ⅳ类水体,Ⅴ类、劣Ⅴ类水域面积基本不存在,水环境质量状况明显提高。

此外,淮河流域内的污染情况得到了改善。COD 浓度大于 40 mg/L 的国控断面逐年减少,到 2018 年基本不存在 COD 浓度达 40 mg/L 的国控断面,20~40 mg/L 的国控断面从 2008 年的 45%降至 24%(图 12-5),水污染治理初期,COD 曾出现过污染反复以及由中北部扩散的现象,但是"十三五"以来,COD 浓度明显降低。

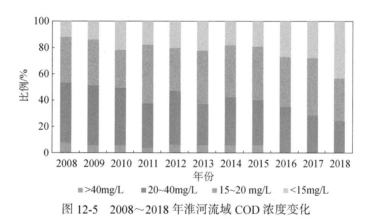

图 12-5 2008~2018 年淮河流域 COD 浓度变化

2008~2018 年淮河 NH₃-N 浓度变化见图 12-6,初期氨氮浓度较高的国控断面主要集中在中西部地区,经过治理,西部地区国控断面的氨氮浓度最先降低,随着污染治理力度加大,淮河流域所属国控断面的氨氮浓度逐年降低,到 2018 年氨氮浓度>2 mg/L 的国控断面数量为 0,氨氮浓度在 0.015~1.0 mg/L 的国控断面从 2008 年的 78%增加到 90%,基本上不存在氨氮污染,说明治理措施得当,NH₃-N 有效去除,水质得到明显提高。

在淮河流域河流中 NH₃-N 是较突出的另一种消耗溶解氧的污染物。在淮河流域,"十一五"期间氨氮是主要的污染物,2008 年氨氮浓度以及空间分布都说明其污染状况严重,淮河流域劣Ⅴ类水质流域面积近 20%,随着"十一五"治理措施的施行,2010 年劣Ⅴ类水质流域面积大幅度降低,Ⅰ~Ⅲ类水质流域面积逐渐增大,生态环境得到明显改善。2011 年淮河流域劣Ⅴ类水质流域面积基本为零;Ⅰ~Ⅲ类水质流域面积大幅度增加。"十二五"期间,淮河流域劣Ⅴ类水质流域面积出现一定的反弹,但维持在相对稳定的状态；Ⅰ～Ⅲ类水质流域面积相对稳定。进入"十三五"后，淮河流域水质明显提高，从 2012 年劣Ⅴ类水质流域面积的 20%左右降至 2018 年的基本为零，全流域基本为Ⅰ～Ⅲ类水质，水质得到明显改善。

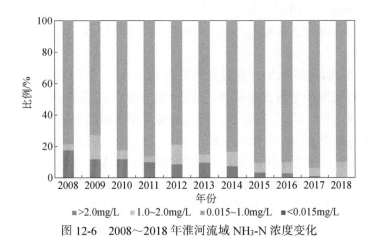

图 12-6　2008～2018 年淮河流域 NH₃-N 浓度变化

"十一五"期间，2008 年 NH₃-N 浓度高于劣Ⅴ类标准（2.0 mg/L）的国控断面比例为 18%，到 2010 年降为 12%；NH₃-N 浓度优于Ⅰ类水质的监测国控断面比例表现较为平稳。2011 年 NH₃-N 浓度高于劣Ⅴ类标准（2.0 mg/L）的国控断面比例降为 10%。经过"十二五"的治理，NH₃-N 浓度高于劣Ⅴ类标准（2.0 mg/L）的国控断面比例为 3%，大幅减少；NH₃-N 浓度处于Ⅰ～Ⅲ类水质的监测国控断面比例增加。进入"十三五"后，2016 年 NH₃-N 浓度高于劣Ⅴ类标准（2.0 mg/L）的国控断面比例为 3%，基本没变化，至 2018 年全流域基本为Ⅰ～Ⅲ类水质，Ⅴ类、劣Ⅴ类水质基本不存在，说明治理措施得当，NH₃-N 有效去除，水质得到明显提高，氨氮已经不再是淮河流域的主要污染物。

在淮河流域，总磷是较突出的另一种消耗溶解氧的污染物，在治理的前几年甚至出现了污染面积增大、向北部扩散的情况，但是 2017 年和 2018 年治理效果显著，总磷污染程度和面积均呈现降低趋势，国控断面浓度大多处于 0.02～0.2 mg/L。综上，近 10 年的淮河流域治理措施取得了立竿见影的效果。

从图 12-7 可以明显看出，"十一五"期间，TP 浓度大于 0.2 mg/L 的区域有所降低，TP 浓度在 0.02～0.2 mg/L 的国控断面数量有所增加，淮河流域总磷污染有所改善。进入"十二五"之后，淮河流域 TP 浓度呈现先上升再下降的趋势，2012 年，TP 浓度大于 0.4 mg/L 的国控断面数量占 12%，同比增长 6 个百分点；到 2015 年，淮河流域 TP 浓度大于 0.4mg/L 的国控断面数量明显减少，占全流域的 5%，TP 浓度达Ⅲ类及以上的国控断面数量相较 2011 年增加了 8 个百分点。针对 TP 超标的问题，相关部门在"十三五"时期采取了一系列的治理措施，从图 12-7 可以发现，"十三五"时期淮河流域总磷污染得到了明显改善，到 2018 年，全流域 TP 浓度大于 0.4 mg/L 的国控断面数量大幅减少，降为 2%，相较 2015 年降低了 3 个百分点，同时，TP 浓度达Ⅲ类及以上标准的国控断面数量达 86%，相较 2015 年提升了 11 个百分点。

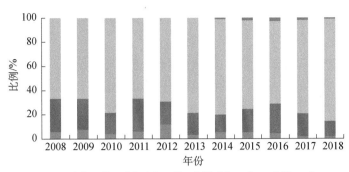

图 12-7　2008～2018 年淮河流域国控断面 TP 浓度变化

1. 淮河流域物理完整性

物理指标中设计了河岸带状态和河流形态指标两个因素层，作为水陆联系的纽带，河岸带在河流生态系统与陆地生态系统的物质、能量、信息交换过程中起着至关重要的作用，同时也是生态脆弱带，它不仅为陆生生物提供了栖息环境，同时影响着河岸的稳定性。在诸多影响因素中，河岸带缓冲区宽度、生境类型、河岸倾斜程度及其植被覆盖度能够反映出河岸带的健康状况。而河流形态结构决定着河流生物的生态环境，是河流生态健康的基础（胡金，2015）。健康河流物理完整性具有江河生态基流满足率高，纵向连通性好，无闸坝及水电站，江河自然岸线比例大，河岸带植被覆盖度高，接近水生态系统的自然状况的特征。而退化河流物理完整性具有江河生态基流满足率低，纵向连通性差，闸坝及水电站多，江河自然岸线比例很小，河岸带植被覆盖度低，物理栖息地受到很强干扰且退化明显等特征。

1）淮河河流生态基流满足率低

生态需水量是生态系统达到某种生态水平或者维持某种生态系统平衡所需的最小流量。生态需水量保证率是指多年日流量满足最小生态需水量的比例。健康河流应具有足够的流量，以满足不同物种的需要，保持畅通的物质循环、能量流动及物种流动。一条河流如果长期出现断流状态，水循环受到破坏，那么它的健康将严重受损。如果流量过小，达不到河流功能要求，河流生命也将受到威胁（高永胜等，2006）。参照湿周法计算基准，将淮河流域（河南段）生态需水保证率的健康标准定为 80%（马跃先等，2008）。

淮河流域（河南段）位于淮河流域上游，流域内人口众多但水资源短缺，人均水资源量为 490 m³，仅为全国平均水平的 1/4。流域内虽然支流众多，但时空分布不均，天然补给水能力不足，难以维持正常生态需水，部分河流出现断流现象（李瑶瑶等，2016）。据统计，2010～2014 年，流域内 24 条主要退化河流中，包河、大沙河、浍河、沱河、涡河、铁底河、小温河、小蒋河、颍河和索河等河流的部分河段断流频率均在 80% 以上，且其断流情况呈恶化趋势。河流的断流使其生物多样性下降，造成河流自身生态系统功能发生退化（徐艳红等，2017）。

2）淮河河流纵向连通性差

纵向连通性：以断面上下游各 5 km 出现的闸坝数量表示河流的纵向连通性，计算

公式为

$$G=N/L \qquad\qquad (12\text{-}1)$$

式中，N 为河流的断点等障碍物数量；L 为连续河流的有效长度。

　　健康河流的纵向连通性=0，无渠化和淤积（马跃先等，2008）。由于水资源开发和防洪需要，淮河流域河南段兴建了许多水利工程。据统计，流域内现存的大中小型闸坝有1816座，占整个流域的33.2%。其中涡河、沱河、清潩河、惠济河及浍河等河流闸坝分布率最高，高达3个/（100 km）。高密度的闸坝严重破坏了河流自然地貌，干扰了河流自然水文节律，降低了水体的自净能力。再加上流域河道人工渠化现象严重，硬质化堤防长度达到1.1万 km，更加剧了河流生态系统退化速度，淮河流域河系的天然河道基本成了人为控制的人工渠道（高永胜等，2006；徐艳红等，2017）。为充分利用水资源，许多闸坝常年关闭，只有在需要用水或泄洪的时候，才短时间开启。沿海地区各条河流，为防止海水倒灌，挡潮闸也大多常年关闭。闸坝的常年关闭导致许多河流流速大大降低，部分河段流速几乎为零，这在很大程度上降低了水体对污染物的降解和稀释能力（刘庄等，2003）。同时，闸坝的修建改变了下游河道的流量过程，影响了周围动植物生存的物理环境，如切断了洄游性鱼类的洄游通道；高坝溢流泄洪时，高速水流造成水中氮氧含量过于饱和，致使鱼类产生气泡病；土壤沼泽化、盐碱化等改变了动植物的生存环境。

　　3）淮河流域自然岸线比例小

　　河岸带具有削减面源污染、提供野生动植物生境、改善河流生态环境等诸多功能，并可提供多用途的娱乐场所和舒适环境以提高河流景观价值。河流正常功能的发挥较大程度上取决于河岸带状况，河岸带宽度及其种类组成等对于河流系统健康状况具有较大影响（高永胜等，2006）。健康河流的河岸带宽度大于河宽的3倍（马跃先等，2008）。受前期水污染及高强度人为活动（砍伐、捕捞等）的影响，淮河流域河南段部分河岸带的原生草本、灌木等覆盖植被遭到了不同程度的破坏，河岸带植被覆盖度低（徐艳红等，2017）。

　　借鉴和参照美国的 RCE（riparian, channel, and environmental inventory）和澳大利亚的 ISC（index of stream condition），确定河岸带状态指标和河流形态指标的分值评分标准，越接近于自然状态或者受人类活动干扰越弱，则该指标的得分越高。在对淮河流域（河南段）河岸带状态的有关调查中发现，淮河流域的河流断面多为梯形的土堤，多数河流出于河岸稳定进行了人为的改造，但是河流两岸土地利用类型多以农业用地和居住用地为主。部分河段出现自然植被覆盖度低、河岸侵蚀严重、底质为单一的泥沙、河道改造明显、土地过度开发、人类活动频繁干扰等特征（胡金，2015）。

2. 淮河流域化学完整性

　　水生态退化的化学特征包括水体富营养化、水体黑臭和底质污染等。其生物地球化学过程包括系统营养元素的收支、循环、转化和积累，温室气体排放和碳负荷量、凋落物分解、沉积物、生产力、污染定量分析等。水体生态系统的生物地球化学循环主要指生态系统 C、N、P 等营养元素的输入与输出过程以及形态转化过程。植物在生物地球化学循环过程中起非常重要的作用。植物在生长周期内吸收利用营养元素导致营养元素的存在状态和空间分布的变化（刘峰，2015）。

1）水体化学完整性退化

我国城市化进程加快，使得人口产业高度集聚，导致污染物排放急剧增加和集中排放，城市入河污染物超出水体自净能力，引起水质恶化并出现黑臭现象。截至 2017 年 10 月，全国地级及以上城市建成区黑臭水体共计 2100 个，淮河流域沿线省份河南、安徽、江苏、山东和湖北五省黑臭比例占全国的 38.4%（李斌等，2019）。

在陆地-河流界面中，河岸区和潜流带是陆地和河流养分交换与通量转化的关键区域（Trimmer et al.，2012），该界面养分输送主要在降水驱动下受物理（如侵蚀）和化学（如淋溶）过程的影响，而非生物过程的影响（Vitousek et al.，2010；Quinton et al.，2010）。陆地-河流界面的生物地球化学过程大大增加了河网进入海洋的养分循环速率和通量。河流输入营养物质到河岸区和潜流带导致营养元素在陆地-河流界面上的反应性、损失过程和通量的变化，并提高了陆地-河流界面上的碳循环和减少了碳的径流输送过程。流域土壤中碳和氮的变化显著影响着流域生态系统的生产力，河流会以颗粒态有机碳和溶解态有机碳的形式向海洋输送部分净初级生产力，物理侵蚀速率是河流对海洋输出成岩有机碳效率的主要控制因素。河口-海洋界面生物地球化学过程主要包括河流系统（包括河流和地下水）养分通量输入近海改变海洋生物系统养分状况及生物多样性（Statham，2012），以及通过影响海洋水体营养状况改变海洋-大气界面的 C/N 交换过程。例如，氮多以 NH_4^+–N 和 NO_3-N 形式存在于水中并随径流流失，进入水生生态系统后的活性氮会对气候产生潜在的重要影响，这将刺激水体对大气 CO_2 的吸收和 N_2O 排放。未来需通过大量降低活性氮沉降及排放，将其潜在风险控制在可接受的范围内。

在流域尺度上，活性氮沉降带来的矿化强化作用优先影响陆地生态系统氮进程，包括初级生产力和硝酸盐浸出，加速氮沉降将增加土壤中的无机氮以及净氮矿化和硝化速率，但会降低土壤微生物碳的生物量。随着活性氮沉降的增加，碳生产力将增加氮损失的可能性。随着氮投入增加，氮的有效性可能会下降，但随着更多的氮储存在有机物质中，其随后的更替率也有助于植物对有效氮的吸收，促进植物生产力的提高（高扬和于贵瑞，2018）。泥炭中的甲烷产生受到硫酸盐和硝酸盐沉降的抑制，但随着氮、硫沉降降低，来自湿地的甲烷排放量因此增加，而淡水中的甲烷排放主要受到 N、P、C、S、Fe 和 Mn 循环相互作用的影响，硫沉降将降低淡水河流中溶解性有机碳的输出。

2）沉积物化学完整性退化

沉积物的指示剂作用反映着水体污染物空间和时间的变化，它既是水体污染的储蓄库，也是水体污染的二次污染源，其污染已成为水体生态系统最严重的问题之一。

淮河中下游沿程各城市下游断面沉积物中污染物平均含量比上游断面高。污染物来源分析表明，所有污染物均受到点源污染的影响，其中 TP 和 Cu 受到点源污染和面源污染的共同影响。单因子标准指数法对沉积物磷污染评价结果表明，淮河干流沉积物环境质量受磷的污染相对较轻（刘振宇等，2018）。淮河干流沉积物中 Cd 的弱酸可提取态平均值达到 27.5%，说明淮河干流沉积物中重金属 Cd 处于不稳定的状态，活性较大，其生物利用性高，容易被生物吸收，从而对环境造成危害；As 在蚌埠吴家渡的非残渣态较高，Cu 在蚌埠闸上和蚌埠吴家渡的可还原态达到 41.96% 和 38.28%，Pb 在蚌埠闸上和蚌埠吴家渡采样点的可还原态比例分别达到 41.96% 和 38.28%，因此淮河干流中重金属 As、Cu 和 Pb 存在一定的生态风险（郑中华等，2017）。

淮河污染程度较为严重的支流贾鲁河，其重金属污染程度相对严重。As 的平均含量为 45 mg/kg，是国家土壤质量标准的 3 倍多，也远远高于淮河的 As 含量的年平均值（18.1 mg/kg）。Zn 的平均含量，明显高于国家土壤质量标准（86 mg/kg），也比淮河含量的年平均值有一定程度的升高（祝迪迪，2013）。

河流作为工业废水的受纳水体，以多环芳烃类（polycyclic aromatic hydrocarbons，PAHs）物质为代表的持久性有机污染物在河流沉积物中的积累和转移也成为学者关注的重点。在长江、淮河、海河、松花江、太湖和滇池六大水体沉积物 PAHs 的调查中发现，淮河沉积物样品中 PAHs 单个化合物的含量范围为 7.90～249 ng/g，总含量为 1723 ng/g，总含量高于长江、松花江和太湖沉积物（李利荣等，2013）。同分异构体比值及组成特征显示，淮河中下游沉积物中的 PAHs 主要来源于煤等化石燃料的高温燃烧，下游有少量石油输入（彭欢等，2010）。单体烃稳定碳同位素技术进行 PAHs 源分析结果表明，高环 PAHs 富集 ^{12}C（轻碳同位素），显示燃煤源为主要污染源（李琪等，2012）。

3. 淮河流域生物完整性

1）淮河底栖动物生物完整性研究

底栖动物（zoobenthos）是指生活史的全部或大部分时间生活于水体底部的水生动物类群，按体型大小有大型、小型和微型之分。底栖动物是区域生物群落的重要组成部分，同时也是水生生态系统食物链中的重要环节。底栖动物具有生活范围较固定，生命周期长且群落结构与生存环境密切相关的特点，其群落结构的变化常作为水质的指示指标。通常来说，河流底栖动物的物种数量和分布格局受底质类型、流速、溶解氧等众多理化因子的共同影响（段学花等，2009）。淮河流域底栖动物生物完整性退化的最主要原因为人类采砂活动造成的底质结构改变，此外下游污染物排放也有一定影响。

（1）河流底质结构对底栖动物生物完整性的影响。在河流上游，其床沙粒径范围一般较宽，底质异质性高，为水生生物提供了大量的生存空间，故上游的底栖动物组成物种丰富；在下游方向，受土壤侵蚀和泥沙颗粒的分选作用等的影响，河床中细颗粒泥沙含量增加，减少了底栖动物必需的生存空间，限制了水流在底质颗粒之间的流动，降低了水体的溶氧量，使得下游方向的底栖动物多样性降低。丁建华等（2017）对淮河干流 11 个位点大型底栖动物的调查研究中，共采集到大型底栖动物个体数为 14768 只，共计 94 种，隶属于 4 门 20 目 41 科。物种分布表现出空间差异，最上游桐柏金庄生物种类数最多，达到 47 种，占整个淮河干流大型底栖动物种类总数的 50%，蚌埠闸下种类数最少，仅 19 种。对水质环境要求较高的种类，如蜉蝣幼虫、毛翅目幼虫、蜻蜓稚虫只在上游有分布，大部分软体类动物则在中、下游分布较多。软体动物主要分布在中下游的原因有二：一方面，河流上游通常较河流下游具有更高程度的流速可变性，其冲刷作用使得砂石型底质不易稳定，从而成为限制软体动物生长的关键因素；另一方面，对于过滤性取食方式的软体动物来说，下游淤泥类型的底质颗粒较小，通常含有高浓度的有机物颗粒，为软体动物潜在的食物来源（Box et al.，2002）。

淮河干流底栖动物生物密度受水温和人类活动影响较大。淮河的平均水温在 6 月升至 25.5℃左右，这是节肢动物幼虫生长发育的适宜温度，因此 6 月前直突摇蚊、长足摇蚊以及摇蚊属的幼虫等种类的平均密度显著增多，在 9 月则急剧减少，从而造成了生物密度出现显著的季节性变化。11 个位点中生物密度自上游至下游呈下降趋势，上游河流人类活动干扰较少，自中游淮滨、王家坝开始采砂作业逐渐增多，人类采砂作业不仅破坏河床底质的稳定性，其激起的悬浮泥沙还增加了水体的浊度，易堵塞软体动物的外套腔和鳃，不利于软体动物生存，造成生物密度的下降。

（2）水质因素对底栖动物生物完整性的影响。水质因素方面，栗晓燕等（2018）研究了淮河流域河南段 27 条河流底栖动物生物状况，结果表明，底栖动物生物完整性与氧化还原电位呈极显著正相关，与 NH_4^+-N 呈显著负相关，与其余水质指标无显著相关关系。大型底栖无脊椎动物更多受到河道整治、截污清淤工程的干扰，营养盐和氧平衡指标对其影响不大（胡金，2015）。

2）淮河浮游生物完整性研究

藻类是一类具有叶绿素，自营养生活，没有根茎叶分化，通过细胞的营养性分裂，或借助于单细胞的孢子、合子进行生殖的低等植物，是水生态系统生物资源的重要组分。藻类对污染物十分敏感，其群落结构及生物量受水体生态环境变化的直接影响，是水质变化监测和水生态评价的常用指示生物。根据生活习性又可分为浮游藻类及着生藻类，二者的受损机制存在一定差异。

浮游藻类又称为浮游植物，由于汛期与非汛期水质不同，浮游藻类生物完整性在淮河流域表现出以下特点：①空间上物种分布自上游至中游递减。优势物种以硅藻为主，其次为绿藻。沙颍河上游段（昭平台至漯河）浮游植物最丰富，优势物种较少，水库调度影响明显；沙颍河中下游段（周口至颍上）浮游植物较丰富，优势物种集中分布；淮河干流段（临淮岗至蚌埠），浮游植物物种匮乏，优势物种分布最少。②水体营养源和电导率对浮游植物的生长与分布有主要影响。磷元素作为水中营养源是浮游植物生长所必需的，一定浓度范围内磷可促进浮游植物的生长，浓度过高会导致浮游植物组成发生变化，优势种明显减少，同时导致水体富营养化发生，进一步加剧水体污染。电导率可以反映水中无机质含量的丰富程度。在非汛期，总磷和电导率对浮游植物生长影响最大；在汛期，总磷、总氮和氨氮影响最大（周宇建等，2016）。

着生藻类群落是河流中的初级生产者，其更新时间较短，对河流的水体化学和栖息环境质量变化敏感，是指示河流生态系统健康状况极佳的类群。经鉴定淮河流域着生藻类有 261 种，隶属于 8 门 120 属，其中绿藻门种类最多，为 49 属 132 种，硅藻门次之，为 36 属 58 种。pH、DO、水温、氧化还原电位、TN、NH₃-N 和 COD 对固着藻类的影响较大，其中 pH 对固着藻类的影响最大，而 TP、流速、电导率和水深对固着藻类的影响较小（王小青，2014）。

3）淮河鱼类生物完整性研究

鱼类是生物完整性研究常见的指示生物之一，通常来说鱼类生物完整性指数（fish-based index of biotic integrity，F-IBI）分值与矿区、农田和城市面积呈负相关，与森林、牧场面积呈正相关。其生物完整性受损的原因主要包括物理栖息地结构改变和水质因素两方面。

（1）物理栖息地结构改变。一般情况下，人为改变河流的物理栖息地条件会降低地方性敏感性鱼类的适合度，同时提高耐受性鱼类的适合度，使原来栖息于某流域中下游河段的鱼类成功入侵其上游，导致"本土入侵"现象发生。渭河是安徽省内淮河右岸最大的支流，也是淮河中游重要的水源地（张晓可等，2017）。在渭河流域六条河源溪流鱼类的空间分布格局研究中发现，出于灌溉和生活用水的便利，在渭河流域存在大量的中小型闸坝和库塘，造成坝上区域水位升高、部分河段水流速降低，产生相对的缓流区和静水区。本次调研共发现 19 种鱼类，其中 5 种为入侵种，均喜静水或缓流水环境，过多的闸坝修筑是其成功入侵并定殖的主要原因。

（2）水质。水生态系统生境改变、水质恶化、污染加重时，对生境质量要求极高的敏感性鱼类逐渐消失，耐受性强鱼类种类和数量逐渐增加，所以敏感性鱼类和耐受性鱼类都被作为环境恶化指示物种（卢丽锋，2018）。通常 F-IBI 与水温、盐度、化学需氧量和石油类呈正相关，与 pH、溶解氧、溶解性无机氮（DIN）、活性磷酸盐（$PO_4^{3-}-P$）和悬浮物呈负相关（余景等，2017）。

2010 年以来，安徽省农委渔业局组织安徽农业大学以及沿淮有关市县渔业渔政部门，采取定点、定人、定船、定网具的方式，开展淮河安徽段鱼类资源监测工作，并同时对监测点水化学、浮游植物、浮游动物进行同步调查。根据 2013 年水化学监测数据分析，淮河水质持续改善，基本水化学指标符合渔业要求，水质为Ⅲ类，符合放流要求。随着水质的改善，鱼类产量、数量比往年均有增加，常规定居性鱼类鲤、鲫已经形成繁殖种群。

4）淮河水生植物生物完整性研究

水生植物中不少物种因对水环境变化敏感而具有特殊的指示作用，大型植物生活时间长，能够综合反映较长时段内的环境状况。在水生植物指示种中，又以沉水植物对水体污染最为敏感，尤其是当水中氮、磷等营养浓度升高，出现藻类水华和水体透明度下降等情况时，沉水植物会大面积消失，如水车前、苦草、微齿眼子菜等多分布在Ⅰ、Ⅱ类水质的湖泊与河流中。浮叶植物对水体基底沉积物污染最为敏感，尤其是重金属和有毒有害物质，其大多喜生长在Ⅰ～Ⅲ类水质中，而部分浮叶植物如莕菜和菱，对水体高氮磷和浊度大具有一定承受能力。挺水植物中香蒲、菖蒲、芦苇多为耐污种。

吕晓燕等（2015）以淮河流域河南段作为研究区域，开展了淮河干流及 1～4 级支流23 条河流的大型水生植物群落结构、分布状况的调查，结果表明，研究区域内水生植物基本分布在河岸两侧，河中间水生植物较少，以沉水植物、漂浮植物为主。从研究区域的植物种类及健康程度划分来看，淮河流域河南段水生植物种类较少，水生植物基本处于不健康或亚健康状态，部分区域呈现病态。淮河流域安徽段水生植物群落结构状况与之相似，覃红燕等（2012）对淮河第二大支流涡河中下游水生植物状况的研究发现，涡河大型水生植物大多分布于河岸两侧及水深 75 cm 以内的浅水区，以沉水植物和挺水植物为主。

对调研结果综合分析归纳后，影响淮河流域大型水生植物群落多样性及分布的主要因素有以下三点。

（1）河流沙含量高，水体透明度低。水体透明度过低不利于水生植物特别是沉水植物的生存。为解决灌溉水源不足及水质问题，部分河段存在引黄灌溉现象，但又缺少控制泥沙的有效措施，致使河流水体透明度极低。部分调查点位的水体透明度只有几厘米到十几厘米，严重影响沉水植物的光合作用，使得植物的生存受到威胁。

（2）水体污染严重。研究区域内仍存在水质Ⅴ类甚至劣Ⅴ类重污染水体，如惠济河受上游生活污水影响，水体污染严重，水面漂浮生活垃圾并散发着难闻的气味，为典型黑臭水体。数据显示，影响水生植物的主要因子为 TP、COD、pH、电导率、氨氮，随着污染物浓度的增加，主要呈现出耐污种水花生、菱、芦苇等植物。严重的水质污染导致水体溶解氧含量降低，影响植物呼吸作用的进行，造成水生植物种类的减少。

（3）人为干扰强度大。淮河河南段流经地市众多，部分城市对城区河道或城市周边河道进行河岸或河道完全硬质化建设，极大破坏了水生植物的生存环境。个别河段还存在私自采砂行为（如淮河干流、南岸支流潢河等），同样对水生植物的生存环境造成破坏，导致水生植物生物完整性降低。

12.2.4　淮河流域社会经济状况与发展趋势

1. 淮河流域社会经济状况

2008～2017 年淮河流域人口变化如图 12-8 所示。淮河流域 2017 年人口数量为 2.33 亿人，约占全国总人口的 17.76%；流域平均人口密度为 864.17 人/km²，是全国平均人口密度的 6 倍。2008～2017 年人口数量整体呈增加趋势，10 年内人口数量增长了 2144.08 万人，占全国总增长人数的 34.58%；但是在 2010～2013 年总体呈现减少趋势，平均每年减少 19.90 万人。

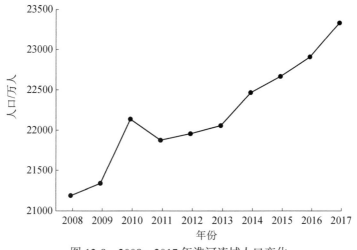

图 12-8　2008～2017 年淮河流域人口变化

淮河流域 2008～2017 年地区生产总值（GDP）是不断增长的，2008～2011 年的增长速率起伏变化较大，但 2011 年以后逐渐呈现稳定增长趋势。10 年间产业结构处于不断的转变过程，调整和优化产业结构是转变经济增长方式的重要内容，从三次产业占GDP 的比例可以看出经济增长方式的转变趋势，如表 12-6 和图 12-9 所示，淮河流域第一产业和第二产业对地区总产值的贡献逐年下降，两者的下降率之和等于第三产业的增长率，10 年间淮河流域的产业结构从第二产业比例很大逐渐转变成第二和第三产业相平的产业结构模式。

表 12-6 2008～2017 年淮河流域三次产业产值及占 GDP 比例

年份	总人口/万人	GDP/亿元	第一产业/亿元	第二产业/亿元	第三产业/亿元
2008	21188.38	51870.02	5981.16	28255.52	17633.34
2009	21339.26	55847.28	6346.70	29689.56	19811.02
2010	22137.00	65916.66	7341.92	35043.19	23530.55
2011	21877.60	76604.20	7983.02	40841.24	27779.94
2012	21956.92	83641.43	8519.36	43784.75	31337.32
2013	22057.39	90996.03	9097.24	46688.70	35210.09
2014	22466.12	96840.33	9313.74	48393.76	39132.83
2015	22667.52	101615.38	9423.33	48466.00	43726.05
2016	22908.07	110266.53	10041.56	51262.02	48962.95
2017	23332.46	120789.29	10013.88	55881.87	54893.54

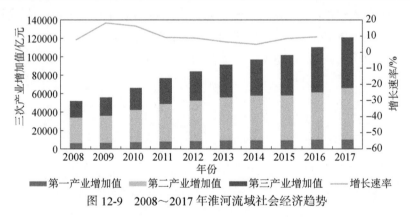

图 12-9 2008～2017 年淮河流域社会经济趋势

2. 淮河流域水体特征污染物与水生态系统动态响应关系

淮河流域总磷污染较为严重，2018 年 V 类和劣 V 类断面数量分别占总断面数量的75% 和 15%，2018 年 COD 和氨氮劣 V 类断面数量占比均为 0，较 2008 年的 8% 和 18% 有明显改善，淮河流域还存在 COD 和氨氮污染，2018 年 COD V 类水质断面数量占总断面的 24%，氨氮的污染较 2013～2017 年有所反弹。2008～2017 年淮河流域水质与排污变化如表 12-7 所示。

表 12-7　2008～2017 年淮河流域水质与排污变化情况

年份	NH₃-N/（mg/L）	COD/（mg/L）	废水排放总量/亿 t	工业废水排放总量/亿 t	工业废水COD 排放量/亿 t	工业废水NH₃-N 排放量/亿 t	生活污水排放量/亿 t	生活污水COD 排放量/亿 t	生活污水NH₃-N 排放量/亿 t
2008	6.52	46.78	2.740	1.101985	1.442802	0.140671	1.622621	4.228494	0.518067
2009	5.14	34.42	2.913	1.1565	1.455173	0.138909	1.739281	4.032709	0.530174
2010	4.91	36.24	3.276	1.321624	1.598772	0.147565	1.935898	3.757865	0.527171
2011	3.25	35.13	7.867	2.752539	3.129758	0.273	5.109921	11.21638	1.772031
2012	2.80	28.56	8.234	2.68044	2.982981	0.256437	5.550539	10.93326	1.745305
2013	3.11	27.67	8.347	2.585456	2.77622	0.238395	5.758152	10.81545	1.711204
2014	3.32	28.26	8.499	2.45636	2.647664	0.221827	6.039366	10.55426	1.671131
2015	3.14	28.39	8.952	2.536899	2.645204	0.209347	6.411554	10.54976	1.659975
2016	2.58	29.57	8.198	1.864609	1.40572	0.129889	6.328771	10.66054	1.577471
2017	1.36	22.85	8.068	1.572119	1.115296	0.096289	6.490712	11.25793	1.64376

依据淮河流域水环境与社会经济现状，构建淮河流域水环境-社会-经济集成耦合模型，综合分析 GDP、人口、污染排放量等因素与淮河流域水环境的响应关系，对淮河流域社会经济发展与主要污染物排放量演变趋势进行模拟。研究构建的流域水生态系统流图见图 12-10，淮河流域水生态环境系统模拟结果见图 12-11。

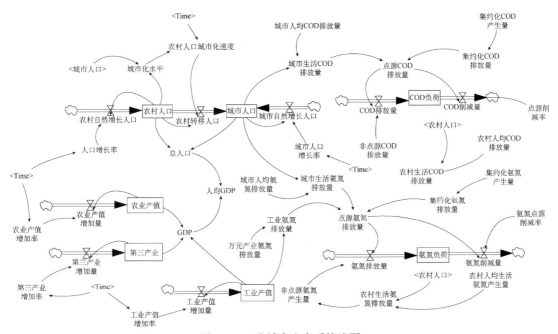

图 12-10　流域水生态系统流图

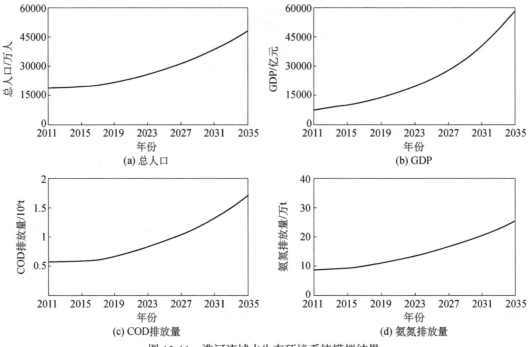

图 12-11 淮河流域水生态环境系统模拟结果

经模拟分析，到 2030 年，淮河流域内 GDP 规模将达到 3.67 万亿元，人口规模将达到 37500 万人，主要污染物 COD 和氨氮排放量分别达到 124.72 万 t 和 19.44 万 t。到 2035 年淮河流域内 GDP 规模将达 5.85 万亿元，人口规模将达 46000 万人，主要污染物 COD 和氨氮的排放量分别达到 167.07 万 t 和 25.53 万 t。

3. 淮河流域社会经济发展与水环境定量关系

运用多元线性回归分析方法，建立淮河流域 2008～2018 年社会经济发展与淮河水质之间的相关模型，其中以水质指标为因变量，以社会经济和污染源指标为自变量，并通过误差分析对模型进行了校核。选用的社会经济指标包括地区生产总值（GDP）、第一产业占比、第二产业占比、第三产业占比、年末总人口（POP），污染源指标包括工业源和生活源的化学需氧量（COD）浓度、氨氮（NH_3-N）和总磷（TP）产生量和排放量。

由于数据缺失，选取了淮河流域 GDP 高五类水质、GDP 低五类水质和 GDP 低二类水质三种典型的控制单元，模型中输入的社会经济数据是在淮河流域所选择的有代表性控制单元所辖各市的合计值，水质资料为淮河流域选取的控制单元中各个国控断面平均值。通过 SPSS 软件多元回归分析，得到如下关系。

1）GDP 高五类水质（新濉河宿州控制单元）

$$NH_3\text{-}N=-34.5-0.085 \times GDP-155.24 \times 第一产业占比+151.3 \times 第三产业占比$$
$$+0.16 \times POP+0.0053 \times 总氨氮产生量+0.038 \times 工业源氨氮产生量-0.0057$$
$$\times 总氨氮排放量$$

（12-2）

$$COD=-1963.56-2.16 \times GDP-3262.68 \times 第一产业占比+4765.78 \times 第三产业占比$$
$$+5.46 \times POP-0.026 \times 总 COD 产生量+0.106 \times 总 COD 排放量（拟合效果差）$$

（12-3）

$$TP=-10.11-0.0001 \times GDP+2.96 \times 第二产业占比+0.022 \times POP$$
$$-0.0006 \times 总 TP 排放量$$

（12-4）

新濉河宿州控制单元为 GDP 较高水质较差控制单元，2008～2018 年第三产业占比、POP 和工业源氨氮产生量对氨氮影响均显著并呈正相关；第三产业占比、POP 和总 COD 排放量对 COD 影响均显著并呈正相关；第二产业占比和 POP 对 TP 影响均显著并呈正相关。在现有治理水平下，随着流域经济的发展和总人口规模的不断增加，对该控制单元所带来的污染压力可能还会逐年增加。由此可见在经济较为发达的地区，生活源和工业源是水体中 COD、氨氮和 TP 的浓度影响较大因素，要加强对工业、城镇污水处理厂达标排放管理，尤其是加强氮磷控制，这是降低 NH_3-N 和 TP 排放、改善水质的重要措施。

2）GDP 低二类水质（潢河信阳市控制单元）

$$NH_3\text{-}N=5.27+0.0008 \times GDP-16.8 \times 第一产业占比-1.31 \times 第三产业占比-0.00038$$
$$\times 总氨氮产生量-0.0028 \times 生活源氨氮产生量+0.00246 \times 总氨氮排放量$$

（12-5）

$$COD=27.28-0.136 \times GDP-90.6 \times 第一产业占比+60.42 \times 第三产业占比+8.88 \times 10^{-5}$$
$$\times 总 COD 产生量+0.001 \times 总 COD 排放量$$

（12-6）

$$TP=1.55-0.0018 \times GDP-5.07 \times 第一产业占比-0.00033 \times 总 TP 产生量+0.00147$$
$$\times 总 TP 排放量$$

（12-7）

潢河信阳市控制单元为 GDP 较低水质较好控制单元，2008～2018 年第三产业占比对 COD 影响显著并呈正相关。在现有治理水平下，随着流域经济的发展，对该控制单元所带来的污染压力可能还会逐年增加。由此可见在经济较好的地区，生活源 COD 对水体中 COD 浓度影响较大，要加强对城镇污水处理厂达标排放管理。

3）GDP 低五类水质（浍河蚌埠市控制单元）

$$NH_3\text{-}N=-2.89-0.01 \times GDP+4.64 \times 第一产业占比+5.9 \times 第三产业占比+0.00189$$
$$\times 总氨氮产生量+0.0048 \times 工业源氨氮产生量-0.056 \times 工业源氨氮排放量$$

（12-8）

$$COD=-3279194.04+4.26 \times GDP+3279598.58 \times 第一产业占比+3279033.36$$
$$\times 第二产业占比+3278778.72 \times 第三产业占比-0.066 \times 生活源 COD 产生量$$
$$+0.00045 \times 总 COD 排放量$$

（12-9）

$$TP=-0.442+0.008 \times GDP+1.42 \times 第一产业占比-0.00053 \times 总 TP 产生量-4.495 \times 10^{-5}$$
$$\times 总 TP 排放量$$

（12-10）

浍河蚌埠市控制单元为 GDP 较低水质较差控制单元，2008～2018 年第三产业占比、POP 和工业源氨氮产生量对氨氮影响均显著并呈正相关；GDP、第一产业占比、第一产业占比和第三产业占比对 COD 影响均显著并呈正相关；第一产业占比对 TP 影响显著并呈正相关。在现有治理水平下，随着流域经济的发展和总人口规模的不断增加，对该控制单元所带来的污染压力可能还会逐年增加。由此可见在经济欠发达且环境较差的地区，生活源和工业源是水体中 COD、氨氮和 TP 的浓度影响较大因素，要加强对工业、城镇污水处理厂达标排放管理，加强氮、磷和 COD 控制，这是改善水质的重要措施。

12.3 淮河流域战略任务和实施阶段

统筹考虑流域内河流水生生物群落结构，从流域河流物理完整性入手，提出流域平原河流流动体系调控需求；从化学完整性入手，给出河流耗氧污染物入河减控和 DO 恢复需求；从生物完整性入手，提出流域河流底栖生物、水生植被和鱼类群落恢复和生境修复需求。

水质改善型单元主要分布在运料河、涡河、颍河、沱河、贾鲁河、清潩河、洙赵新河、小清河、洪泽湖、白马湖等水系，涉及淮安、宿迁、亳州、阜阳、济宁、枣庄、漯河、周口、许昌等城市；防止退化型单元主要涉及南四湖水系、沙河、东淝河、沂河、骆马湖、峡山水库等现状水质较好的水体，以及奎河、浍河等需要巩固已有治污成果、保持现状水质的区域。

淮河流域要大幅降低造纸、化肥、酿造等行业污染物排放强度；加强山东、河南等地污水管网建设，推进江苏、山东等省份敏感区域内城镇污水处理设施提标改造，深化河南、山东等地区污泥处理处置设施建设；促进畜禽养殖布局调整优化，推进畜禽养殖粪便资源化利用和污染治理；持续改善洪河、涡河、颍河、惠济河、包河等支流水质。推进高耗水企业废水深度处理回用；加强跨省界水体治理和突发污染事件防控；实施闸坝联合调度，开展生态流量试点；严格东淝河、沂河等河流上游优良水体和南四湖、骆马湖、峡山水库等良好湖库生态环境保护，保障京杭运河、通榆河、通扬运河等南水北调东线输水河流水质安全。

1. 调整产业结构

加快淘汰污染严重企业。依据区域、流域资源环境承载能力，确定农副食品加工、造纸、制革、印染、染料、炼焦、炼硫、炼砷、炼油、电镀等行业规模限值。依据部分工业行业淘汰落后生产工艺装备和产品指导目录、产业结构调整指导目录、相关行业污染物排放标准及高耗水工艺、技术和装备淘汰目录等文件，以淮河流域各控制单元主要排污行业为重点，逐年度落实落后产能淘汰工作。对长期超标排放的企业、无治理能力且无治理意愿的企业、达标无望的企业，依法予以关闭淘汰。河南省加大信阳、驻马店、开封、周口等市农副食品加工业淘汰力度。目前，基本达到产业目录、环境保护和行业准入等各项要求，基本完成流域内落后产能企业淘汰。

2. 优化空间布局

优化空间布局。新建企业原则上均应建在工业集聚区。推进企业向依法合规设立、环保设施齐全、符合规划环评要求的工业集聚区集中，并实施工业集聚区生态工业化改造。流域的干流及一级支流沿岸，有序推进副食品加工、化学原料和化学品制造、造纸等重点企业的空间优化分布，合理布局生产装置及危险化学品仓储等设施。造纸、印染等重点行业主要分布区域新建、改建、扩建该行业项目要实行污染物排放减量置换。有序推进产业梯度转移，强化承接产业转移区域的环境监管。

严格水域岸线用途管制。土地开发利用应按照有关法律法规和技术标准要求，在东淠河六安市控制单元等敏感区域优先控制单元非城镇建设用地区域划定沿岸缓冲带并严格控制，留足河道、湖泊地带的管理和保护范围，并向社会公告管理和保护范围。强化入河湖排污口监管和整治，维护良好水生态空间。通榆河盐城市草堰大桥等高强度经济活动优先控制单元要积极推进退田还湖、退养还滩、退耕还湿，划定重点行业禁止建设区，对非法挤占水域岸线的建筑提出限期退出清单，加快构建水生态廊道。江苏省重点完成"两横两纵"中洪泽湖—淮河，南水北调东线生态廊道建设。

3. 落实企业污染治理主体责任

督促企业依法履行治污责任。工业企业要履行自行监测、自证守法等基本责任，鼓励企业开展自行监测或委托有资质的第三方进行监测，获取的相关数据向环境保护部门备案申报，并通过统一平台向社会公开，进一步规范企业排污口的设置、监测与台账记录等。加强企业排污口在线监测系统建设，逐步实现工业污染源排放监测数据的统一采集和发布。强化环境保护中的公众参与，对企业守法承诺履行情况进行全面公开督查。落实《环境保护公众参与办法》，围绕舆论普遍关注的热点问题，做好正面引导、解疑释惑，多方式、多途径宣传环保政策举措，动员公众参与到对企业主体责任的监督体系中。

加强企业污染防治指导。逐步完善覆盖各行业的企业环境守法导则并定期更新，引导和规范企业环境管理，提升环境守法能力，提高企业的污染防治和环境管理水平。

4. 促进工业清洁生产和循环经济发展

推进企业清洁化改造。完善各行业清洁生产评价指标体系，建立分行业污染治理先进实用技术公开遴选与推广应用机制，定期更新和发布行业污染治理先进适用技术。

促进工业循环经济发展。鼓励淮河流域钢铁、纺织印染、造纸、石油石化、化工、制革等高耗水企业废水深度处理回用。推动工业园区实行生态工业生产组织方式和发展模式，重点推进国家级经济技术开发区、国家高新技术产业开发区、发展水平较高的省级工业园区或其他特色园区，积极开展生态工业示范园区创建活动。

推进排污权有偿使用和交易。建立健全排污权初始分配、有偿使用和交易制度，进一步推进长江流域、黄河流域、海河流域等排污权有偿使用和交易试点，推行刷卡排污、指标预算管理与收储。鼓励企业积极实行清洁生产和循环发展，进一步减少污染物排放，通过排污权交易获得回报。

5. 完善污水处理厂配套管网建设

新建城镇生活污水收集配套管网的设计、建设与投运应与污水处理设施的改（扩）建同步，充分发挥污水处理设施效益。加强污水管网建设，到 2020 年，淮河流域新建污水收集管网 16602 km，进一步强化老旧城区、城乡接合部生活污水的截流和收集工作，加快实施对现有合流制排水系统的雨污分流改造。不具备改造条件的，应采取增加截留倍数、调蓄等措施防止污水外溢。除干旱地区外城镇新区建设均应采取雨污分流制，有条件的地区要推进初期雨水收集、处理和资源化利用。2017 年前，省会城市的污水基本实现城镇生活污水的集中收集处理率接近 100%，其他地级城市建成区于 2020 年底前基本实现。

6. 加快重点区域污水处理设施提标改造

对所有执行二级及以下标准的城镇污水处理设施实施提标改造，进一步提升污水处理设施出水水质，淮河流域"十三五"期间污水处理厂提标改造 441 万 t/d，进一步提高出水水质，减少污染物排放。江苏省于 2017 年底前完成提标改造工作。

7. 继续推进污水处理设施建设

各地根据城镇化发展需求，适时增加城镇污水处理能力。到 2020 年，淮河流域新增污水处理能力 433 万 t，所有县城和重点镇具备污水收集处理能力，县城、城市污水处理率分别达到 85%、95% 左右。

新增再生水日处理能力 54 万 t，完善再生水利用设施。工业生产、城市绿化、道路清扫、车辆冲洗、建筑施工以及生态景观等用水，要优先使用再生水。具备使用再生水条件但未充分利用的钢铁、火电、化工、制浆造纸、印染等项目，不得批准其新增取水许可。到 2020 年，淮河流域缺水城市，驻马店市、商丘市、信阳市、阜阳市、亳州市、淮北市、宿州市、蚌埠市等，再生水利用率达到 20% 以上。

8. 综合整治城市黑臭水体

全面排查流域内水体环境状况，建立地级及以上城市建成区黑臭水体等污染严重水体清单，制定整治方案，以解决城市建成区污水直排环境问题为重要着力点，综合采取控源截污、节水减污、生态恢复、垃圾清理、底泥疏浚、流量保障等措施，切实解决淮河流域城市建成区水体黑臭问题。各地区要细化分阶段目标和任务安排，向社会公布年度治理进展和水质改善情况。试点推广"河长制"，强化地方水环境保护属地责任。

建立淮河流域城市黑臭水体整治监管平台，每半年公布黑臭水体清单，接受公众评议。各城市在当地主流媒体公布黑臭水体名单、整治期限、责任人、整治进展及效果，建立长效机制，开展水体日常维护与监管工作。研究鼓励社会资本以市场化方式设立黑臭水体治理专项基金。2017 年底前，对于已经排查清楚的黑臭水体逐一编制和实施整治方案，作为近期治理的重点；未完成排查任务的地级城市，应尽快完成黑臭水体排查任务，及时公布黑臭水体名称、责任人及达标期限；地级及以上城市建成区应实现河面无大面积漂浮物，河岸无垃圾，无违法排污口，直辖市、省会城市、计划单列市基本消除黑臭水体。

12.4 淮河流域特征目标

12.4.1 特征目标确定原则

水利枢纽是连接水资源与人类社会的一个重要环节，其传统的功能包括防污、防洪、发电、供水、航运等。但是，随着水利发展对河流开发利用程度的提高，河流生态系统受到越来越多的影响，甚至恶化与破坏，河流健康与生态保护成为开发利用过程中不容忽视的问题。为减少水利工程对上下游水生态环境的胁迫，水利工程需要增加保护河流生态系统的功能。为保护河流生态系统，实行生态调度是一个国际趋势，现有的调度方式都会逐渐转变为通过改水库的调度方式，补偿水库对河流生态系统的不利影响，以实现水库社会经济效益与生态效益的最大化。

科学定义河道内生态用水保证率是联合调度考核与评估的基础。河道内生态用水保证率涉及两个大的概念：河道内生态用水量及保证率。河道内生态用水以河道内生态需水为出发点。河道内生态需水是从河流生态系统的自身需求出发，为维护河流系统正常的生态结构和功能所必须保持的水量。河道内生态用水的目的是尽可能大地满足河道内生态需水，会根据实际情况而发生变化，其应该被定义为在现状和未来特定目标下，维系河流生态系统的实际发生的用水量；或者是指为维持某种河流生态需求所使用的水量，是生态系统所被动接受的水量。传统意义上的保证率是指某要素值小于或大于某一标准数值的可靠程度，通常以某要素在长时期内小于或大于某一标准数值的累积频率来表示。结合以上基本概念的分析，河道内生态用水保证率可以定义为在一定时间范围内，河道内的生态用水量在时间上或数量上大于河流生态系统的生态需水量所发生的概率。

河道内生态用水保证率的提高，需要通过水质-水量-水生态联合调度模型来实现，即以"计划调度-应急调度"耦合为基础、长短期调度相结合的水质-水量-水生态联合调度模型，分别为流域生态用水长期调度模型（单位：年/月等）和闸坝群短期应急调度模型（单位：日/时等）。流域生态用水计划调度主要通过水库、闸坝等水利设施进行水量调控，协调河道外生产、生活、生态用水与河道内生态用水的需求，并且尽可能地保障河道内生态用水保证率；闸坝群短期联合调度主要为应急调度，以规划调度的决策结果为边界条件，以防污、防洪为目标，同时兼具处理突发水污染事故的预警与防治功能。耗氧污染是淮河流域河流水污染的主要类型，耗氧污染物消耗河流水体中溶氧，进而对水生态系统产生影响，是此类污染治理必须考虑的问题。以耗氧污染治理为目标，选取 COD 与 NH_3-N 为主要耗氧物质，综合考虑 COD 的耗氧降解、氨氮向硝酸盐转换过程对 DO 的消耗，以及河流大气复氧等水体氧平衡过程，分析流域河流氧亏现状和区域分布状况，并结合好氧污染物自身特点，最终确定淮河流域河流污染控制的特征水质目标。

12.4.2　近期和中长期淮河流域河流治理特征水质目标

基于流域水污染诊断，淮河下游一段 COD 的污染较为严重，耗氧污染物削减是河流治理的基本目标。COD 和 TP 是水体中主要的污染物质。通过其耗氧剂量的分析，确定 COD 和 TP 的水质恢复目标分别为 20 mg/L 和 0.025～0.1 mg/L。要求淮河流域水质优良（达到或优于Ⅲ类）比例总体达到 70%以上，全流域消除劣Ⅴ类水体，地级及以上城市集中式饮用水水源水质达到或优于Ⅲ类比例总体高于 93%。城镇集中式饮用水水源地水质稳定达标，完成国家规定的城市建成区黑臭水体治理目标，在流域河流水质进一步削减基础上，使水功能区达标率达 85%以上，同时增加流量保障试点，针对淮河流域开展水生态保护修复试点。

12.5 淮河流域水污染治理与生态修复技术重点

1. 多闸坝重污染河流"三三三"治理模式

针对贾鲁河天然径流少、闸坝多、非常规水补给为主等特征，在"十一五"研究基础上，进一步创新实践与完善了"三级控制、三级标准、三级循环"科学衔接的河流"三三三"治污新模式。该模式的"一级控制"中，针对化工、制药、造纸等有毒有害工业废水可能对综合污水处理厂造成的冲击，通过制订化工、发酵制药等工业废水间接排放标准以及研发"零价铁还原-芬顿流化床"集成处理技术，一方面有效控制了工业废水中有毒污染物对污水处理厂生物处理系统的冲击，保证了综合性污水处理厂的稳定运行，提高了污水处理厂的达标率，同时也提高了企业或园区的中水回用率；在工业/城市尾水深度处理与再生回用的"二级控制"中，利用新型永磁性树脂吸附技术以及"物化与生态"集成技术，可使区域内工业与城市尾水达到再生水景观回用标准，然后经过人工湿地净化进一步削减氮磷以及有毒有害污染物集中排入河流，使污水处理厂非常规水源得到充分利用，保证了基流匮乏河流的生态基流，实现了区域内工业与城市尾水的景观再生回用；在河流原位生态净化与水质提升的"三级控制"中，通过生境构造、基质强化脱氮除磷、水生植被恢复和生态系统构建等河流原位生态强化净化与修复关键技术，使生态补给的再生水水质由劣Ⅴ类跃升至Ⅲ～Ⅳ类，重建与恢复了贾鲁河的"肾脏"系统，实现了流域尺度上的水资源生态再生利用。综上可见，在河流"三三三"治理模式中，通过建立"点源—区域—流域"的"三级控制"，可使"行业间接排放标准—流域排污标准—河流水质标准"的"三级标准"得到有序衔接，建立了"工业园区（企业）内部废水循环利用—区域污水再生回用—流域水资源生态利用"的废水资源"三级循环"再生利用体系，实现了贾鲁河流域工业废水与城市污水大尺度再生利用，使流域污染排放总量、河流生态净化能力与河流水质目标得到科学衔接，支撑了贾鲁河流域的水环境质量改善与达标，破解了基流匮乏重污染河流的治污困境。目前河流"三三三"治理模式已在沙颍河流域的清潩河与八里河、淮河下游入淮河流——清安河、太湖流域永胜河与小圩沟以及内蒙古包头市城市河流的水环境治理工程中得到推广应用。

2. 水质保障型蓄水湖泊"治用保"治污模式

南水北调东线工程是为解决我国北方地区水资源严重短缺问题的国家级特大基础设施项目，南四湖治污是东线工程成败的关键。南四湖流域面积辽阔，人口密度大，工业化和城镇化推进快速，产业结构偏重，流域水污染严重。在短时间内使南四湖湖体水质由劣Ⅴ类跃升至饮用水标准，其实现难度为国内外罕见。如何既确保调水水质达标，又保证经济发展和社会稳定，是流域治污需要破解的难题。在"十一五"期间，从发展中地区实际出发，水专项探索建立了"治用保"流域综合治污模式，在南四湖流域大规模推广应用，实现了湖区主要水质指标由劣Ⅴ类向Ⅲ类的跃升，走出一条适于发展中地区流域治污的新道路。该模式中，"治"即污染治理，针对工业结构性污染突出问题，创新流域水污染物综合排放标准体系，突破制浆造纸等重点污染行业废水深度处理和城镇污水脱氮除磷高效节能等技术瓶颈，在大幅削减点源负荷的同时，引导和推动落后生产力"转方式、调结构"。"用"即再生水循环利用，针对流域水资源短缺、水环境容量小等问题，创新区域再生水循环利用体系构建技术和管理模式，建设再生水截蓄导用设施，实现行政辖区内再生水的充分循环利用，有效实现废水和污染负荷的进一步减排，且闸坝拦蓄增大了河道水体自净能力而实现环境增容。突破再生水调蓄库塘生态构建技术，有效控制库塘内水华，确保流域再生水回用安全。"保"即生态修复和保护，针对面源污染严重、水生态系统受损严重等问题，创新生态修复与功能强化技术，在不影响地方经济发展和社会稳定的前提下，实施湖滨带规模化退耕还湿、河口人工湿地、湖区生态保育等工程，构建调水干线生态屏障，进一步减少水污染物入湖量，且提升湖滨带、入湖河口及湖区水体自净能力而实现环境增容。通过"十一五""治、用、保"模式实施，南四湖流域自 2008 年起第二产业比例连续多年下降，产业结构优化效果明显；2007～2011 年南四湖流域 GDP 年均增长率 16.9%（按当年价格），而全流域 COD$_{Cr}$ 和 NH$_3$-N 年均浓度分别年均下降 8.6% 和 26.7%，在 2010～2011 年枯水期南四湖水质以Ⅲ类为主，全湖 NH$_3$-N 达到Ⅲ类标准，即在流域经济两位数持续增长的同时，实现了流域水质持续改善。在"十一五"期间，南四湖流域内修复湿地 18 余万亩（1 亩≈666.67m²），生态结构和功能逐步恢复，水体自净能力逐步提高。至 2011 年，南四湖水生高等植物物种数恢复到 70 种；多年绝迹的小银鱼、大银鱼、刀鲚等鱼类恢复生长，成为主要渔获物种；南四湖鸟类数量达到 15 万只，湿地恢复区鸟类达到 33 种；新薛河入湖口人工湿地发现 52 只珍稀水禽白枕鹤种群。综上，"治用保"模式实施使南四湖主要水质指标由地表水劣Ⅴ类向Ⅲ类跃升，实现了流域发展方式转变，完成了经济、社会、环境同步共赢的研究目标。与传统的流域治污模式相比，"治用保"流域综合治污模式最大限度地利用"用"和"保"化解了治污压力，跨越 Kuznets 环境经济学壁垒，实现了流域治污以牺牲经济发展为代价向调整产业结构、优化经济发展方式的转变，为发展中地区在工业化、城镇化快速推进阶段基本解决流域环境问题提供了范例。"治用保"流域综合治污模式在南四湖流域取得经验后，已上升为山东省政府的治污策略，在省辖淮河、海河、小清河、半岛流域水污染控制工作中得到了广泛推广应用。2011 年省控 59 条重点河流 COD$_{Cr}$ 平均浓度达到 27.9 mg/L，NH$_3$-N 平均浓度达到 1.45 mg/L，水环境质量总体上已恢复到 1985 年以前的水平。

12.6　淮河流域污染治理与生态修复路线图

12.6.1　淮河水环境污染历程和治理成效

改革开放初期，淮河水污染问题十分严重，发生过多次严重的污染团下泄事件。党中央、国务院高度重视淮河流域水资源保护与水污染防治工作，淮河水污染被列入国家"九五""十五"重点治理的"三河三湖"之列。

"九五"期间，淮河流域水污染治理以整顿工业污染为主，以"关、停、禁、改、转"为指导思想，关闭了大批高耗水、高污染的"十五小"企业，并对重点污染企业实行限期治理，流域水质恶化趋势得到一定程度的缓解；"十五"期间，淮河流域水污染治理以城镇污水集中处理为主，经过整治，流域水质达标率不断提升，但淮河流域四省的COD 和氨氮排放量均未能实现《"十五"计划》的预期目标。

"十一五"期间，淮河流域以控源减排为主，部分省份进行了农业面源的排查或农业面源减排对策研究；在贾鲁河流域构建并实践了以废水循环利用为核心的基流匮乏重污染河流"三三三"治理模式，即"三级控制、三级标准、三级循环"；研发了高效稳定人工湿地技术、近自然河道污染生态削减技术等一系列技术；创新复杂水质与水文背景下河口多级串联人工湿地模式，构建多自然型的生态河道，建成生态净化示范河道 18.48 km，处理工业及城市生活尾水 5 万～40 万 t/d。此外，在系统诊断淮河流域水污染特征的基础上，制定了淮河流域水污染治理战略；突破了重污染多闸坝河流水质水量联合调度关键技术，构建了淮河–沙颍河流域水质水量联合调度系统平台并实现业务化运行，有效预防突发性污染事故。

"十二五"期间淮河流域内各省扎实推进水污染治理工作。河南全面实施碧水工程，加快推进城市河流清洁行动计划，不断强化节能减排，着力加强污染治理，改善生态环境质量，有效推动了全省水环境质量的持续改善。山东省积极构建"治、用、保"流域治污体系，创新实施分阶段逐步严格地方标准，不断强化河流水质持续改善的"刚性约束机制"，实现全省水环境质量持续改善。江苏省把水污染防治作为生态文明建设的重中之重，率先实行严于国家标准的重点流域污染物排放限值，大规模开展重点行业、城镇污水处理厂提标改造，在全面深化改革中推出"河长制"、水环境区域补偿、生态红线管控等一批管理制度，科学治水、系统治水。淮河流域水污染防治取得明显成效，水质明显提升。

"十三五"期间综合考虑控制单元水环境问题严重性、水生态环境功能重要性、水资源禀赋、人口和工业聚集度等因素，将淮河流域划分为 188 个控制单元，其中 75 个优先控制单元，结合地方水环境管理需求，优先控制单元再细分为 39 个水质改善型和 36 个水质保持型单元，实施分级分类管理，因地制宜综合运用水污染治理、水资源配置、水生态保护等措施，提高污染防治的科学性、系统性和针对性；加强淮河流域污水管网建设，推进江苏、山东等省份敏感区域内城镇污水处理设施提标改造，深化河南、山东等地区污泥处理处置设施建设；促进畜禽养殖布局调整优化，推进畜禽养殖粪便资源化利用和治理；推进高耗水企业废水深度处理回用；加强跨省界水体治理和风险防范；实施闸坝联合调度，开展涡河、沙河、颍河等主要支流生态流量保障试点；严格东淝河、沂河等河流上游好水和南四湖、骆马湖、峡山水库等良好湖库生态环境保护，保障京杭运河、通榆河、通扬运河等南水北调东线输水河流水质安全。"十三五"时期，淮河流域地表水环境质量持续改善。

12.6.2　淮河水环境现状

"十三五"期间，淮河流域共 242 个地表水断面，其中国控断面 204 个，包括 180 个河流控制断面和 24 个湖库控制断面，入海控制断面 52 个（其中 14 个断面包含在国控断面中）。2020 年，淮河流域地表水总体良好，监测的 242 个断面中：Ⅰ～Ⅲ类水质断面共

182 个，占 75.2%；Ⅳ类水质断面共 54 个，占 22.3%；Ⅴ类水质断面共 5 个，占 2.1%，主要超标项目为总磷、高锰酸盐指数、化学需氧量。与 2016 年相比，水质明显好转，其中Ⅰ～Ⅲ类水质断面上升了 21.3 个百分点，Ⅳ类下降了 0.5 个百分点，Ⅴ类下降了 14.0 个百分点，劣Ⅴ类下降了 6.8 个百分点。

淮河流域省界断面共 30 个，断面达标率为 100%。2020 年，Ⅰ～Ⅲ类水质断面共 18 个，占断面总数的 60.0%，Ⅳ类水质断面共 12 个，占 40.0%。与 2016 年相比，水质明显好转，其中，Ⅰ～Ⅲ类水质断面上升 20.0 个百分点，劣Ⅴ类下降 6.7 个百分点。

淮河干流共 10 个断面，"十三五"期间，水质总体保持为优。2020 年，监测的 10 个断面中，Ⅱ类水质断面共 4 个，Ⅲ类水质断面共 6 个。10 个断面全部达到Ⅲ类水质目标，断面达标率为 100%，与 2016 年相比，上升了 10.0 个百分点，断面达标率逐年稳步提升。

"十三五"期间，淮河流域共有 52 个入海河流断面，其中 14 个为国控断面。2020 年，入海河流断面总体为轻度污染。Ⅰ～Ⅲ类水质断面占 62.7%，与 2016 年相比，上升了 34.1 个百分点；2020 年无劣Ⅴ类水质断面，与 2016 年相比，下降了 14.3 个百分点，水质明显好转。

淮河流域水资源短缺，部分支流缺乏天然径流，加之闸坝密布，河流水环境容量较小。2019 年淮河流域水资源总量为 442.01 亿 m^3，较常年偏少 44.7%；地表水资源量为 288.38 亿 m^3，较常年偏少 51.5%；地下水资源量为 231.21 亿 m^3，较常年偏少 31.6%。淮河流域上游地表水资源量大于中下游，淮南大于淮北，淮河水系大于沂沭泗水系。流域匮乏的水资源及时空分布不均是流域水环境问题的主要成因之一。

12.6.3　淮河流域水环境治理的瓶颈

淮河流域"十三五"期间水污染防治工作虽然成效明显，水质持续好转，但与 2035 年基本实现美丽中国的目标要求相比，水生态环境保护不平衡不协调的问题依然突出，水污染防治工作仍十分艰巨，形势依然严峻。流域部分河湖水环境质量差、河道生态流量不足、水生态功能退化、水环境风险隐患多等问题仍然十分突出。

1. 河流基流缺失，水环境容量低，污染严重

淮河流域以全国 3.4%的水资源量，养育着全国 1/6 人口，人均水资源量不到全国的 1/5。而且，淮河 70%左右的径流集中在汛期 6～9 月，水资源时空分布不均和变化剧烈，使水资源短缺的形势更加突出。淮河流域地表水资源开发利用率达大大超过国际上内陆河流开发利用率公认的 30%合理利用程度上限水平。近年来，随着社会经济发展，淮河流域水资源利用需求量仍以每年 2%～3%的速度增长，流域社会经济发展与水资源短缺的矛盾将日益突出。特别是豫东、皖北、鲁西地区，地处平原，调蓄条件差，缺水状况十分严重，该地区位于国家重要战略区中原经济区，水资源短缺已成为影响中原经济区发展的重要因素。

淮河流域水资源短缺，部分支流缺乏天然径流，加之闸坝密布，河流水环境容量较

小，基流缺失及水资源匮乏导致流域水环境容量远低于需求。根据计算，淮河流域 COD 和氨氮的纳污能力分别为 46.0 万 t/a 和 3.28 万 t/a。目前流域污染负荷量远高于这一数值，造成流域水环境的巨大压力。

2. 污染负荷大，结构性污染仍然存在

淮河流域地处南北气候过渡带，气候复杂多变，平原广阔，人口密集，土地开发利用程度高，加之中上游地区经济欠发达，流域产业结构"三高"（高污染、高能耗、高排放）特征明显。特殊的气候、地理和社会条件，决定了淮河水污染治理的长期性、艰巨性和复杂性。经过 20 多年治理，虽然淮河流域的控源减排能力得到极大提升，河湖水质总体上呈好转趋势，但是流域废污水排放量逐年增加，水环境污染压力仍处于高位，进一步改善水质难度加大。

尽管工业点源排放在水污染物排放中所占比例较低，但重污染工业行业的污染削减工作仍然不可忽视，淮河流域的产业结构偏重于资源型和重污染产业，单位工业增加值污染强度大，造纸、化工、农副、纺织、饮料、食品、黑色金属、皮革、医药九个主要污染行业产值约占流域工业总产值的 1/2，但排放的 COD 和氨氮分别约占全流域工业源排放总量的 85% 和 90%，结构性污染突出。

3. 闸坝众多，天然生境破碎化，水生态受损严重

淮河流域共有 5400 多座大中型水库和 4200 多座水闸，是我国水库、闸坝等水利设施建设最密集的流域之一。闸坝在河流防洪、农业灌溉、发电、供水等方面发挥巨大效益，但是高密度水利工程严重破坏了河流天然生境条件，破坏了河流网络的连续性和完整性，切断了水生生物的洄游通道，导致水生生物多样性降低。闸坝蓄水造成水资源过度利用，河流径流量降低，河流出现干涸或断流现象，湖泊湿地萎缩，河湖水生态系统功能下降，水生生物数量和种类减少。据统计，淮河流域从 20 世纪 80 年代至今已有 11 个小湖泊萎缩消失，湖泊水面面积年萎缩量达 0.2%。闸坝修建后对其下游水生态系统有一定的不利影响，长期的调控干扰会导致水生生物群落和结构单一，水生态健康受损严重。

在国家重大水专项支持下，淮河项目近年来对流域水生态系统和生物多样性进行调研发现，河流和湖库水生植物、浮游生物、底栖动物等群落结构单一，以耐污种为主，水生态功能明显退化，水生生物资源与多样性遭受严重破坏，水生态健康程度低。以底栖动物为例，在淮河流域河南地区耐污种有 12 种，敏感物种仅有 1 种，物种多样性香农指数仅为 1.04，丰富度指数仅为 1.11；安徽地区耐污种高达 16 种，敏感物种仅 4 种，物种多样性指数仅为 1.27，丰富度指数仅为 1.34；江苏地区耐污物种有 16 种，敏感物种仅有 1 种，物种多样性指数为 1.69，丰富度指数为 1.33；山东地区耐污种高达 18 种，浮游植物 117 种，浮游动物 163 种，大型底栖动物 50 种，丰富度指数（D）为 0.70，香农多样性指数（H）为 2.30。总体而言，淮河流域耐污物种数较多，且数量均很低；表明淮河流域水生态功能退化严重，河流和湖库水生态生物完整性和生态系统健康程度较差，严重降低了流域水体自净能力与水环境容量。

4. 水环境安全隐患多，突发性和累积性环境风险高

淮河是我国水污染事故发生频次最高的流域之一。1989～2004 年淮河流域先后发生了 6 次重大污染团下泄的水污染事故，造成巨大损失。为什么淮河频发突发水污染事故？其直接原因是大量闸坝修建，阻断了河流上游污染负荷与下游水体的自然联系，切断了河流清水补给，削弱了水流速度，大量污水、泥沙及营养物质滞留水体，各种污染物在闸坝前水体聚集形成污染团。特别是，枯水期河流关闸蓄水容易造成河流污水聚集形成高浓度污水团，成为河道型污染库。汛期河流开闸泄流，蓄积河道的污染团集中下泄，导致淮河突发性污染事故频发。近年来，随着淮河水环境质量不断改善，对流域闸坝调控管理能力不断提高，大型突发水污染事故发生得到有效防控。但是，淮河中游平原区北岸支流污染团下泄事故发生风险高。因此，在水污染问题没有根本解决之前，淮河流域水污染事故的隐患仍然存在，尤其是跨省河流。这不仅对当地的社会、经济和水环境造成影响，还对下游供水安全造成威胁。

国家重大水专项淮河项目通过大量调研研究发现，淮河流域地表水、饮用水等水体中重金属、内分泌干扰物、抗生素、农药等高风险毒害污染物普遍存在，部分区域呈现较高的累积性环境风险。长期以来，淮河水体接纳了大量工业废水，尽管废水排入受纳水体之前已处理达标，但是由于目前工业废水排放水质控制指标基本还停留在 COD、氮、磷等传统指标，废水毒害污染物排放还缺乏有效控制。废水中毒害污染物对水质常规指标，如 COD、BOD 等贡献小，但是它们产生的毒害效应严重危害河流水生态与人体健康。近年来，长三角产业正加速向内地转移，化工、印染等重污染行业将向淮河洪泽湖中上游地区进一步转移，淮河流域毒害污染控制将面临更为严峻的挑战。

5. 水环境管理方式仍较粗放，亟须建立水质目标精细化管理模式

国家"水十条"提出的"以改善水环境质量为核心……对江河湖海实施分流域、分区域、分阶段科学治理""深化污染物排放总量控制""严格环境风险控制""全面推行排污许可"，为我国流域水环境治理提出了目标和方向。回顾历次淮河流域水污染防治计划执行情况，当前淮河流域水环境管理方式仍然较粗放，普遍存在环境监管与水质目标脱节、总量控制与浓度控制脱节、污染控制与水生态保护脱节、达标排放控制与水质达标脱节、以行政区为基础的环境功能区划分与流域水污染调控脱节等问题。

美国水环境管理制度以排污许可制度为核心，建立了排放标准和质量标准之间的联系。美国发放排污许可证时，首先保障受纳水体水质达标，若排放标准能严格保证受纳水体水质达标，则按要求发放排污许可；若执行排放标准不能保证水质达标，则需采用 TMDL 等工具制定基于水质达标的更严格排放限值，然后依程序发放排污许可证。因此，亟须借鉴美国先进制度和管理经验，在淮河流域建立基于污染排放标准与受纳水体水质标准间顺畅、科学衔接的排污许可证制度，使污染减排与水质改善效果之间高度关联，构建流域水质目标精细化管理模式。

12.6.4　淮河流域水环境治理目标与时间表

淮河流域水体污染控制与治理的战略目标为全面修复和保障淮河流域河流生态功能，

为流域的可持续发展提供支撑。近期流域水环境质量稳步改善，支撑淮河流域控源减排和水生态修复。中远期流域水生态系统逐步恢复，全面提升淮河水环境质量，构建经济社会发展与水环境和谐的流域水生态系统。

针对淮河流域的水污染特点及其成因，治理策略可概括为"点源治生活、面源须重视、废水要回用、产业须调整"，具体为：

点源治生活。淮河流域人口密度大、经济发展欠发达，城镇生活污水集中处理率低于全国平均水平，目前流域城镇生活污染已是点源负荷的主要部分，未来城镇化进程将带来更大的生活污染负荷。因此，淮河流域点源污染治理重点是城镇生活污水。

面源须重视。淮河流域是我国主要粮食生产基地，也是粮食增产核心区，面临着粮食增产和面源污染控制的双重压力。目前农业面源污染物已占流域总量的一半，未来粮食增产和畜禽养殖规模的扩大将进一步增加农业面源污染负荷，必须高度重视农业面源的治理工作。

废水要回用。淮河流域水资源匮乏，水环境容量小。流域内多数支流缺乏天然径流，大部分河水为经过处理的工业废水与生活污水。因此，必须对城镇生活污水与工业废水进行深度处理，提高污废水的回用率。

产业须调整。淮河流域的经济发展低于全国平均水平，整体上处于工业化中级阶段。流域社会经济发展所依托的产业类型局限，化工、造纸、食品加工等低附加值、重污染行业在淮河流域产业结构中仍然居重要地位。因此，产业结构调整依旧是淮河流域污染治理的重要任务。

重点突破治理重污染子流域、水源地、省界等重点区域。突破废水深度处理与再生水回用、河流生态修复、有毒有害物控制、地下污染防治等关键技术并进行集成和推广，实现研发技术产业化。逐级恢复、逐步完成由目标总量控制向容量总量控制和由水质改善向流域生态恢复的转变，全面改善流域水质，逐级恢复流域生态功能，实现流域水生态功能区达标。

结合淮河流域水污染的关键问题和水专项总体安排，将流域水体污染控制与治理工作划分为三个阶段。针对三个阶段分别设立对策措施、技术路径及控制目标。第一阶段（2021～2025 年，即"十四五"）重点任务为控源减排和重点改善。主要针对生活源、工业源开展产业结构调整、废水治理设施建设工作，并着手农业源污染的治理工作，在全流域范围内消灭"黑臭"现象；重点研发造纸、化工、食品行业废水深度处理技术、禽畜养殖污染和农业面源污染控制技术、生态补偿实施措施等。第二阶段（2026～2030 年，即"十五五"）重点任务为深化减负和全面达标。在生活源治理水平提升与全面开展农业源减排工作的同时，逐步加强水体综合治理工作，促进流域水质的全面改善，开始部分区域水体生态功能的修复；重点研发水生植物多样性恢复技术、河流水生生物恢复技术等，开展流域污染控制技术规模化应用示范。第三阶段（2030～2035 年）重点任务为生态修复及协调发展。通过分区水体综合整治工作，全面修复流域水体生态功能；重点研发风险污染源控制与管理关键技术、河流生态系统恢复技术等。淮河流域污染治理与生态修复技术路线图详见图 12-12。

			生态环境持续改善	生态环境全面改善	生态环境根本好转
国家战略			生态环境持续改善	生态环境全面改善	生态环境根本好转
科学问题	河流水生态完整性恢复		化学完整性恢复	物理完整性恢复	生物完整性恢复
			水污染控制 耗氧型污染物控制 营养型污染物控制 毒害有害污染控制	水资源保障 水系连通 生态基流保障	水生态恢复 指示种出现 多样性恢复
分阶段治理目标	水环境	地表水优Ⅲ类占比	59.6%以上	65%以上	75%以上
		地表水劣Ⅴ类占比	国控断面全面消劣	重要支流全面消劣	地表水体全面消劣
	水资源	达到生态流量要求河湖数量	75个以上	干流和一、二级支流得到保障	全面保障生态流量
		恢复有水河湖数量	30个以上	全面恢复断流河段	全面保障天然河流全年不断流
	水生态	缓冲带修复长度	1070km以上	1500km以上	3000km以上
		湿地建设(恢复)面积	255.5km²以上	280km²以上	350km²以上
		重现本地物种水体	15个以上	30个以上	100个以上
对策措施	水环境		持续推进工业污染防治；全面提升城镇污染治理；强化农业农村污染防治；加强移动源污染防治；完善引用水水源规范化建设与监测预警	构建基于物联网的偷排漏排监管；加强初雨控制	全面建成流域水生态环境综合管控体系
	水资源		转变高耗水方式；提升水源涵养功能；调控调度闸坝、水库；提高再生水利用率	构建水源地保护区天地一体化监管平台；促进水系、"毛细血管"畅通	全面保障天然河流生态流量；全面推进节水型社会建设
	水生态		加强湿地恢复与建设；加强河湖生态恢复；加强水生生物完整性恢复	全面实施河流源头区水源涵养保护和河湖保护修复工程；推进水生生物完整性恢复	加强水环境风险防控；全面构建美丽河湖体系；全面推进河流生态系统完整性恢复
技术路径	水环境		源头削减技术与设施；过程控制技术与设施；后端治理技术与设施；水产(淡水)养殖污染控制技术	整体工艺系统污染物源头削减技术；强化深度处理；废水零排放技术	管网运维管理与诊断评估技术；基于物联网的监管技术
	水资源		工农业节水技术；生态流量监管技术	水资源高效配置技术；水系连通技术；再生水循环利用技术	生态基流保障技术；水资源高效利用技术
	水生态		生态基流保障技术；河岸栖息地修复技术；河岸带污染拦截削减技术	河岸栖息地修复技术；水生态系统健康维持技术；生物群落构建技术	水生态系统健康维持技术；生物群落构建技术；生态完整性恢复技术
预期效果			有河有水，有鱼有草	河湖水系连通，下河能游泳	河湖美丽，人水和谐
时间轴			2025年	2030年	2035年

图 12-12　淮河流域污染治理与生态修复技术路线图

第 13 章 淮河流域河流污染治理与生态修复分类指导方案

13.1 淮河流域河流分类

13.1.1 水体污染类型分析

基于淮河流域三级分区（即控制单元）结果，全流域共有 188 个分类单元。结合国控断面监测数据收集情况，其中有 45 个控制单元由于缺少水质监测数据（图 13-1 和表 13-1）将不参与河流的后续分类，其余 143 个分类单元进一步开展分类。

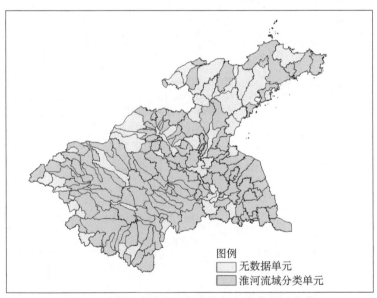

图 13-1 淮河流域未收集到数据的分类单元分布

表 13-1 淮河流域各省未收集到数据的分类单元统计

省份	控制单元名称	数量/个
山东	峡山水库潍坊市控制单元、潍河潍坊市控制单元、弥河潍坊市控制单元、大沽河青岛市控制单元、新万福河菏泽市控制单元、东鱼河菏泽市控制单元、北胶莱河青岛市-潍坊市控制单元、付疃河日照市控制单元、沭河临沂市李庄控制单元、郯苍分洪道临沂市控制单元、小清河淄博市控制单元、小清河济南市辛丰庄控制单元、洙赵新河菏泽市控制单元、崂山水库青岛市控制单元、南四湖济宁市控制单元、沂河淄博市控制单元、吉利河青岛市控制单元、薛城大沙河枣庄市控制单元、小清河东营市控制单元、云蒙湖临沂市控制单元、大沽夹河烟台市控制单元、北沙河枣庄市控制单元	22

续表

省份	控制单元名称	数量/个
江苏	大沙河徐州市控制单元、淮河淮安市控制单元、高邮湖扬州市控制单元、骆马湖宿迁市控制单元、白马湖淮安市控制单元、洪泽湖淮安市控制单元、沭河徐州市控制单元、洪泽湖宿迁市控制单元、西盐大浦河连云港市控制单元	9
河南	贾鲁河郑州市尖岗水库控制单元、颍河郑州市控制单元、臻头河驻马店市控制单元、汝河驻马店市板桥水库控制单元、滚河平顶山市控制单元、沙河平顶山市控制单元、澧河平顶山市控制单元、昭平台水库平顶山市控制单元、鲇鱼山水库信阳市控制单元、涡河周口市控制单元、浉河信阳市控制单元	11
安徽	瓦埠湖淮南市控制单元、颍河阜阳市阜阳段下控制单元、史河六安市控制单元	3
合计		45

参照分类单元 2020 年水质管理目标，基于 2019 年水质监测结果分析发现，淮河流域 143 个分类单元中共有 129 个水质达标，仅需维持水质不变差；另有 14 个分类单元水质等级不达标，需要投入污染治理技术（表 13-2）。

表 13-2　淮河流域各省水质达标分类单元统计

项目	山东	江苏	河南	安徽	合计
水质达标分类单元	35	29	34	31	129
水质不达标分类单元	1	9	2	2	14

淮河流域 14 个水质不达标的分类单元中，有 4 个分类单元为营养型污染，主要超标污染物为总磷和氨氮；有 1 个分类单元为耗氧型污染，主要超标污染物为 COD、高锰酸盐指数或 BOD_5。此外，另有 9 个分类单元为其他污染类型，且主要分布于江苏省（表 13-3）。从行政区角度来看，水质超标的分类单元主要集中于江苏省，合计 9 个。河南省和安徽省分别有 2 个，山东省有 1 个。

表 13-3　淮河流域水质不达标的分类单元统计

省份	耗氧型污染分类单元数量	营养型污染分类单元数量	混合型污染分类单元数量	其他污染类型分类单元数量
山东	—	1	—	—
江苏	—	1	—	8
河南	—	2	—	—
安徽	1	—	—	1
合计	1	4	—	9

13.1.2　水生态系统受损分析

基于水专项课题淮河流域水生态系统健康评价结果，分析发现淮河流域水生态处于健康状况的分类单元有 28 个，包括山东省 6 个、江苏省 6 个、河南省 7 个和安徽省 9 个；水生态受损的分类单元有 101 个，包括山东省 29 个、江苏省 23 个、河南省 27 个和安徽省 22 个，见表 13-4。

表 13-4　淮河流域各省水生态健康/受损的分类单元统计

项目	山东	江苏	河南	安徽	合计
水生态健康分类单元	6	6	7	9	28
水生态受损分类单元	29	23	27	22	101

13.1.3　河流分类结果

1. 水质达标生态保育型

以各分类单元 2020 年水质管理目标为参比，基于 2019 年水质监测数据结果，分析发现淮河流域 143 个分类单元中有 28 个单元水质达标，并且水生态系统处于健康状态，故上述单元属于水质达标生态保育型（表 13-5 和图 13-2）。

表 13-5　淮河流域水质达标生态保育型单元统计

单元编号	分类单元	断面名称	2019 年水质类别	2020 年水质目标	水生态评价
AA′-1	北澄子河扬州市控制单元	三垛西大桥	Ⅲ	Ⅲ	健康
AA′-2	古泊善后河连云港市控制单元	善后河闸	Ⅳ	Ⅲ	健康
AA′-3	灌溉总渠盐城市控制单元	六垛闸	Ⅲ	Ⅲ	健康
AA′-4	京杭运河（中运河）徐州市控制单元	蔺家坝	Ⅲ	Ⅲ	健康
AA′-5	蔷薇河连云港市控制单元	盐河桥	Ⅳ	Ⅴ	健康
AA′-6	通榆河连云港市控制单元	沭南闸	Ⅲ	Ⅲ	健康
AA′-7	东淠河六安市控制单元	陶洪集	Ⅱ	Ⅲ	健康
AA′-8	淮河阜阳市鲁台孜控制单元	鲁台孜	Ⅱ	Ⅲ	健康
AA′-9	涡河亳州市岳坊大桥控制单元	涡阳义门大桥	Ⅳ	Ⅴ	健康
AA′-10	东淝河六安市白洋淀渡口控制单元	白洋淀渡口	Ⅲ	Ⅲ	健康
AA′-11	沣河六安市控制单元	工农兵大桥	Ⅲ	Ⅲ	健康
AA′-12	谷河阜阳市控制单元	阜南	Ⅱ	Ⅲ	健康
AA′-13	淠河六安市大店岗控制单元	大店岗	Ⅲ	Ⅴ	健康
AA′-14	淠河六安市新安渡口控制单元	新安渡口	Ⅱ	Ⅲ	健康
AA′-15	竹根河六安市控制单元	丁埠大桥	Ⅱ		健康
AA′-16	风河青岛市控制单元	入海口	Ⅲ	Ⅴ	健康
AA′-17	沽河威海市控制单元	泰祥桥	Ⅳ	Ⅴ	健康
AA′-18	老运河微山段控制单元	老运河微山段	Ⅲ	Ⅲ	健康
AA′-19	沐河临沂市道口控制单元	道口	Ⅳ	Ⅴ	健康
AA′-20	西支河济宁市控制单元	入湖口	Ⅲ	Ⅲ	健康
AA′-21	小清河济南市睦里庄控制单元	睦里庄	Ⅱ	Ⅲ	健康
AA′-22	北汝河洛阳市控制单元	紫罗山	Ⅱ	Ⅲ	健康
AA′-23	北汝河平顶山市–许昌市控制单元	大陈闸	Ⅱ	Ⅲ	健康
AA′-24	灌河信阳市控制单元	固始李畈	Ⅱ	Ⅲ	健康
AA′-25	沙河漯河市控制单元	西华程湾	Ⅲ	Ⅲ	健康
AA′-26	沙河漯河市舞阳马湾控制单元	叶舞公路桥	Ⅱ	Ⅲ	健康
AA′-27	竹竿河信阳市控制单元	竹竿铺	Ⅱ	Ⅲ	健康
AA′-28	洪河漯河市控制单元	西平杨庄	Ⅳ	Ⅴ	健康

图 13-2　淮河流域水质达标生态保育型单元分布

2. 水质达标生态改善型

淮河流域 143 个分类单元中，有 101 个单元 2019 年水质监测结果达到 2020 年考核目标，且水生态系统健康状态受损。故上述分类单元属于水质达标生态改善型，具体信息见表 13-6 和图 13-3。

表 13-6　淮河流域水质达标生态改善型单元统计

单元编号	分类单元	断面名称	2019 年水质类别	2020 年水质目标	水生态评价
AB′-1	柴米河宿迁市控制单元	柴米河桥	Ⅲ	Ⅴ	受损
AB′-2	串场河盐城市控制单元	大庆路桥	Ⅳ	Ⅴ	受损
AB′-3	大运河淮安市控制单元	五叉河口	Ⅲ	Ⅰ	受损
AB′-4	东台河盐城市控制单元	富民桥	Ⅳ	Ⅲ	受损
AB′-5	斗龙港盐城市控制单元	大团桥	Ⅲ	Ⅲ	受损
AB′-6	复新河徐州市控制单元	华山闸	Ⅲ	Ⅲ	受损
AB′-7	灌河连云港市控制单元	灌河大桥	Ⅲ	Ⅴ	受损
AB′-8	淮新河连云港市控制单元	新村桥	Ⅳ	Ⅲ	受损
AB′-9	京杭运河徐州市控制单元	艾山西大桥	Ⅲ	Ⅲ	受损
AB′-10	奎河徐州市控制单元	李庄	Ⅲ	Ⅴ	受损
AB′-11	老汴河宿迁市控制单元	临淮镇	Ⅳ	Ⅲ	受损
AB′-12	潼河宿迁市控制单元	砖瓦厂	Ⅳ	Ⅴ	受损
AB′-13	蟒蛇盐城市控制单元	龙冈凤凰桥	Ⅲ	Ⅲ	受损
AB′-14	三河淮安市控制单元	戴楼衡阳	Ⅲ	Ⅲ	受损
AB′-15	沭河徐州市控制单元	雍水坝	Ⅲ	Ⅴ	受损
AB′-16	通榆河盐城市草堰大桥控制单元	草堰大桥	Ⅲ	Ⅲ	受损
AB′-17	通榆河盐城市城北大桥控制单元	城北大桥	Ⅲ	Ⅲ	受损
AB′-18	新洋港盐城市控制单元	新洋港闸	Ⅲ	Ⅲ	受损
AB′-19	徐洪河宿迁市控制单元	顾勒大桥	Ⅲ	Ⅲ	受损

续表

单元编号	分类单元	断面名称	2019年水质类别	2020年水质目标	水生态评价
AB′-20	徐沙河徐州市控制单元	沙集西闸	III	III	受损
AB′-21	浔河淮安市控制单元	唐曹	IV	V	受损
AB′-22	沿河徐州市控制单元	李集桥	III	III	受损
AB′-23	引江河泰州市控制单元	海陵大桥	II		受损
AB′-24	淮河蚌埠市蚌埠闸上控制单元	蚌埠闸上	II	III	受损
AB′-25	淮河蚌埠市沫河口控制单元	沫河口	II	III	受损
AB′-26	淮河滁州市小柳巷控制单元	小柳巷	II	III	受损
AB′-27	运料河徐州市控制单元	下楼公路桥	IV	V	受损
AB′-28	淮河淮南市石头埠控制单元	石头埠	II	III	受损
AB′-29	淮河淮南市新城口控制单元	新城口	II	III	受损
AB′-30	浍河蚌埠市控制单元	蚌埠固镇	IV	V	受损
AB′-31	浍河淮北市控制单元	东坪集	IV	V	受损
AB′-32	浍河宿州市控制单元	湖沟	IV	V	受损
AB′-33	西淝河亳州市控制单元	利辛段	III	III	受损
AB′-34	池河滁州市控制单元	公路桥	III	III	受损
AB′-35	沱河淮北市控制单元	后常桥	IV	V	受损
AB′-36	濉河淮北市控制单元	符离闸	IV	V	受损
AB′-37	新濉河宿州市控制单元	大屈	IV	V	受损
AB′-38	沱河宿州市关咀控制单元	关咀	III	III	受损
AB′-39	沱河宿州市芦岭桥控制单元	芦岭桥	IV	V	受损
AB′-40	涡河亳州市龙亢控制单元	龙亢	IV	IV	受损
AB′-41	西淝河淮南市控制单元	西淝河闸下	III	III	受损
AB′-42	西淠河六安市控制单元	响洪甸水库出水口	I	II	受损
AB′-43	灏河淮北市控制单元	李大桥闸	IV	V	受损
AB′-44	颍河阜阳市阜阳段上游控制单元	阜阳段上游	III	V	受损
AB′-45	颍河阜阳市阜阳段下游控制单元	阜阳段下游	III	V	受损
AB′-46	白浪河潍坊市控制单元	柳疃桥	IV	V	受损
AB′-47	白马河济宁市控制单元	马楼	III	III	受损
AB′-48	白马河临沂市控制单元	捷庄	III	V	受损
AB′-49	白沙河青岛市控制单元	赵村桥	IV	V	受损
AB′-50	城郭河枣庄市控制单元	群乐桥	III	III	受损
AB′-51	大沽河烟台市控制单元	马连庄	II	III	受损
AB′-52	东鱼河济宁市控制单元	西姚	III	III	受损
AB′-53	洸府河济宁市控制单元	东石佛	III	III	受损
AB′-54	韩庄运河枣庄市控制单元	台儿庄大桥	III	III	受损
AB′-55	老万福河济宁市控制单元	高河桥	III	III	受损
AB′-56	老运河济宁市控制单元	高河桥	III	III	受损
AB′-57	梁济运河济宁市控制单元	李集	III	III	受损
AB′-58	弥河潍坊市控制单元	张建桥	IV	V	受损
AB′-59	母猪河威海市控制单元	南桥	IV	V	受损
AB′-60	泉河控制单元	牛庄闸	III	III	受损
AB′-61	乳山河威海市控制单元	二水厂	II	III	受损

续表

单元编号	分类单元	断面名称	2019 年水质类别	2020 年水质目标	水生态评价
AB'-62	沙沟河临沂市控制单元	沙沟桥	Ⅲ	Ⅴ	受损
AB'-63	泗河济宁市兖州南大桥控制单元	兖州南大桥	Ⅲ	Ⅴ	受损
AB'-64	泗河济宁市尹沟控制单元	尹沟	Ⅲ	Ⅲ	受损
AB'-65	潍河潍坊市控制单元	金口坝	Ⅲ	Ⅲ	受损
AB'-66	五龙河烟台控制单元	桥头	Ⅳ	Ⅴ	受损
AB'-67	小清河滨州市控制单元	范李	Ⅳ	Ⅴ	受损
AB'-68	新河临沂市控制单元	临沭大兴桥	Ⅳ	Ⅴ	受损
AB'-69	新薛河枣庄市控制单元	新薛河入湖口	Ⅲ	Ⅲ	受损
AB'-70	沂河临沂市临沂北大桥控制单元	临沂北大桥	Ⅳ	Ⅴ	受损
AB'-71	峄城大沙河枣庄市控制单元	贾庄闸	Ⅲ	Ⅲ	受损
AB'-72	支脉河滨州市控制单元	支脉河陈桥	Ⅴ	Ⅴ	受损
AB'-73	洙水河济宁市控制单元	105 公路桥	Ⅲ	Ⅲ	受损
AB'-74	洙赵新河济宁市控制单元	喻屯	Ⅲ	Ⅲ	受损
AB'-75	大沙河商丘市控制单元	睢阳包公庙	Ⅳ	Ⅴ	受损
AB'-76	汾河周口市控制单元	商水双桥	Ⅲ	Ⅴ	受损
AB'-77	黑河漯河市控制单元	郾城漯邓桥	Ⅲ	Ⅴ	受损
AB'-78	黑茨河周口市控制单元	鹿邑付桥	Ⅳ	Ⅴ	受损
AB'-79	惠济河开封市控制单元	睢县板桥	Ⅳ	Ⅴ	受损
AB'-80	双洎河郑州市控制单元	新郑黄甫寨	Ⅳ	Ⅴ	受损
AB'-81	清潩河许昌市漯河市控制单元	鄢陵陶城闸	Ⅲ	Ⅴ	受损
AB'-82	清潩河许昌市控制单元	临颍高村桥	Ⅳ	Ⅴ	受损
AB'-83	贾鲁河周口市控制单元	西华大王庄	Ⅳ	Ⅴ	受损
AB'-84	颍河漯河市控制单元	西华址坊	Ⅲ	Ⅴ	受损
AB'-85	涡河开封市控制单元	通许邸阁	Ⅳ	Ⅴ	受损
AB'-86	颍河许昌市控制单元	临颍吴刘闸	Ⅲ	Ⅲ	受损
AB'-87	惠济河商丘市控制单元	刘寨村后	Ⅳ	Ⅴ	受损
AB'-88	包河商丘市控制单元	颜集	Ⅳ	Ⅴ	受损
AB'-89	颍河周口市控制单元	界首七渡口	Ⅲ	Ⅴ	受损
AB'-90	淮河信阳市王家坝控制单元	王家坝	Ⅲ	Ⅲ	受损
AB'-91	泉河周口市控制单元	许庄	Ⅳ	Ⅴ	受损
AB'-92	沱河商丘市小王桥控制单元	小王桥	Ⅳ	Ⅴ	受损
AB'-93	贾鲁河郑州市中牟陈桥控制单元	中牟陈桥	Ⅲ	Ⅴ	受损
AB'-94	北汝河平顶山市控制单元	杨寨中村	Ⅲ	Ⅲ	受损
AB'-95	洪河驻马店市新蔡班台控制单元	新蔡班台	Ⅳ	Ⅴ	受损
AB'-96	洪河驻马店市新蔡李桥控制单元	新蔡李桥	Ⅲ	Ⅴ	受损
AB'-97	白露河信阳市控制单元	淮滨北庙	Ⅲ	Ⅲ	受损
AB'-98	淮河信阳市王家坝控制单元	淮滨水文站	Ⅱ	Ⅲ	受损
AB'-99	浍河商丘市控制单元	黄口	Ⅳ	Ⅴ	受损
AB'-100	沱河商丘市小王桥控制单元	永城张板桥	Ⅳ	Ⅴ	受损
AB'-101	汝河驻马店市汝南沙口控制单元	汝南沙口	Ⅳ	Ⅴ	受损

图 13-3 淮河流域水质达标生态改善型单元分布

3. 水质提升生态保育型

以各控制单元 2020 年水质管理目标为参比,基于 2019 年水质监测结果,淮河流域 143 个控制单元中有 3 个单元水质不达标,但水生态系统处于健康状况,故上述单元属于水质提升生态保育型。根据水质超标因子分析,3 个分类单元均为营养污染亚型,具体信息见表 13-7 和图 13-4。

表 13-7 淮河流域水质提升生态保育型单元统计

单元编号	分类单元	断面名称	2019 年水质类别	2020 年水质目标	超标因子	水生态评价
BA'-1	沂河临沂市控制单元	310 公路桥	Ⅳ	Ⅲ	TP(0.2)	健康
BA'-2	淮河台关甘岸桥控制单元	信阳琵琶山桥	Ⅳ	Ⅲ	氨氮(0.04)	健康
BA'-3	潢河信阳市控制单元	潢川水文站	Ⅳ	Ⅲ	氨氮(0.1)	健康

图 13-4 淮河流域水质提升生态保育型单元分布

4. 水质提升生态改善型

以各控制单元 2020 年水质管理目标为参比，基于 2019 年水质监测结果，淮河流域 143 个单元中有 11 个水质不达标，且水生态系统健康处于受损状态。故上述单元属于水质提升生态改善型，具体信息见表 13-8 和图 13-5。

表 13-8　淮河流域水质提升生态改善型单元统计

单元编号	分类单元	断面名称	2019 年水质类别	2020 年水质目标	超标因子	水生态评价
BB′-1	淮河淮安市控制单元	淮河大桥	Ⅱ	Ⅲ	—	受损
BB′-2	京杭大运河宿迁市控制单元	马陵翻水站	Ⅱ	Ⅲ	—	受损
BB′-3	京杭大运河扬州市控制单元	大运河船闸	Ⅱ	Ⅲ	—	受损
BB′-4	京杭运河扬州市控制单元	槐泗河口	Ⅱ	Ⅲ	—	受损
BB′-5	南水北调工程扬州市控制单元	江都西闸	Ⅱ	Ⅲ	—	受损
BB′-6	如泰运河南通市控制单元	东安闸桥西	Ⅳ	Ⅲ	TP（0.04）	受损
BB′-7	苏北灌溉总渠淮安市控制单元	总渠苏嘴	Ⅱ	Ⅲ	—	受损
BB′-8	泰东河泰州市控制单元	泰东大桥	Ⅱ	Ⅲ	—	受损
BB′-9	新通扬运河扬州市控制单元	泰西	Ⅱ	Ⅲ	—	受损
BB′-10	怀洪新河蚌埠市控制单元	五河	Ⅳ	Ⅲ	—	受损
BB′-11	白塔河滁州市控制单元	天长化工厂	Ⅳ	Ⅲ	COD（0.01）	受损

图例
☐ 水质提升生态改善型
▨ 淮河流域分类单元

图 13-5　淮河流域水质提升生态改善型单元分布

11 个水质提升生态改善型单元中包括三种亚型：以总磷为超标污染物的营养污染亚型 1 个（如泰运河南通市控制单元）、以化学需氧量为超标污染物的耗氧污染亚型 1 个（白塔河滁州市控制单元）、其他污染亚型 9 个（淮河淮安市控制单元、京杭大运河宿迁市控制单元、京杭大运河扬州市控制单元、京杭运河扬州市控制单元、南水北调工程扬州市控制单元、苏北灌溉总渠淮安市控制单元、泰东河泰州市控制单元、新通扬运河扬州市控制单元、怀洪新河蚌埠市控制单元），由于这 9 个单元水质处于Ⅲ类及以上，故监测数据中缺少超标污染物信息，需进一步了解确定污染物超标类型（图 13-6）。

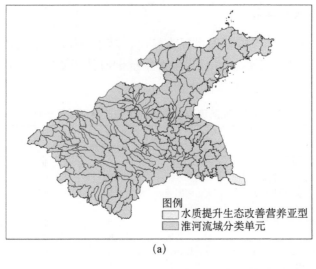

(a)

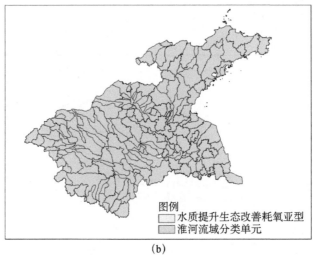

(b)

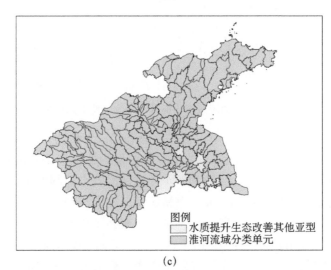

(c)

图 13-6 淮河流域水质提升生态改善型单元的亚型分布

通过以上对淮河流域水质达标情况以及水生态健康状况分析，最终将各个分类单元归类，形成淮河流域总河流分类结果，包含有淮河流域内各污染类型以及污染亚型分布情况等信息（图 13-7）。

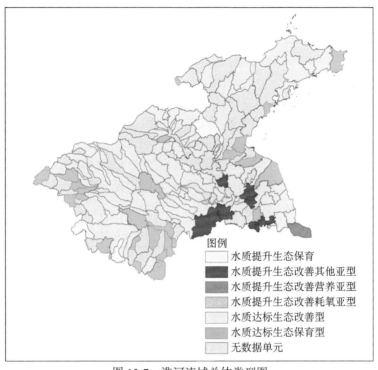

图例
- 水质提升生态保育
- 水质提升生态改善其他亚型
- 水质提升生态改善营养亚型
- 水质提升生态改善耗氧亚型
- 水质达标生态改善型
- 水质达标生态保育型
- 无数据单元

图 13-7　淮河流域总体类型图

13.2　水质达标生态保育（AA′）型单元指导方案

淮河流域包含 28 个水质达标生态保育（AA′）型河流单元。该类型河流单元的水质国控考核断面均达标，且水生态系统处于健康状态。这些河流单元仅需保持现有管理水平与要求，保证水质等级不下降和水生态状况不退化，无需额外技术投入，故该类单元的管理重点在于水质维持和水生态保护（表 13-9）。

表 13-9　水质达标生态保育（AA′）型单元特点与管理重点

序号	单元编号	水质评价	水生态评价	管理重点
方案 1	AA′-1～AA′-28	达标	健康	水质维持、水生态保护

13.3　水质达标生态改善（AB′）型单元指导方案

淮河流域包含 101 个水质达标生态改善（AB′）型河流单元。该类型单元的河流水质均达标，但水生态系统健康状况有所下降。由于水质达标不宜作为管理重点，因此结合未来管理内容从物理生境质量方面开展退化原因诊断,包括河道生态基流保障情况和河岸带质量退化情况。结合水生态评价指标、生态退化影响矩阵、生态流量保障率计算、河岸带开发率计算等分析,发现 AB′ 型单元水生态受损成因主要包括河岸带受损(AB′-a)、生态基流不满足(AB′-b)、生态基流不满足以及河岸带受损(AB′-c)、其他原因(AB′-d)四类。

13.3.1　诊断结果

水生态系统退化原因诊断分析发现:有 52 个分类单元由于河岸带质量下降从而导致水生态健康水平下降;有 6 个分类单元由于生态基流保障不满足从而引起水生态健康水平下降;有 31 个分类单元水生态健康水平下降是受河岸带质量受损及生态基流保障不满足共同影响;另有 12 个分类单元河岸带质量较好且生态流量保障满足,水生态健康状况退化可能由其他原因造成,如水生生物种间竞争或入侵物种等影响,因此需要进一步进行水生态退化问题成因诊断(表 13-10)。

表 13-10　水质达标生态改善(AB′)型单元的特点与管理重点

单元编号	水质评价	水生态评价	水生态问题诊断	管理重点
AB′-1	达标	受损	河岸带受损	
AB′-2	达标	受损	生态基流不满足	
AB′-3	达标	受损	生态基流不满足	
AB′-4	达标	受损	生态基流不满足;河岸带受损	
AB′-5	达标	受损	—	
AB′-6	达标	受损	—	
AB′-7	达标	受损	生态基流不满足;河岸带受损	
AB′-8	达标	受损	生态基流不满足;河岸带受损	
AB′-9	达标	受损	生态基流不满足	
AB′-10	达标	受损	河岸带受损	
AB′-11	达标	受损	—	水生态系统保护修复:①生态基流调控;②河岸带保护恢复
AB′-12	达标	受损	河岸带受损	
AB′-13	达标	受损	河岸带受损	
AB′-14	达标	受损	生态基流不满足;河岸带受损	
AB′-15	达标	受损	河岸带受损	
AB′-16	达标	受损	—	
AB′-17	达标	受损	—	
AB′-18	达标	受损	生态基流不满足;河岸带受损	
AB′-19	达标	受损	河岸带受损	
AB′-20	达标	受损	河岸带受损	
AB′-21	达标	受损	生态基流不满足;河岸带受损	
AB′-22	达标	受损	河岸带受损	
AB′-23	达标	受损	生态基流不满足;河岸带受损	
AB′-24	达标	受损	河岸带受损	

续表

单元编号	水质评价	水生态评价	水生态问题诊断	管理重点
AB'-25	达标	受损	河岸带受损	
AB'-26	达标	受损	河岸带受损	
AB'-27	达标	受损	河岸带受损	
AB'-28	达标	受损	河岸带受损	
AB'-29	达标	受损	河岸带受损	
AB'-30	达标	受损	河岸带受损	
AB'-31	达标	受损	河岸带受损	
AB'-32	达标	受损	河岸带受损	
AB'-33	达标	受损	河岸带受损	
AB'-34	达标	受损	生态基流不满足；河岸带受损	
AB'-35	达标	受损	河岸带受损	
AB'-36	达标	受损	河岸带受损	
AB'-37	达标	受损	河岸带受损	
AB'-38	达标	受损	河岸带受损	
AB'-39	达标	受损	河岸带受损	
AB'-40	达标	受损	生态基流不满足；河岸带受损	
AB'-41	达标	受损	—	
AB'-42	达标	受损	河岸带受损	
AB'-43	达标	受损	—	水生态系统保护修复：①生态基流调控；②河岸带保护恢复
AB'-44	达标	受损	—	
AB'-45	达标	受损	—	
AB'-46	达标	受损	生态基流不满足	
AB'-47	达标	受损	生态基流不满足；河岸带受损	
AB'-48	达标	受损	生态基流不满足；河岸带受损	
AB'-49	达标	受损	生态基流不满足；河岸带受损	
AB'-50	达标	受损	河岸带受损	
AB'-51	达标	受损	生态基流不满足；河岸带受损	
AB'-52	达标	受损	生态基流不满足；河岸带受损	
AB'-53	达标	受损	生态基流不满足；河岸带受损	
AB'-54	达标	受损	生态基流不满足；河岸带受损	
AB'-55	达标	受损	—	
AB'-56	达标	受损	生态基流不满足；河岸带受损	
AB'-57	达标	受损	生态基流不满足；河岸带受损	
AB'-58	达标	受损	生态基流不满足	
AB'-59	达标	受损	生态基流不满足；河岸带受损	
AB'-60	达标	受损	生态基流不满足；河岸带受损	
AB'-61	达标	受损	生态基流不满足；河岸带受损	
AB'-62	达标	受损	河岸带受损	
AB'-63	达标	受损	生态基流不满足；河岸带受损	

单元编号	水质评价	水生态评价	水生态问题诊断	管理重点
AB'-64	达标	受损	生态基流不满足；河岸带受损	
AB'-65	达标	受损	生态基流不满足；河岸带受损	
AB'-66	达标	受损	生态基流不满足；河岸带受损	
AB'-67	达标	受损	河岸带受损	
AB'-68	达标	受损	生态基流不满足；河岸带受损	
AB'-69	达标	受损	生态基流不满足；河岸带受损	
AB'-70	达标	受损	河岸带受损	
AB'-71	达标	受损	河岸带受损	
AB'-72	达标	受损	—	
AB'-73	达标	受损	生态基流不满足；河岸带受损	
AB'-74	达标	受损	生态基流不满足；河岸带受损	
AB'-75	达标	受损	生态基流不满足；河岸带受损	
AB'-76	达标	受损	河岸带受损	
AB'-77	达标	受损	河岸带受损	
AB'-78	达标	受损	河岸带受损	
AB'-79	达标	受损	生态基流不满足	
AB'-80	达标	受损	河岸带受损	
AB'-81	达标	受损	河岸带受损	
AB'-82	达标	受损	河岸带受损	水生态系统保护修复：①生态基流调控；②河岸带保护恢复
AB'-83	达标	受损	河岸带受损	
AB'-84	达标	受损	河岸带受损	
AB'-85	达标	受损	生态基流不满足；河岸带受损	
AB'-86	达标	受损	—	
AB'-87	达标	受损	河岸带受损	
AB'-88	达标	受损	河岸带受损	
AB'-89	达标	受损	河岸带受损	
AB'-90	达标	受损	河岸带受损	
AB'-91	达标	受损	河岸带受损	
AB'-92	达标	受损	河岸带受损	
AB'-93	达标	受损	河岸带受损	
AB'-94	达标	受损	河岸带受损	
AB'-95	达标	受损	河岸带受损	
AB'-96	达标	受损	河岸带受损	
AB'-97	达标	受损	河岸带受损	
AB'-98	达标	受损	河岸带受损	
AB'-99	达标	受损	河岸带受损	
AB'-100	达标	受损	河岸带受损	
AB'-101	达标	受损	河岸带受损	

13.3.2 技术指导方案

针对水质达标生态改善（AB′）型单元诊断的问题，参照河岸带修复技术和生态基流调控技术优选评估结果，提出该类控制单元适用的技术指导方案，包括 52 个分类单元的河岸带修复管理方案、6 个分类单元的生态基流调控管理方案、31 个分类单元的生态基流调控+河岸带修复管理方案、12 个分类单元的水生态系统退化诊断与保护管理方案（表 13-11）。

表 13-11　水质达标生态改善（AB′）型单元的技术指导方案

序号	单元编号	管理内容	推荐应用技术类型
方案 1	AB′-1、AB′-6、AB′-7、AB′-8、AB′-9、AB′-10、AB′-12、AB′-13、AB′-15、AB′-19、AB′-20、AB′-22、AB′-24、AB′-25、AB′-26、AB′-27、AB′-28、AB′-29、AB′-30、AB′-31、AB′-32、AB′-33、AB′-35、AB′-36、AB′-37、AB′-38、AB′-39、AB′-42、AB′-50、AB′-62、AB′-67、AB′-70、AB′-71、AB′-76、AB′-77、AB′-78、AB′-80、AB′-81、AB′-82、AB′-83、AB′-84、AB′-87、AB′-88、AB′-89、AB′-90、AB′-91、AB′-92、AB′-93、AB′-94、AB′-95、AB′-96、AB′-97、AB′-98、AB′-99、AB′-100、AB′-101	河岸带修复管理	河岸带修复技术
方案 2	AB′-2、AB′-3、AB′-9、AB′-46、AB′-58、AB′-79	生态基流调控	生态基流保障技术
方案 3	AB′-4、AB′-7、AB′-8、AB′-14、AB′-18、AB′-21、AB′-23、AB′-34、AB′-40、AB′-47、AB′-48、AB′-49、AB′-51、AB′-52、AB′-53、AB′-54、AB′-56、AB′-57、AB′-59、AB′-60、AB′-61、AB′-63、AB′-64、AB′-65、AB′-66、AB′-68、AB′-69、AB′-73、AB′-74、AB′-75、AB′-85	①河岸带修复；②生态基流调控	①生态基流保障技术；②河岸带修复技术
方案 4	AB′-5、AB′-6、AB′-11、AB′-16、AB′-17、AB′-41、AB′-43、AB′-44、AB′-45、AB′-55、AB′-72、AB′-86	进一步诊断水生态退化问题，修复水生态系统完整	①水生态退化诊断技术；②生态系统修复技术

13.4　水质提升生态保育（BA′）型单元指导方案

水质提升生态保育（BA′）型单元的河流水质均不达标，但水生态健康状况评价良好。需要结合环境监测数据，从工业源、农业源、生活源和集中式污染排放源等方面进行贡献程度分析，以确定导致水质超标的主要污染来源。

13.4.1 问题成因诊断

3 个 BA′ 型单元的水质超标因子为总磷和氨氮，均属于营养污染亚型。基于不同排放源排放量比例贡献计算结果，所有分类单元的水污染都与生活源污染有关。此外，沂河临沂市控制单元同时复合有工业源污染问题（表 13-12）。

表 13-12　水质提升生态保育（BA′）型单元的问题诊断

单元编号	污染亚型	超标因子（超标倍数）	水污染成因诊断	水生态评价	管理重点
BA′-1	营养亚型	TP（0.2）	生活源、工业源		
BA′-2	营养亚型	NH₃-N（0.04）	生活源	健康	主要治理生活源、工业源污染
BA′-3	营养亚型	NH₃-N（0.1）	生活源		

13.4.2　技术指导方案

针对 BA′ 型单元，参照水污染治理技术优选评估结果，提出了该类型单元的两种技术指导方案，包括：2 个分类单元的生活源污染治理方案、1 个单元的生活源+工业源污染治理方案（表 13-13）。

表 13-13　水质提升生态保育（BA′）型单元的技术指导方案

序号	亚型	单元编号	单元数量	管理内容	推荐应用技术类型
方案 1	营养型	BA′-2、BA′-3	2	生活源	生活源污染治理技术
方案 2	营养型	BA′-1	1	①生活源；②工业源	①生活源污染治理技术；②工业源污染治理技术

13.5　水质提升生态改善（BB′）型单元指导方案

水质提升生态改善（BB′）型单元存在着水质不达标和水生态健康状况退化的双重问题。首先对水质不达标进行水污染成因诊断分析，再针对水生态退化的问题开展成因诊断分析。

13.5.1　诊断结果

在 11 个 BB′ 型单元中，根据水污染特征可分为三个亚型，即 1 个耗氧污染亚型（化学需氧量超标）、1 个营养污染亚型（总磷超标）、9 个其他污染亚型。排放量贡献计算结果显示，前两个分类单元水污染与生活源污染排放相关；其他 9 个分类单元的 2019 年水质结果为 Ⅱ 类及以上，属于轻污染水体，因此监测数据中未提供水质超标因子，暂时无法进行污染类型和污染成因分析，需待获取超标因子数据后再开展污染成因分析。水生态健康退化矩阵分析结果表明，水生态退化主要是生态基流不保障或河岸带质量退化或两者耦合的问题（表 13-14）。

表 13-14　水质提升生态改善（BB′）型单元的问题诊断与管理重点

单元编号	亚型	水质超标因子	水质问题诊断	水生态问题诊断	管理重点
BB′-1	其他型	—	—	生态基流不满足	①城镇源污染；②生态修复：河岸带修复管理、生态基流调控及两者复合管理工作
BB′-2	其他型	—	—	生态基流不满足、河岸带受损	
BB′-3	其他型	—	—	河岸带受损	
BB′-4	其他型	—	—	生态基流不满足、河岸带受损	
BB′-5	其他型	—	—	生态基流不满足、河岸带受损	

续表

单元编号	亚型	水质超标因子	水质问题诊断	水生态问题诊断	管理重点
BB'-6	营养型	TP（0.04）	生活源	河岸带受损	①生活源污染；②生态修复：河岸带修复管理、生态基流调控及两者复合管理工作
BB'-7	其他型	—	—	河岸带受损	
BB'-8	其他型	—	—	生态基流不满足、河岸带受损	
BB'-9	其他型	—	—	生态基流不满足、河岸带受损	
BB'-10	耗氧型	COD（0.1）	生活源	河岸带受损	
BB'-11	其他型	—	—	河岸带受损	

13.5.2　技术指导方案

针对 BB′ 型分类单元，参照水污染治理技术优选评估结果，提出了该类型单元的两种技术指导方案，包括两个分类单元的生活源污染治理+河岸带修复管理方案、9 个分类单元的水污染成因分析+河岸带修复+河道生态基流调控管理方案（表 13-15）。

表 13-15　水质提升生态改善（BB′）型单元的指导方案

序号	亚类	单元编号	单元数量	管理内容	推荐应用技术类型
方案 1	营养型	BB'-6	2	生活源污染	生活源污染治理技术
	耗氧型	BB'-10		河岸带	河岸带修复技术
方案 2	其他型	BB'-1、BB'-2、BB'-3、BB'-4、BB'-5、BB'-7、BB'-8、BB'-9、BB'-11	9	污染成因分析 河岸带 生态基流	水污染成因分析 河岸带修复技术 生态基流调控技术

13.6　淮河流域河流污染治理与生态修复分类指导方案建议

针对不同河流单元类型管理重点提出推荐技术类型，形成淮河流域河流污染治理与生态修复分类指导方案（表 13-16），具体需根据实际情况，结合适用性技术甄选结果选择使用。

表 13-16　淮河流域河流污染治理与生态修复分类指导方案

类型	亚型	水质状况	水生态状况	管理重点	单元范围	方案	管理内容	推荐应用技术类型
AA′ 类型：水质达标生态保育型	无	达标	健康	—	AA'-1～28	方案1	水质维持+水生态保护	—
AB′ 类型：水质达标生态改善型	AB'-a	达标	受损	河岸带	AB'-1、AB'-6～10、AB'-12～13、AB'-15、AB'-19～20、AB'-22、AB'-24～33、AB'-35～39、AB'-42、AB'-50、AB'-62、AB'-67、AB'-70～71、AB'-76～78、AB'-80～84、AB'-87～101	方案2	河岸带修复管理	河岸带修复技术
	AB'-b			生态基流	AB'-2～3、AB'-9、AB'-46、AB'-58、AB'-79	方案3	生态基流调控	生态基流保障技术

续表

类型	亚型	水质状况	水生态状况	管理重点	单元范围	方案	管理内容	推荐应用技术类型
AB′类型：水质达标生态改善型	AB′-c	达标	受损	河岸带生态基流	AB′-4、AB′-7～8、AB′-14、AB′-18、AB′-21、AB′-23、AB′-34、AB′-40、AB′-47～49、AB′-51～54、AB′-56～57、AB′-59～61、AB′-63～66、AB′-68～69、AB′-73～75、AB′-85	方案4	①河岸带修复 ②生态基流调控	生态基流保障技术 河岸带修复技术
	AB′-d	达标	受损	—	AB′-5～6、AB′-11、AB′-16～17、AB′-41、AB′-43～44、AB′-45、AB′-55、AB′-72、AB′-86	方案5	①水生态退化诊断 ②水生态系统重建	生态系统修复技术
BA′类型：水质提升生态保育型	BA′-a	不达标	健康	生活源污染	BA′-2～3	方案6	生活源污染治理	生活源污染治理技术
	BA′-b	不达标	健康	生活源污染工业源污染	BA′-1	方案7	①生活源污染治理 ②工业源污染治理	生活源污染治理技术 工业源污染治理技术
BB′类型：水质提升生态改善型	BB′-a BB′-b	不达标	受损	生活源污染河岸带	BB′-6 BB′-11	方案8	①生活源污染治理 ②河岸带修复管理	生活源污染治理技术 河岸带修复技术
	BB′-c	不达标	受损	超标污染物（待明确）生态基流	BB′-1～5、BB′-7～10	方案9	①水污染成因诊断 ②河岸带修复管理 ③生态基流调控	水污染溯源技术 河岸带修复技术 生态基流调控技术

第14章 海河流域污染治理与生态修复技术路线图

14.1 海河流域河流水污染治理历程

14.1.1 "十五"时期水环境状况

主要描述"十五"时期水环境的污染物排放状况,包括 COD 排放量、氨氮实际排放量。

1. 社会经济状况

2005 年流域内人口约 1.3 亿人,GDP 约 2.3 万亿元,人均 GDP 高于全国平均水平。

2. "十五"计划项目及投资情况

《海河流域水污染防治"十五"计划》共安排了 496 个项目投资需求为 412.3 亿元。其中:污水处理厂项目 186 项(含污水回用),投资 255.7 亿元;企业结构调整及清洁生产项目 65 项,投资 25.2 亿元;工业点源治理项目 130 项,投资 30.3 亿元;流域、区域综合整治项目 40 项,投资 79.3 亿元;生态农业示范县建设项目 17 项,投资 9.6 亿元;打井 14 项,投资 5.3 亿元;环境监测能力建设项目 44 项,投资 6.9 亿元。

"十五"期间,河北共 195 个项目,投资需求为 135.9 亿元,占总投资的 33%;山西共 102 个项目,投资需求为 34.9 亿元,占总投资的 8.5%;河南共 92 个项目,投资需求为 64.6 亿元,占总投资的 5.7%;山东共 62 个项目,投资需求为 32.5 亿元,占总投资的 7.9%;北京共 21 个项目,投资需求为 80.7 亿元,占总投资的 19.6%;天津共 24 个项目,投资需求为 63.7 亿元,占总投资的 15.4%。截至 2005 年底,海河流域各省项目完工率为 56%,其中,北京、河南、天津、山东、山西、河北分别为 91%、76%、67%、61%、49%和 44%。

3. 水环境质量状况

海河流域总体处于重度污染,2005 年 68%的国控断面未达到功能要求,主要污染指标是 COD、氨氮、BOD_5、高锰酸盐指数、石油类、氟化物、溶解氧、挥发酚,枯水期水质最差。"十五"期间,水质总体呈改善趋势,2005 年劣 V 类水质断面比例为 54%,比 2000 年减少了 10 个百分点。

流域内 72% 的跨省（区、市）界断面未达到"十五"计划目标要求。漳卫南运河水系 7 个跨省（区、市）界断面中，除浊漳河王家庄断面外，其余 6 个均未达到"十五"计划目标要求。

海河流域污染严重的河段主要集中在卫运河、桑干河、北运河、滏阳河、马颊河、府河、清水河、子牙新河、独流减河、永定新河等支流，水质均劣于 V 类。

流域内 28 个集中式地表水饮用水水源地服务人口约 2000 万人。这些饮用水水源地中，官厅水库、岗南水库、陡河水库、大黑汀水库、大浪淀水库、岳城水库等不同程度出现水质问题，威胁饮用水安全。囿于条件限制，"十五"期间未开展饮用水水源地有毒污染指标的监测。

4. 污染成因分析

一是区域性和结构性污染依然突出。流域内有北京、天津等经济发达、排污强度低的地区，但多数城市的经济发展低于全国平均水平，高耗水、重污染行业比例仍然较大，治理水平总体较低，尚未实现区域经济建设与环境保护的协调发展。

二是污水处理深度不够。海河流域水资源最为紧缺，河道基本无天然径流，城镇污水与工业废水达标排放后，大部分水域仍难以符合水域功能要求。

三是环境监管能力不足。海河流域环境监测、预警、应急处置和环境执法能力薄弱，有些地区有法不依，执法不严现象较为突出，环境违法处罚力度不够，重点工业企业偷排、超标排污、超总量排污的现象不能得到有效遏制。

5. 水环境压力分析

一是流域经济快速增长，水环境压力将越来越大。根据流域各省（区、市）经济社会发展规划，若不能严格实施环境准入制度，有效控制新增污染项目，2010 年海河流域排污量将增加 20% 以上。根据水（环境）功能区水质保护目标，水利部门提出流域限制排污总量意见，海河流域 COD 限排总量为 28.4 万 t/a，流域水污染防治形势严峻。

二是水环境质量改善需求极其迫切。2008 年北京市承办奥运会，水环境质量必须明显改善。漳卫南运河是海河流域多年来跨省（区、市）界污染纠纷集中区域，"十一五"期间水污染必须得到有效控制。

三是群众环境意识提高与环境质量短期内难以有效改善的矛盾将日益突出。海河流域 50% 以上的水体水质劣于 V 类，"有河皆干，有水皆污"的现象短期内难以根本改变。随着公众环境意识的不断提高，水环境问题将更加突出。

14.1.2 "十一五"以来治理和管理措施

主要梳理水专项实施以来开展的关于河流水污染治理和管理的措施，以及取得的初步成效。

1. 流域现状

根据汇水特征和行政分区，将海河流域分为 7 个控制区、90 个控制单元，见表 14-1。

表 14-1 海河流域控制区划分汇总表

控制区名称	面积/万 km²	控制单元/个	地市行政区/个	县级行政区/个
北京控制区	1.64	6	16	0
天津控制区	1.19	3	16	0
河北控制区	18.16	36	11	172
山西控制区	5.91	20	7	45
河南控制区	1.53	11	5	33
山东控制区	3.30	11	7	46
内蒙古控制区	1.26	3	2	5
合计	32.99	90	64	301

2. 社会经济状况

2010 年，规划区域内人口约 1.52 亿人，城镇化率为 48.6%，流域内 GDP 约为 5.0 万亿元，产业结构比例为 7.37：45.86：46.77。详见表 14-2。

表 14-2 海河流域人口和经济分布表

控制区	总人口/万人	城镇人口/万人	城镇化率/%	GDP/亿元	第一产业/亿元	第二产业/亿元	第三产业/亿元
北京	1961	1686	86	13778	124	3323	10331
天津	1273	1057	83	9108	149.5	4837.6	4121.8
河北	7034	2730	38.8	17027	2219	8875	5933
山西	1190	537	45.1	2051	164	1214	673
河南	1968	834	42.4	3324	392	2091	841
山东	1616	491	30	4051	571	2253	1226
内蒙古	108	28	25.9	213	31	129	53
合计	15150	7363	48.6	49552	3650.5	22722.6	23178.8

3. 水污染物排放状况

1）水污染物排放总体状况

2010 年，海河流域废水排放量 71.50 亿 t；COD 排放量 304.31 万 t，其中，工业 COD 排放量占 11.3%，城镇生活 COD 排放量占 25.2%，农业源 COD 排放量占 63.5%；氨氮排放量 26.57 万 t，其中，工业氨氮排放量占 12.0%，城镇生活氨氮排放量占 51.7%，农业源氨氮排放量占 36.3%，详见表 14-3。以工业和生活排污计，海河流域主要排污控制单元为北四河下游平原天津市控制单元、北运河北京控制单元、子牙河平原石家庄市控制单元、御河大同控制单元、卫河新乡市控制单元、黑龙港及运东平原沧州市控制单元、徒骇河山东控制单元、滦河山区承德市控制单元、永定河张家口市控制单元、子牙河平原（滏阳河）邯郸市控制单元、黑龙港及运东平原邢台市控制单元，11 个控制单元化学需氧量累计排污量占流域总排污量的 48.6%。北京市、天津市、石家庄市、大同市、新乡市、沧州市、聊城市、承德市、张家口市、邯郸市、邢台市为重点排污城市。

表 14-3　海河流域排污状况表　　（单位：万 t/a）

控制区	COD 排放量				氨氮排放量			
	工业	生活	农业	合计	工业	生活	农业	合计
北京	0.69	10.23	8.58	19.5	0.04	1.59	0.5	2.13
天津	0.93	10.05	10.93	21.91	0.14	1.87	0.56	2.57
河北	18.55	26.47	93.93	138.95	1.77	5.15	4.51	11.43
山西	3.2	7.08	7.7	17.98	0.38	1.19	0.42	1.99
河南	4.99	6.39	15.57	26.95	0.33	1.27	1.01	2.61
山东	6.02	15.8	53.36	75.18	0.53	2.58	2.6	5.71
内蒙古	0.11	0.68	3.05	3.84	0	0.09	0.04	0.13
合计	34.49	76.7	193.12	304.31	3.19	13.74	9.64	26.57

2）工业行业排污构成

2010 年，海河流域主要排污行业为造纸及纸制品业，化学原料及化学制品制造业，农副食品加工业，皮革、毛皮、羽毛（绒）及其制品业。四个行业的化学需氧量排放量分别占全流域工业化学需氧量排放总量的 22.6%、13.1%、9.7%、9.3%。详见表 14-4。

表 14-4　海河流域重点排污行业表

污染指标	主要行业
废水	造纸及纸制品业，煤炭开采和洗选业，化学原料及化学制品制造业，黑色金属冶炼及压延加工业，纺织业
化学需氧量	造纸及纸制品业，化学原料及化学制品制造业，农副食品加工业，皮革、毛皮、羽毛（绒）及其制品业，医药制造业，纺织业
氨氮	化学原料及化学制品制造业，皮革、毛皮、羽毛（绒）及其制品业，造纸及纸制品业，医药制造业，农副食品加工业，食品制造业

4. 水环境质量状况

依据"十二五"《国家地表水环境监测网设置方案》，统筹重点流域水污染防治"十二五"规划断面控制需求，海河流域共布设 71 个国控断面，包括河流断面 64 个，湖库点位 7 个。其中北京市 8 个，天津市 12 个，河北省 33 个，山西省 5 个，河南省 5 个，山东省 7 个，内蒙古自治区 1 个。

按《地表水环境质量标准》（GB 3838—2002）中 21 项指标评价（除水温、总氮、粪大肠菌群外），对海河流域水质状况进行评价。2010 年，在有数据的 71 个断面中，Ⅲ类水质及以上断面约占 39.4%，Ⅳ～Ⅴ类断面占 22.6%，劣Ⅴ类断面占 38.0%。主要污染指标依次为氨氮、总磷、化学需氧量等。海河流域污染严重的河段有滏阳河、子牙新河、拒马河、卫运河、卫河、北运河、永定新河、御河、徒骇河等支流，水质均劣于Ⅴ类。2010

年，规划区域城镇集中式饮用水水源地共 379 个，供水服务总人口约 1.17 亿人，实际取水量 28.72 亿 m³/a。按水源地类型分，河流型水源地两个，湖库型水源地 30 个，地下水型水源地 342 个，占水源地总数 90.2%。

地表水水源地按照《地表水环境质量标准》（GB 3838—2002）29 项监测指标进行评价（总磷、总氮和粪大肠菌群未参与评价），地下水型饮用水水源地按照《关于 113 个环境保护重点城市实施集中式饮用水水源地水质月报的通知》（环函〔2005〕47 号）中要求的 23 项指标进行评价。评价结果为 2009 年，规划区域城镇达标饮用水水源地 320 个，占水源地总数 84.4%；达标水源地服务人口 0.9 亿人，占水源地服务总人口 76.9%；达标水源地实际取水量 27.58 亿 m³，占水源地供水总量 96.0%。流域内不达标水源地中，除官厅水库和左权县石匣水库以外，其他均为地下水型水源地。主要污染指标依次为氟化物、总硬度、氨氮、亚硝酸盐，各指标超标水源地数量分别占水源地总数的 7.2%、2.4%、1.6%、1.3%。海河流域 524 个水功能区，河长 20201 km，有 146 个功能区达标，达标率为 27.9%。

5. "十一五"规划考核情况

1）水质情况

海河流域"十一五"规划考核断面共 31 个，其中，北京市 4 个，天津市 1 个，河北省 15 个，山西省 6 个，河南省 2 个，山东省 1 个，内蒙古自治区 2 个。2010 年，以高锰酸盐指数计，30 个考核断面达标，仅大石河码头断面不达标。

2）项目情况

海河流域"十一五"规划项目共 524 个，投资 294.97 亿元。截至 2010 年底，海河流域已完成项目 464 个（包括调试项目），项目完成率达 88.5%；已完成投资 239.8 亿元，投资完成率达 81.3%。

6. "十二五"规划考核情况

1）水质

30 个地表水饮用水控制单元水质总体达到 III 类以上。60 个控制单元中现状水质为劣 V 类水质的改善到 V 类或者接近 V 类，现状水质 III 类以上的维持稳定。优先单元水功能区达标率达到 40%。

2）总量

2015 年，海河流域化学需氧量（工业和生活）排放量为 98.0 万 t，比 2010 年削减 11.3%；氨氮（工业和生活）排放量为 14.88 万 t，比 2010 年削减 12.3%。

北京控制区化学需氧量（工业和生活）排放量为 9.85 万 t，比 2010 年削减 9.8%；氨氮（工业和生活）排放量为 1.47 万 t，比 2010 年削减 10.4%。天津控制区化学需氧量（工业和生活）排放量为 9.97 万 t，比 2010 年削减 9.2%；氨氮（工业和生活）排放量为 1.80 万 t，比 2010 年削减 10.4%。河北控制区化学需氧量（工业和生活）排放量为 40.2 万 t，比 2010 年削减 10.8%；氨氮（工业和生活）排放量为 6.05 万 t，比 2010 年削减 12.6%。

山西控制区化学需氧量（工业和生活）排放量为 8.92 万 t，比 2010 年削减 15.7%；氨氮（工业和生活）排放量为 1.40 万 t，比 2010 年削减 12.5%。河南控制区化学需氧量（工业和生活）排放量为 10.2 万 t，比 2010 年削减 10.0%；氨氮（工业和生活）排放量为 1.39 万 t，比 2010 年削减 13.1%。山东控制区化学需氧量（工业和生活）排放量为 18.13 万 t，比 2010 年削减 12.9%；氨氮（工业和生活）排放量为 2.69 万 t，比 2010 年削减 13.5%。内蒙古控制区化学需氧量（工业和生活）排放量为 0.73 万 t，比 2010 年削减 7.6%；氨氮（工业和生活）排放量为 0.079 万 t，比 2010 年削减 10.2%。海河流域总量详见表 14-5。

表 14-5　海河流域控制区总量表

控制区	化学需氧量排放量（工业+生活）			氨氮排放量（工业+生活）		
	2010 年/万 t	2015 年/万 t	削减比例/%	2010 年/万 t	2015 年/万 t	削减比例%
北京	10.92	9.85	9.8	1.64	1.47	10.4
天津	10.98	9.97	9.2	2.01	1.8	10.4
河北	45.02	40.16	10.8	6.92	6.05	12.6
山西	10.58	8.92	15.7	1.6	1.4	12.5
河南	11.38	10.24	10	1.6	1.39	13.1
山东	20.82	18.13	12.9	3.11	2.69	13.5
内蒙古	0.79	0.73	7.6	0.088	0.079	10.2
合计	110.49	98	11.3	16.97	14.88	12.3

14.2　海河流域水环境问题与社会经济现状

14.2.1　海河流域概况

1. 地貌

海河全流域总的地势是西北高东南低，大致分高原、山地及平原三种地貌类型。东临渤海，西倚太行，南界黄河，北接内蒙古高原。流域总面积约 32 万 km²，占全国陆地面积的 3.3%，其中，流域海岸线长 920 km，西部黄土高原和太行山区，北部内蒙古高原和燕山山区，面积约 19 万 km²，占 59%；东部和东南部平原，面积约 13 万 km²，占 41%。

2. 气候

海河流域属暖温带半干旱、半湿润季风气候。虽濒临渤海，但渤海为一内海，对气温影响不大，因此大陆性气候显著，气温变化较急骤。海河流域年平均气温 4～14℃，10℃等温线大致自河北省东北部的山海关，绕北京市北侧，再转向西南穿过流域，1 月平均气温为−2～9℃，7 月平均气温除较高山地外，都在 20℃以上，大部分为 23～27℃。海河流域年降水量在中国东部沿海各流域中是最少的，流域多年平均年降水量多在 400～700 mm。海河流域降水的年内分配不均，5～10 月降水量较多，可占全年降水量的 80% 以上。其中又以 7 月、8 月两个月最多，可占全年降水量的 50%～60%。降水的集中程度，在东部沿海各省市中也是最突出的。夏季降水多以暴雨的形式降落，大暴雨（日降水量在

100 mm 以上）与特大暴雨（日降水量 200 mm 以上）多出现在太行山东麓与燕山南麓。海河流域降水的另一特点是降水年变率大，平均年变率一般在 20%以上。最大年变率可达70%～80%，最大年降水量与最小年降水量之比一般为 2～3，个别站可达 5～6。海河流域春季降水量只占全年的 10%左右，春季降水变率又大，这时正值作物需水时期，有的年份 4～5 月滴雨不下，春旱现象经常发生。海河流域降水集中，年际变化大以及春旱秋涝等现象直接影响海河的水文特征。

3. 水文特征

水文特征主要描述流域的季节性气候变化、降水量变化特征、径流量特征、洪水特征、泥沙特征等。

海河流域处于暖温带大陆性季风区，冬季寒冷干燥，夏季炎热多雨，降水又多以暴雨形式降落，全年降水量往往是几次暴雨的结果。海河干支流水量主要靠降雨补给（降雨补给的水量约占年径流量的 80%以上），因此年径流量的时空变化与年降水变化趋势基本一致。北部地区河流，如潮白河、永定河等还有季节性融雪水补给，形成不太明显的春汛。除降雨及融雪补给外，海河还受地下水补给，如流经太行山、燕山区的河流。地下水多以泉水形式补给河流，如滹沱河、滏阳河、漳卫河等均接受泉水补给，地下水补给量一般占 8%～10%，但个别河段地下径流丰富的可达 40%，地下径流少的仅占5%～6%。流经平原区的河流，如海河干流及五大支流中下游，河槽多未下切至潜水位，洪水期水位常高于两岸地面，或补给河流极少（占年径流量的 6%以下），或不能补给河流。

海河流域跨四省（河北、山西、山东、河南）、一区（内蒙古）、两市（北京、天津），年径流量为 228 亿 m³。流域面积在河北省境内 13.57 万 km²，年径流量为 106.3 亿 m³，其中山区 76.6 亿 m³，平原区 29.7 亿 m³。海河年径流量的地区分布基本上与年降水一致。在太行山和燕山迎风坡，呈现一条与山脉弧形走向一致的径流深大于 150 mm 的高值地带。高值区的分布范围与多年平均年降水 600 mm 等雨线的多雨带基本吻合。在径流高值区内，由于局部地貌和水汽输送方向等影响，形成几个高值中心，如易县大良岗、灵寿县漫山及沙河县蝉房均为高值中心。这些高值中心年降水 750～800 mm，多年平均径流深为300～350 mm。其中以磁河横山岭水库上游的漫山一带为最高，年径流深达 400 mm。自高值带两侧分别向西北和东南逐渐减小。向西北至桑干河、洋河上游年径流深降至 50 mm以下，最小者仅 25 mm。向东南为河北平原，有两个低值中心，一个在定兴县东部的十里铺，一个在冀县、南宫、衡水、辛集周围，年径流深在 25 mm 以下，最小只有 10 mm。其余地区年径流深大部分在 50～150 mm。

海河流域集水面积较小的支流，径流的年际变化与降水的年际变化趋势相似，不同的是比降水的变化更剧烈，地区间的差异更大。而集水面积较大的支流，受流经气候区、下垫面及集水面积的影响，径流的年际变化比较复杂。军都山、太行山山地及山前坡地，是海河流域年降水年际变化的高值区，也是径流年际变化的高值区。年降水变差系数为0.40～0.50，而年径流变差系数为 0.80～1.00。年径流最大值与最小值之比为 10～25。军都山以北太行山以西的地区是年降水与年径流年际变化的低值区，年降水的变差系数为0.25~0.35，年径流变差系数为0.40~0.60。年径流最大与最小值之比为3~5。燕山以南，太行山以东的广大平原区是海河流域内降水年际变化的次高值区，但径流年际变化却是海河流域最高的，年降水变差系数为0.35~0.45，年径流变差系数为1.0~1.5。造成这种现象的原因是平原地势低平，土层深厚。平水年和枯水年蒸发渗漏多，不易产生径流，而丰水年产水量却很大。海河干支流径流年内分配主要受降水年内分配的制约，总的特点是径流年内分配较集中，全年水量的50%~80%集中在7~10月（汛期）4个月内，但各河因径流补给形式、流域调蓄能力以及所处气候区的不同年内集中程度有所不同。平原地区及流经山前严重漏水区的河流，绝大部分属间歇性河流，汛期有水，非汛期干涸，全年水量往往是几次（甚至是一两场）暴雨的结果。以泉水补给为主的某些河段，如桑干河马邑、绵河地都、滏阳河东武仕水库径流年内分配较均匀，汛期水量一般占全年水量的40%或更少。

海河干支流的含沙量在全国各大河中仅次于黄河，由于各支流流经地区自然地理条件不同，含沙量又有差异。发源于山西高原的支流，如永定河、滹沱河、漳河等，流域内黄土分布广泛，加上植被覆盖度小，水土流失严重，河流含沙量大。永定河是海河各支流中含沙量最大的河流，永定河官厅站多年平均含沙量为52.2 kg/m³，上源桑干河石匣里站为25.0 kg/m³，洋河响水堡站为21.0 kg/m³，永定河上游侵蚀模数为1000~2000 t/（km²·a）。滹沱河干支流多流经黄土高原和太行山区，含沙量仅次于永定河，小觉站多年平均含沙量为14.9 kg/m³，侵蚀模数为900~1000 t/（km²·a）。再次为南运河上源漳河，观台站多年平均含沙量为9.07 kg/m³，侵蚀模数为700~800 t/（km²·a）。发源于燕山、太行山的河流，流域内多石质山地，黄土性物质较少，水土流失较黄土高原轻，大清河支流拒马河紫荆关站多年平均含沙量为2.92 kg/m³。大清河新盖房站为1.4 kg/m³，潮白河苏庄站为4.14 kg/m³，北运河屈家店站为2.54 kg/m³，它们在海河流域中含沙量都比较小。海河各支流泥沙的年内分配具有高度的集中性，各河6~9月输沙量占年输沙量的94%以上，其他各月输沙量很小。泥沙的年际变化很大，各河最大年平均含沙量与最小年平均含沙量的比值一般都在10~20以上，最高可达45以上。

海河干支流多年平均水温多在11~15℃。由于流域跨纬度较大，南北部河流水温有所不同。流经流域北部山区的潮白河、永定河上游为11~12℃，流经流域南部的南运河为14~15℃。全年以1月水温最低，为0.1~2.5℃，潮白河、永定河为0.1~0.9℃，南运河为2.0~2.5℃。7月水温最高，为42~27℃，北部各河为24~26℃，南部各河为25~27℃，只有少数河流低于24℃。历年最高水温可达31~36℃，历年最低水温为0℃。海河各支流冬季一般均结冰。平均初冰日期多在11月下旬至12月中旬，终冰期为3月中、下旬，只有子牙河与南运河可提早至2月下旬。冰期3~3.5个月。平均封冻日期多在12月中、下旬，解冻日期为3月中、上旬，平均封冻天数为50~80 d。

14.2.2　海河流域水资源总体特征与趋势

1. 海河流域水资源量总体特征

海河流域 2008～2018 年平均水资源总量为 314.79 亿 m³，最大为 2012 年的 436.52 亿 m³，最小为 2014 年的 217.23 亿 m³。产水系数（水资源总量与降水量的比值）为 0.59，在水资源总量中，年际变化较大的地表径流量占 47.56%，详见表 14-6。

表 14-6　海河流域地表水资源量特征值（2008～2018 年）

年份	降水量/mm	水资源折合径流深/mm	地表水资源量/亿 m³							
			水资源总量	滦河及冀东沿海水系	海河北系	海河南系	徒骇马颊河水系	北京	天津	河北
2018	540.70	54.40	173.94	41.82	44.88	67.93	19.31	15.32	11.76	83.10
2017	500.30	40.10	128.33	32.89	32.87	57.46	5.11	13.03	8.80	58.37
2016	615.20	63.80	204.00	41.00	39.92	108.78	15.30	15.01	15.10	103.22
2015	518.20	33.90	108.38	21.70	26.83	49.21	10.64	9.32	8.70	49.29
2014	427.40	30.70	97.99	24.11	24.60	46.02	3.26	6.46	8.33	45.83
2013	547.70	55.10	176.20	34.15	32.83	73.58	35.64	9.43	10.80	74.64
2012	601.20	73.70	235.53	68.22	48.74	85.03	33.54	18.95	26.54	115.90
2011	518.80	42.50	135.96	33.11	27.44	64.61	10.80	9.17	10.89	67.66
2010	533.60	46.60	149.00	28.30	23.13	51.71	45.86	7.22	5.58	54.29
2009	489.80	36.20	116.60	18.19	24.73	51.14	21.55	6.76	10.59	46.97
2008	541.00	39.70	126.93	26.75	35.54	60.59	4.05	13.79	14.61	60.44
平均值	530.35	46.97	150.26	33.66	32.86	65.10	18.64	11.31	11.97	69.06

按 2017 年总人口计，海河流域人均水资源量只有 117.8 m³，全国人均水资源量为 2074.53 m³，海河流域为全国平均值的 5.68%，在全国各流域中是人均水资源量最少的流域。

1）地表水资源量

地表水资源量是指河流、湖泊等地表水体的动态水量，用天然河川径流量表示。在单站径流还原及下垫面一致性修正的基础上计算地表水资源量。还原水量包括各行业用水耗损量、引入引出水量及水库蓄变量等。

从海河流域多数水文站 1956～2018 年降水-径流（还原后）的关系可以发现，在同量级降水情况下，20 世纪 80～90 年代之后的径流深明显小于 20 世纪 50～60 年代径流深。究其原因，主要是 20 世纪 70 年代以后，地下水开发利用及水土保持生态建设等的影响加剧，改变了植被、土壤、水面、耕地、潜水位等流域下垫面条件，从而间接造成河川径流量的减少。

2001～2007 年平均地表水资源量为 120 亿 m³，海河流域 2008～2018 年平均地表水资源量为 150.26 亿 m³，折合径流深 46.97 mm，2008～2018 年年均地表水资源量较 2001～2007 年年均地表水资源量增加了 25.22%。其中，滦河及冀东沿海水系地表水资源量为 33.66 亿 m³，占 22.4%；海河北系地表水资源量为 32.86 亿 m³，占 21.87%；海河南系地表水资源量为 65.10 亿 m³，占 43.32%；徒骇马颊河水系地表水资源量为 18.64 亿 m³，占 12.41%。地表水资源量最大为 2012 年的 235.53 亿 m³，最小为 2014 年的 97.99 亿 m³。

在地域分布上，沿太行山、燕山迎风坡有一个年径流深大于 100 mm 的高值区，而背风山区和平原的年径流深明显减少，背风山区为 25～50 mm，平原为 10～50 mm。

海河流域 1956～2000 年平均年入海水量 101 亿 m³，占同期平均地表水资源量的 46.8%；2001～2007 年平均入海水量只有 17.76 亿 m³，占同期平均地表水资源量的 36.51%，约 80%集中在汛期。近几十年来，海河流域入海水量变化较大，总体上呈递减趋势。丰水的 20 世纪 50 年代平均为 241 亿 m³，枯水的 80 年代只有 22.2 亿 m³。2008～2018 年平均年入海水量 54.83 亿 m³，详见表 14-7。

表 14-7　海河流域不同年代年平均入海水量　　　（单位：亿 m³）

年份	入海水总量	入海水量			
		滦河及冀东沿海水系	海河北系	海河南系	徒骇马颊河水系
2018	71.72	20.99	23.00	15.30	14.43
2017	34.99	9.18	10.51	9.83	5.47
2016	69.28	17.33	15.44	21.84	17.67
2015	28.93	3.13	7.27	7.28	10.71
2014	20.45	3.75	7.10	6.50	3.10
2013	105.50	33.83	15.08	19.54	38.05
2012	118.88	33.83	26.42	24.42	34.21
2011	36.13	6.62	10.13	8.30	11.08
2010	60.80	1.08	5.22	9.93	44.57
2009	31.73	0.38	7.19	8.27	16.89
2008	24.74	1.20	11.16	7.64	4.74
平均值	54.83	11.94	12.59	12.62	18.27

2）地下水资源量

海河流域 1980～2000 年平均浅层地下水资源量为 235 亿 m³。其中，山丘区地下水资源量为 108 亿 m³，平原区地下水资源量为 141 亿 m³。2008～2018 年平均浅层地下水资源量为 240.67 亿 m³，其中，山丘区地下水资源量为 111.06 亿 m³，平原为 162.69 亿 m³。与 1980～2000 年相比，2008～2018 年地下水资源量增加了 2.41%，山丘地区地下水资源量增加了 2.83%，平原区地下水资源量增加了 10.15%。海河流域 2008～2018 年浅层地下水资源量见表 14-8。

表 14-8　海河流域浅层地下水资源量（2008～2018 年平均）　　　（单位：亿 m³）

年份	地下水资源量					
	地下水资源量	山丘	平原	北京	天津	河北
2018	257.14	120.74	171.68	28.92	7.33	120.83
2017	223.29	110.29	146.53	20.40	5.54	114.00
2016	280.43	131.08	184.08	24.15	6.08	149.75
2015	214.63	100.02	145.97	20.63	4.87	109.43

续表

年份	地下水资源量					
	地下水资源量	山丘	平原	北京	天津	河北
2014	184.37	101.49	113.60	16.96	3.67	85.81
2013	259.68	114.37	179.38	18.74	5.01	134.75
2012	288.72	122.84	202.25	26.49	7.62	159.73
2011	237.34	111.91	156.57	21.16	5.22	123.08
2010	223.46	100.90	153.90	18.88	4.45	107.24
2009	236.22	96.87	171.32	18.76	9.50	119.94
2008	242.10	111.18	164.37	24.92	5.91	132.03
平均值	240.67	111.06	162.69	21.82	5.93	123.33

2. 海河流域水资源趋势

综合分析海河流域水资源的主要特征发现，海河流域水资源的主要变化趋势为社会经济发展对水资源量日益增大的需求量导致海河流域水资源量持续短缺。对海河流域主要河流断流干涸情况的研究表明，自 20 世纪 50 年代开始，流域内主要河流的断流天数和断流长度不断增大；对水资源过量开发的同时，流域废污水直排入河量不断增加。

1）海河流域水资源总量持续减少

海河流域 2008～2018 年平均水资源总量为 314.79 亿 m³，最大为 2012 年的 436.52 亿 m³，最小为 2014 年的 217.23 亿 m³（图 14-1）。

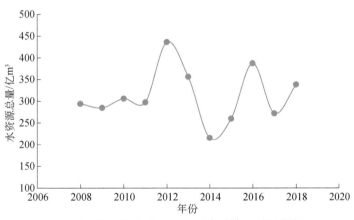

图 14-1　海河流域 2008～2018 年水资源总量变化

从海河流域水资源变化趋势而言，1956～1979 年全流域地表水资源量平均约为 280 亿 m³，1980～2000 年全流域地表水资源量平均约为 180 亿 m³，比 1956～1979 年时间段降低了 100 亿 m³，随着降水量的减少和水资源开发利用程度的增加，海河流域地表水资源量持续减少，2001～2007 年的地表水资源量平均约为 120 亿 m³。

导致海河流域水资源量减少的原因主要为流域降水量持续减少。1956～1960 年海河流域降水量为 582 mm，1961～1970 年全流域降水量降低至 564 mm，这一数值到 1971～1980

年变为 543 mm，进入 20 世纪八九十年代，海河流域降水量变为 504 mm，2000～2007 年降水量为 505 mm，最近 10 年的降水量比 20 世纪五六十年代的降水量减少了 100 mm。除降水量总量减少外，海河流域经常发生连续枯水年，自 1980 年来，已发生 1980～1987 年、1999～2005 年两个较长的枯水段。降水量的持续减少和连续枯水年的出现导致海河流域水资源总量持续减少。

对密云水库、官厅水库、王快水库和西大洋水库等海河流域主要水库年径流量的观测显示，1956～2000 年，以上水库的年径流量持续减少。其中密云水库年径流量由 1956 年的 37 亿 m³ 减少至 2000 年的 3.8 亿 m³；官厅水库年径流量由 1956 年的 23 亿 m³ 减少至 2000 年的 7.4 亿 m³；王快水库年径流量由 1956 年的 19 亿 m³ 减少至 2.5 亿 m³。

与密云水库类似，西大洋水库年径流量由 1956 年的 14 亿 m³ 减少至 2000 年的 1.5 亿 m³；黄壁庄水库和观台的年径流量由 1956 年的 60 亿 m³ 和 43 亿 m³ 减少至 2000 年的 12 亿 m³ 和 5 亿 m³。

海河流域地表水资源持续减少导致流域入海水量减少。海河流域主要入海河流有 30 多条，根据 1956～2000 年资料统计，流域平均年入海水量为 101 亿 m³，占地表水资源量 216 亿 m³ 的 46.8%。入海水量呈递减趋势，20 世纪 50 年代年径流入海百分率约 70%，从 20 世纪 50 年代后期开始，流域进行了大规模的水利工程建设，20 世纪 70 年代年径流入海百分率降低至 50%。20 世纪 80 年代以后经济社会高速发展，人类活动对下垫面的影响不断加剧，从而使入海水量大幅递减。

2）海河流域废污水排放量逐步变大

随着城镇生活和工农业用水的增多，海河流域废污水排放量呈逐年递增的趋势，且排放区域主要集中在海河流域平原地区。

统计数据显示（表 14-9），1980 年废污水排放量为 31.40 亿 t，其中工业废水量为 24.50 亿 t，生活污水量为 6.90 亿 t，生活污水占到全部污水量的 22%；1985 年工业废水排放量为 27.59 亿 t，生活污水量为 9.00 亿 t，合计污水排放量为 36.59 亿 t；1995 年废污水排放量持续增加，其中工业废水量为 40.20 亿 t，生活污水量为 16.10 亿 t，合计污水排放量为 56.30 亿 t；至 2000 年废污水排放量增加至 56 亿 t，其中工业废水排放量为 33.50 亿 t，而生活废水排放量增加到 22.50 亿 t；2007 年全流域废污水排放量为 47.53 亿 t，生活污水的排放量高达 21.58 亿 t，占到全部废污水排放量的 45%。

表 14-9　海河流域废污水排放量（1980～2007 年）

年份	工业废水量/亿 t	生活污水量/亿 t	废污水排放量/亿 t
1980	24.50	6.90	31.40
1985	27.59	9.00	36.59
1990	34.58	12.52	47.10
1995	40.20	16.10	56.30
2000	33.50	22.50	56.00
2005	34.05	10.80	44.85
2007	25.95	21.58	47.53

就排放区域而言，全流域 2007 年共监控了 1143 个排污口，其中山前水库带共计 513 个排污口，每万平方千米分布有 27 个排污口；中部平原区有 542 个排污口，每万平方千米分布有 54 个排污口，密度是山前水库带的 2 倍；滨海段共计 88 个排污口，每万平方千米分布有 28 个排污口。

2007 年全流域共排放废污水合计 47.53 亿 t，其中山前水库带共计排放 10.06 亿 t，其中 COD_{Cr} 为 17.36 万 t，NH_3-N 为 1.86 万 t；中部平原区废污水共计排放 26.34 亿 t，其中 COD_{Cr} 为 56.58 万 t，NH_3-N 排放量为 7.21 万 t；滨海段共计排放废污水为 8.74 亿 t，其中 COD_{Cr} 排放量为 31.21 万 t，NH_3-N 排放量为 2.37 万 t。虽然山前水库带的排污口总量和中部平原区相似，但排污口密度远小于中部平原区。从排污总量上看，中部平原区 2007 年共排放废污水 26.34 亿 t，超过全流域废污水排放的 50%。中部平原区分布有北京、天津、唐山、石家庄等大中型城市和众多中小城镇，人口密集，工农业发达，由此造成废污水排放量远高于山前水库带和滨海湿地带（表 14-10）。

表 14-10　海河流域废污水排放统计表

区域	排污口	排污口密度/（个/万 km²）	废污水排放量/（亿 t/a）	COD_{Cr}/（万 t/a）	NH_3-N/（万 t/a）
山前水库带	513	27	10.06	17.36	1.86
中部平原区	542	54	26.34	56.58	7.21
滨海湿地带	88	28	8.74	31.21	2.37
合计	1143	36	45.14	105.15	11.44

3）海河流域主要河流干涸程度增大

海河流域水资源总量持续减少，但持续增加的需水量迫使人们对河流水资源过度开发，从而导致流域内主要河流断流长度和断流天数持续增加，海河流域河流"季节性"断流特征逐步明显。

河流季节化是指那些原为常流河的河流，在自然因素和人为因素的共同作用下，在枯水季经常出现河床干涸的水文现象。河段断流是河流季节化的主要标志。

海河流域平原区不是季节性河流发育的地区，然而，近几十年海河流域河流季节化特征明显。主要原因为近几十年来，在气候干旱化日趋严重、水资源日趋短缺的背景下，海河流域主要河流中上游地区修建水库等多种水利设施，导致中部平原区水资源短缺，平原地区工农业发展和城镇用水对水资源的过量开发引起地下水的采补失衡和水位的急剧下降，流域产流能力随之衰减，最终造成河流在枯水季节出现经常性河道断流现象。

海河流域季节性河流形成于 20 世纪 60 年代中后期，之后海河流域各水系相继出现经常性河道断流现象。对滦河等 21 条主要河流的断流情况统计发现，在 60 年代期间河流的断流天数为 78 天，至 80 年代断流天数增加至 234 天，是 60 年代的约 3 倍；至 2000 年，以上河流断流天数增加至 268 天，占到一年总天数的 70% 以上。除了断流天数持续增加外，河流断流长度也持续增长。20 世纪 60 年代河流断流总长度为 714 km，80 年代河流断流长度增加到 1922 km，是 60 年代的近 3 倍。至 2000 年，主要河流的干涸长度变为 2189 km。

海河流域河流断流主要有以下几个特点：①断流河流越来越多。自 20 世纪 60 年代个别河道出现断流开始，逐步发展到全流域大多数河流皆发生断流。②断流频率越来越高。流域内从个别河流的个别年份出现断流，逐步发展到大部分河流年年出现断流，频率高达 100%。例如，潮白河自 1972 年出现断流以来，除 1974 年外，年年出现断流；滏阳河自 70 年代以来，断流频率一直高达 100%；滹沱河自 50 年代末至今断流现象从未间断。③断流时间越来越长。断流时间从最初的几十天，发展到 200～300 天，很多河流甚至全年干涸。例如永定河，60 年代年均断流为 86 天，70 年代即发展到 282 天，80 年代年均断流高达 299 天，到了 90 年代河床几乎全年干涸。④断流河段越来越长。中游河段水资源短缺，而上游水库库存水主要供给城市用水，导致断流河段越来越长，如潮白河自密云水库以下断流。

14.2.3　海河流域水生态质量

选取沙河水库作为研究对象，北运河水系上游主要是指沙河水库流域，包括东沙河、北沙河、南沙河及其支流，涉及的行政区域包括海淀北部新区、昌平西部等区域，流域面积 1099 km²。山区面积 650 km²，平原区面积 449 km²。

规划确定水环境容量计算因子为 COD_{Cr} 和 NH_3-N。沙河水库流域污染来源主要为生活污水，以易降解有机物为主，综合衰减系数 K_{COD} 和 $K_{NH_3\text{-}N}$ 分别取 0.1 d^{-1} 和 0.05 d^{-1}。沙河水库流域东沙河、北沙河、南沙河三条支流选取枯水期月平均流量作为设计流量。规划条件设计流量，在现状设计流量的基础上，考虑了河道生态需水量和水资源优化配置水量。

经计算，2009 年规划区沙河水库流域 COD_{Cr} 容量为 1073.5 t/a，NH_3-N 容量为 33.8 t/a；东沙河、北沙河、南沙河三条子流域的 COD_{Cr} 容量分别为 167.9 t/a、273.5 t/a、632.0 t/a，NH_3-N 容量分别为 7.1 t/a、9.1 t/a、18.7 t/a（表 14-11）。

表 14-11　规划区沙河水库流域三条子流域水环境容量表

子流域	流量/（万 m³/s）	河道长度/km	COD_{Cr}/（t/a）	NH_3-N/（t/a）
东沙河	0.368	6	167.9	7.1
北沙河	0.34	18	273.5	9.1
南沙河	0.5	30	632.0	18.7

14.2.4　入河污染负荷削减量

2009 年规划区入河排污口入河污染物总量 COD_{Cr} 为 2907.6 t/a，NH_3-N 为 533.4 t/a，其中重点入河排污口入河污染物总量 COD_{Cr} 为 1548.6 t/a，NH_3-N 为 107.5 t/a。根据水环

境容量计算结果，规划区沙河水库流域需要削减入河排污口污染物百分比 COD_{Cr} 为 63.1%，$NH_3\text{-}N$ 为 93.6%，其中削减重点入河排污口污染物 30.7% 的 COD_{Cr} 和 68.6% 的 $NH_3\text{-}N$。

规划区三个子流域中，东沙河入河污染物总量 COD_{Cr} 为 402.4 t/a，$NH_3\text{-}N$ 为 253.7 t/a，水环境容量 COD_{Cr} 为 167.9 t/a，$NH_3\text{-}N$ 为 7.1 t/a，分别需要削减 COD_{Cr} 为 234.5 t/a，$NH_3\text{-}N$ 为 246.6 t/a，削减百分比分别为 58.3%、97.2%；北沙河入河污染物总量 COD_{Cr} 为 1686.8 t/a，$NH_3\text{-}N$ 为 182.3 t/a，水环境容量 COD_{Cr} 为 273.5 t/a、$NH_3\text{-}N$ 为 9.1 t/a，分别需要削减 COD_{Cr} 为 1413.3 t/a，$NH_3\text{-}N$ 为 173.2 t/a，削减百分比分别为 83.8%、95.0%；南沙河入河污染物总量 COD_{Cr} 为 818.4 t/a，$NH_3\text{-}N$ 为 97.4 t/a，水环境容量 COD_{Cr} 为 632 t/a，$NH_3\text{-}N$ 为 18.7 t/a，分别需要削减 COD_{Cr} 为 186.4 t/a、$NH_3\text{-}N$ 为 78.7 t/a，削减百分比分别为 22.8%、81.8%（表 14-12）。

表 14-12　规划区沙河水库流域三个子流域入河污染物削减量表

子流域	水环境容量/（t/a）		污染物入河总量/（t/a）		削减量/（t/a）		削减百分比/%	
	COD_{Cr}	$NH_3\text{-}N$	COD_{Cr}	$NH_3\text{-}N$	COD_{Cr}	$NH_3\text{-}N$	COD_{Cr}	$NH_3\text{-}N$
东沙河	167.9	7.1	402.4	253.7	234.5	246.6	58.3	97.2
北沙河	273.5	9.1	1686.8	182.3	1413.3	173.2	83.8	95.0
南沙河	632	18.7	818.4	97.4	186.4	78.7	22.8	80.8
合计	1073.4	34.9	2907.6	533.4	1835.2	499.5	63.1	93.6

14.2.5　海河流域水污染状况评估

1. 主要污染物分布特征与演变趋势

耗氧污染物是海河流域主要超标污染物。我们用 COD、$NH_3\text{-}N$ 和 TP 相关指标分析了海河流域耗氧污染和营养污染的现状和演变趋势。

COD 是海河流域污染较重的一类耗氧污染物。2008 年海河流域水质为劣 V 类的国控断面数量超过 40%，COD 浓度较高的国控断面有滏阳河艾辛庄断面（超 V 类水质标准 5 倍），卫运河临清断面（超 V 类水质标准 4 倍），子牙新河阎辛庄断面（超 V 类水质标准 3 倍），岔河田龙庄断面（超 V 类水质标准 2 倍），岔河东宋门断面（超 V 类水质标准 2 倍），府河焦庄断面（超 V 类水质标准 2 倍），永定新河塘汉公路大桥断面（超 V 类水质标准 2 倍），卫运河称勾湾断面（超 V 类水质标准 1 倍）和桑干河册田水库出口（超 V 类水质标准 1 倍）等 22 个断面。经过"十一五"水质的治理，水质为劣 V 类的国控断面数量减少至 35%，水环境质量呈转好趋势。"十二五"期间，海河流域劣 V 类水质得到了很好的控制，IV 和 V 类水质流域得到明显的改善，尤其是北三河、永定河和漳卫河逐渐向 I～III 类水质转变。但是子牙河、黑龙港运东和徒骇马颊河仍然处于劣 V 类水质，污染较为严重。进入"十三五"之后，2016 年的 COD 水质检测中，部分流域又出现了新污染，如永定河流域部分区域处于劣 V 类水质。经过一系列治理措施后，新出现的劣 V 类水域恢复到了Ⅰ～Ⅲ类水质，并且原先难以治理的劣Ⅴ类水域得到了有效的治理，劣Ⅴ类水域面积减少到5%以下，Ⅴ类水域面积也进一步减少，水环境质量状况明显提高。

海河流域2008～2018年COD分布变化如图14-2所示。"十一五"期间，2008～2010年分布较相似，2008年COD浓度小于15 mg/L的国控断面仅占25%，有42%的国控断面的数值高于40 mg/L，为劣Ⅴ类水质。经过"十一五"的治理，水质得到明显的提高，COD浓度小于15 mg/L的国控断面达32%，大于40 mg/L的比例降为31%。2011年淮河流域COD浓度小于15 mg/L的国控断面数量与上年持平，大于40 mg/L的降为24%，20～40 mg/L的国控断面数升至39%。经过"十二五"期间的治理，大于40 mg/L的国控断面数降为22%，总体水质状况进一步提升。进入"十三五"之后，海河流域的水质状况逐渐提升，大于40 mg/L的国控断面数降为11%，达Ⅱ类及以上水质标准的国控断面数升至39%。

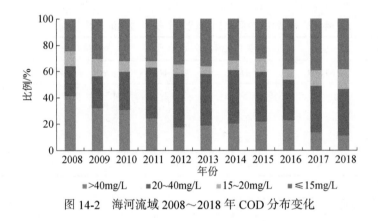

图14-2　海河流域2008～2018年COD分布变化

在海河流域河流中$NH_3\text{-}N$是较突出的另一种消耗溶解氧的污染物。2008年海河流域劣Ⅴ类水质流域面积超过80%，随着"十一五"治理措施的施行，2010年劣Ⅴ类水质流域面积降为70%，Ⅰ～Ⅲ类水质流域面积逐渐增大，生态环境得到明显改善。2011年海河流域劣Ⅴ类水质流域面积大幅度降低，仅为50%；Ⅰ～Ⅲ类水质流域面积大幅度增加。"十二五"期间，海河流域劣Ⅴ类水质流域面积出现一定的反弹，但维持在相对稳定的状态；Ⅰ～Ⅲ类水质流域面积相对稳定。进入"十三五"后，海河流域水质明显提高，从2016年劣Ⅴ类水质流域面积的50%降至2018年的不足30%，Ⅰ～Ⅲ类水质流域面积大幅增加，水质得到明显改善。

海河流域2008～2018年国控断面$NH_3\text{-}N$浓度变化如图14-3所示。"十一五"期间，2008年海河流域$NH_3\text{-}N$浓度大于2.0 mg/L的国控断面占比为47%，到2010年降为39%。2011年$NH_3\text{-}N$浓度大于2.0 mg/L的国控断面数量占比降至29%，同比减少10个百分点。海河流域九大水系中子牙河、徒骇马颊河、黑龙港运东、海河干流、北三河、漳卫河$NH_3\text{-}N$污染严重，子牙河、徒骇马颊河和北三河$NH_3\text{-}N$浓度没有明显的降低趋势，2011年仍在3.0～6.0 mg/L。2007～2011年间，黑龙港运东、海河干流和漳卫河$NH_3\text{-}N$浓度明显降低，2007年上述河流中$NH_3\text{-}N$浓度为Ⅴ类水质标准的4～6倍，2011年河流中$NH_3\text{-}N$浓度均值已在Ⅴ类水质标准范围内。滦河、永定河和大清河三个水系的 NH₃-N 浓度相对较低，除个别年份外均在 V 类水质标准以内。经过"十二五"期间的治理，2015 年海河流域 NH₃-N 浓度大于 2.0 mg/L 的国控断面占比为 36%，相较 2010 年断面数量减少了 3 个百分点。进入"十三五"后，2016 年 NH₃-N 浓度大于 2.0 mg/L 的国控断面占 28%，同比减少了 8 个百分点，NH₃-N 浓度在 1.0~2.0 mg/L 的断面占 16%，同比增长了 4 个百分点。随后两年的监测中，NH₃-N 浓度大于 2.0mg/L 的断面数量逐年减少，2018 年，NH₃-N 浓度为劣 V 类水质标准的国控断面占 9%，相较 2008 年降低了 38 个百分点；NH₃-N 浓度达 Ⅲ 类及以上水质标准的国控断面数量占 77%，相较 2008 年提高了 35 个百分点，海河流域氨氮浓度得到有效控制，水环境质量明显改善。

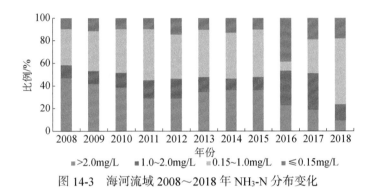

图 14-3　海河流域 2008~2018 年 NH₃-N 分布变化

在海河流域中 TP 是较突出的另一种营养型污染物。"十一五"期间，从 2008 年劣 V 类水质流域面积的 80%以上降至 2010 年的 70%左右，Ⅰ~Ⅲ 类水域面积有所增加，水中的 TP 得到很好的治理。进入"十二五"之后，海河流域中 TP 的浓度普遍升高，截至 2015 年，其中劣 V 类水质流域面积升至 80%，Ⅰ~Ⅲ 类水质流域几乎为 0。"十三五"期间，针对 TP 超标的问题提出了一系列的治理措施，从中可以发现从 2016 年开始，海河流域的 TP 得到明显改善，其中劣 V 类水质流域面积降至 50%左右，Ⅰ~Ⅲ 类水质流域面积升至 10%以上，到 2018 年时，劣 V 类水质流域面积降至 30%左右，Ⅰ~Ⅲ 类水质流域面积升至 40%以上，水体环境得到明显的改善。

海河流域 2008~2018 年国控断面 TP 浓度变化如图 14-4 所示。2008~2010 年，海河流域 TP 浓度大于 0.4 mg/L 的国控断面数量维持在 30%以上，处于较高的污染状态。2011 年 TP 浓度大于 0.4 mg/L 的国控断面数量占比减少至 23%，TP 浓度在 0.02~0.2 mg/L 的国控断面数量占比升高至 52%，同比增长 5 个百分点，海河流域 TP 污染得到有效改善。进入"十二五"后，TP 浓度大于 0.4 mg/L 的国控断面数量呈现先减少后增加的趋势，到 2015 年升至 33%；TP 浓度在 0.02~0.2 mg/L 的国控断面数量占比由 2011 年的 52%降至 2015 年的 46%；TP 浓度小于等于 0.02mg/L 的国控断面数量占比 2011 年的 5%增加到 2015 年的 9%。从"十三五"开始，针对海河流域 TP 浓度超标的问题采取了一系列的治理措施，治理成效明显，其中，TP 浓度大于 0.4 mg/L 的国控断面数量占比由 2015 年的 33%减少至 4%，TP 浓度在 0.02~0.2 mg/L 的国控断面数量占比由 2015 的 46%增加至 63%，TP 浓度小于等于 0.02 mg/L 的国控断面数量占比由 2015 年的 9%增加至 12%，总体来看，海河流域水环境质量呈现持续向好的态势。

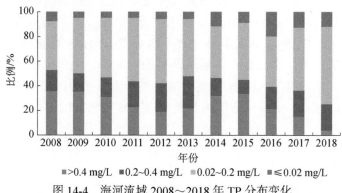

图 14-4　海河流域 2008～2018 年 TP 分布变化

　　2008 年海河流域国控断面中劣 V 类水体为 49%，Ⅰ～Ⅲ类水体仅占 30%。"十一五"期间，随着治理措施的不断进行，水质得到了不断改善，截至 2010 年，海河流域国控断面中劣 V 类水体降至 40%，Ⅰ～Ⅲ类水体升至 37%。"十二五"期间，海河流域各省（区、市）高度重视流域水污染防治工作，海河流域水环境质量整体呈现向好趋势。2015 年，Ⅰ～Ⅲ类所占比例为 42%，比 2010 年上升 5 个百分点。其中，北京市和天津市的水质稳中有升，Ⅰ～Ⅲ类所占比例分别增加 26.7% 和 17.7%，V 类断面占比也有不同程度减少。进入"十三五"之后，Ⅰ～Ⅲ类水体所占比例从 2016 年的 37% 提升至 2018 年的 46%，提升了 9 个百分点，劣 V 类水体从 41% 降至 7.5%，水体水质大幅提升，如图 14-5 所示。

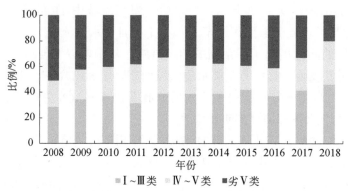

图 14-5　海河流域 2008～2018 年国控断面各类水质比例变化

2. 海河流域污染源结构与态势

　　海河流域河流污染以耗氧污染物为主，COD_{Cr} 和 $NH_3\text{-}N$ 是最主要的超标物质，因此以 COD_{Cr} 和 $NH_3\text{-}N$ 为重点对象，详细解析了其污染源结构特征。2007 年海河流域 COD_{Cr} 排放总量为 65.7 万 t，以工业污染源为主；$NH_3\text{-}N$ 排放总量为 6.17 万 t，生活污染源和工业污染源贡献相当。流域 COD_{Cr} 和 $NH_3\text{-}N$ 排放源分布广泛，污染排放强度大。子牙河流域 COD_{Cr} 和 $NH_3\text{-}N$ 排放最为集中，滦河流域 COD_{Cr} 排放相对稀疏。流域污染物排放行业构成复杂，各水系有所差异。造纸、食品、皮革和印染都是最重要的 COD_{Cr} 排放行业，而石化行业是最重要的 $NH_3\text{-}N$ 排放行业。

1）全流域（点）污染源结构概况

（1）COD_{Cr} 排放结构。2007 年，海河流域 COD_{Cr} 排放总量为 119.54 万 t，其中生活源排放 26.92 万 t，工业源排放 92.59 万 t。子牙河水系排放量最大，超过 27 万 t，占全流域 COD_{Cr} 排放量的 23%；徒骇马颊河水系排放量次之，达到 21.38 万 t，占全流域的 18%；漳卫新河、大清河、北三河排放量分别为 13.98 万 t、12.91 万 t 和 11.85 万 t，分别占全流域 COD_{Cr} 排放量的 12%、11% 和 10%；永定河、滦河、黑龙港运东和海河干流水系 COD_{Cr} 排放量相对较小（表 14-13）。

表 14-13　海河流域 COD_{Cr} 排放结构

水系名称	工业源/万 t	比例/%	生活源/万 t	比例/%	排放总量/万 t	比例/%
北三河	5.60	6	6.25	23	11.85	10
大清河	11.85	13	1.05	4	12.91	11
海河干流	5.56	6	3.25	12	8.82	7
黑龙港运东	6.76	7	0.42	2	7.18	6
滦河	7.09	8	1.96	7	9.07	8
子牙河	21.18	23	6.75	25	27.93	23
漳卫新河	12.04	13	1.95	7	13.98	12
永定河	3.73	4	2.69	10	6.42	5
徒骇马颊河	18.78	20	2.60	10	21.38	18
合计	92.59	100	26.92	100	119.54	100

注：表中个别数据因数值修改，略有误差，下同。

各水系生活源和工业源排放量的相对贡献也有所差异。北三河水系生活源对 COD_{Cr} 排放量贡献最大，工业源和生活源的比例为 47：53；生活源对海河干流和永定河水系 COD_{Cr} 排放量的贡献程度接近，这两个水系生活源和工业源的贡献比例分别为 63：37 和 58：42。滦河、子牙河水系工业源对 COD_{Cr} 贡献都接近 80%，而大清河、黑龙港运东、漳卫新河和徒骇马颊河水系工业源对 COD_{Cr} 排放的贡献都在 90% 左右。总体来看，除了北三河水系生活源对 COD_{Cr} 排放量贡献超过工业源外，其他水系都以工业源为主。

（2）$NH_3\text{-}N$ 排放结构。根据 2007 年污染源普查数据，海河流域 $NH_3\text{-}N$ 排放总量为 6.17 万 t，生活污染源占 52%，排放 3.24 万 t，工业污染源占 48%，排放 2.96 万 t。子牙河水系 $NH_3\text{-}N$ 排放总量达到 2.05 万 t，高于其他水系，占海河流域 $NH_3\text{-}N$ 排放总量的 33%；海河干流、北三河和徒骇马颊河水系 $NH_3\text{-}N$ 排放量分别占排放总量的 14%、12% 和 10%，排放量分别为 8564 t、7269 t 和 5876 t；漳卫新河、滦河、大清河、永定河水系 $NH_3\text{-}N$ 排放量相近，各占总排放量的 7% 左右，黑龙港运东水系 $NH_3\text{-}N$ 排放量较小（表 14-14）。

表 14-14　海河流域 NH₃-N 排放结构

水系名称	工业源/万 t	比例/%	生活源/万 t	比例/%	排放总量/万 t	比例/%
北三河	0.12	4	0.61	19	0.73	12
大清河	0.29	10	0.16	5	0.45	7
海河干流	0.22	7	0.64	20	0.86	14
黑龙港运东	0.16	5	0.03	1	0.18	3
滦河	0.20	7	0.22	7	0.41	7
子牙河	1.10	37	0.95	29	2.05	33
漳卫新河	0.31	10	0.21	6	0.52	8
永定河	0.15	5	0.24	7	0.38	6
徒骇马颊河	0.41	14	0.18	6	0.59	10
合计	2.96	100	3.24	100	6.17	100

北三河、海河干流、滦河以及永定河水系的 NH₃-N 排放以生活污染源为主，其中北三河和海河干流生活污染源贡献程度最高，生活源和工业源的比例分别达到 84∶16 和 74∶26。永定河水系生活污染源和工业污染源对 NH₃-N 排放量的贡献比例为 63∶37。滦河水系生活污染源和工业污染源对 NH₃-N 排放贡献基本相当，二者比例为 54∶46。大清河、黑龙港运东、子牙河、漳卫新河和徒骇马颊河水系的 NH₃-N 排放以工业污染源为主，其中黑龙港运东水系工业污染源贡献最大，同生活污染源贡献的比例为 89∶11。徒骇马颊河、大清河和漳卫新河水系工业污染源和生活污染源对 NH₃-N 排放量的贡献比例分别为 69∶31、64∶36 和 60∶40。子牙河水系工业源与生活源贡献程度基本相当，比例为 54∶46。

2）流域（点）污染源结构基本特征

综合以上分析，海河流域 CODcr 和 NH₃-N 等耗氧污染物污染排放具有以下基本特征。

（1）CODcr 排放总量 119.54 万 t，NH₃-N 排放总量 6.17 万 t，污染排放总量大，污染源分布广泛，九大水系均有一定程度的贡献。各水系 CODcr 排放量占排放总量的比例为 5%~23%，其中子牙河水系排放量最大，超过 27 万 t，永定河水系 CODcr 排放量最小，为 6.42 万 t；NH₃-N 排放量占总排放量的比例为 3%~33%，其中子牙河水系 NH₃-N 排放总量最高，达到 2.05 万 t，黑龙港运东水系 NH₃-N 排放量最小，为 0.18 万 t。相对于其他污染物排放源的区域性分布，CODcr 和 NH₃-N 污染排放具有明显的广泛性。

（2）CODcr 和 NH₃-N 污染排放强度大，排放密度空间分布与河流水质状况分布基本吻合。子牙河水系 CODcr 排放最为集中，每平方千米最高排放 6588 kg，滦河水系 CODcr 排放相对稀疏，但排放密度最高也达到 1585 kg/km²。NH₃-N 排放同样处于较高水平，各水系最高排放密度在 65.7~179 kg/km²。Ⅴ类和劣Ⅴ类重污染河段基本分布在污染物高密度排放区，Ⅱ类和Ⅲ类水质河段大多分布于污染排放密度较低的山区。

（3）CODcr 排放量主要由工业源贡献，NH₃-N 排放量主要由生活源贡献。CODcr 排放以工业污染源为主，NH₃-N 排放在北三河及海河干流水系生活污水占绝对优势。不同水系工业污染排放行业构成不同，滦河水系 CODcr 排放以食品和造纸行业为主，NH₃-N 排放以石化行业为主；北三河水系 CODcr 排放以造纸行业为主，NH₃-N 排放以食品行业为主；大清河水系 COD_{Cr} 排放以造纸行业为主，NH_3-N 排放以造纸和皮革行业为主；海河干流水系 COD_{Cr} 和 NH_3-N 排放均以石化行业为主；黑龙港运东水系 COD_{Cr} 排放以石化、印染和造纸为主，NH_3-N 排放以石化行业为主；永定河水系 COD_{Cr} 排放以石化、食品行业为主，NH_3-N 排放以石化行业为主；子牙河水系制药和皮革是最重要的 COD_{Cr} 排放行业，NH_3-N 排放以石化行业为主；漳卫新河水系 COD_{Cr} 排放以造纸行业为主，NH_3-N 排放以石化行业为主；徒骇马颊河 COD_{Cr} 排放以造纸行业为主，NH_3-N 排放以造纸、食品和石化行业为主。

3. 海河流域物理完整性

生态空间是具有重要的服务功能的空间用地，其服务功能包括水源涵养、土壤保持、维护生物多样性、调节气候、提高生态系统连通性和提供休闲娱乐用地等。生态空间不能直接提供具有经济价值的产品，但其承担维护土地安全、提供生态空间服务的重要功能，是维持生态系统稳定性和社会经济活动正常进行的基本保障。生态空间遭到破坏，将导致生物多样性丧失、生态退化、水环境自净能力降低等，直接影响人类生产、生活。

生态空间受经济社会活动影响较大，生态空间类型的变化必将对流域水资源利用方式与强度造成影响，加剧或制约河流水系与水环境质量演变，进而反作用于经济社会活动。对海河流域生态空间现状及演变进行分析有助于研究生态空间与水环境的时空耦合机制，探讨生态空间与水环境变化之间的作用关系，进而摸清海河流域水环境退化驱动机制。

1）流域生态空间基本格局

生态空间格局反映了各类生态系统自身的空间分布规律和各类生态系统之间的空间结构关系，是决定生态系统服务功能整体状况及其空间差异的重要因素，也是人类针对不同区域特征实施生态系统服务功能保护和利用的重要依据。生态空间类型既反映土地的自然属性，又反映人类活动所赋予土地的属性。海河流域地形地貌复杂，包括山地、高原、盆地和平原等，在这种自然地理环境下，形成了不同自然属性和适宜性特点的土地资源类型，为人类多种开发利用提供了自然基础。海河流域不同区域开发历史、经济发展水平和人口数量不同，对土地的利用方式也各不相同，使得海河流域生态空间类型分布具有明显的区域特征，即呈现西北部山区以林草地为主，中部及东部平原以农田为主，城镇及村落斑块化分布的整体格局，并且具有明显的区域特异性。

总体上看，海河流域生态系统类型多样，格局复杂，但流域土地利用开发强度大，生态格局较脆弱。

一是人工生态系统占比高，面积差异大。人工生态系统面积为自然生态系统面积的1.41 倍，面积差异较大。农田生态系统面积最大，总面积 17.4 万 km^2，占海河流域总面积的 51.58%；其次是草地、林地，分别为 6.1 万 km^2、3.7 万 km^2，三类生态系统占流域总面积的 82.40%。灌丛生态系统面积 2.4 万 km^2，城镇生态系统面积 2.2 万 km^2，湿地生态系统面积 0.8 万 km^2。空间分布上，农田全流域均有分布，主要集中于中部平原段和下游滨海段；草地、林地、灌丛主要分布在流域西部，呈环形分布；湿地全流域均有分布，但破碎化严重；城镇生态系统主要分布于中部及东部平原，与农田生态系统具有空间相关性。

二是海河流域蓝色空间占比较小，仅占流域面积的2.61%，且景观破碎化严重，景观连通性低，生态系统较脆弱。随着城市化的扩张，受人类干扰程度大，湿地面积与农田面积相互转化，蓝色空间生态质量较低。海河流域绿色空间区域分布不均衡，主要分布在流域西部、北部的山区和高原，中部及东部面积极少，景观平均斑块面积较小，形状不规则且破碎化程度较高，绿色植被受人为干扰程度大，生态效益低。

海河流域整体蓝绿生态空间质量较差，生态安全体系不完善，尤其平原地区河网系统的生态安全保护体系不健全，水陆生态过渡带的自然过程被人为破坏，且缺少关键性的生态过渡带、廊道和生态节点。就蓝绿空间各类生态系统的构成来看，森林生态系统中，落叶阔叶林面积最大，占森林总面积的70.03%；灌丛生态系统中，以阔叶灌丛为主导，占比97.7%；草地生态系统的构成以灌丛草地和典型草地为主，占比86.18%；湿地生态系统以内陆水体和河湖滩地为主，占比86.33%；农田生态系统中以水浇地为主，占比66.30%。

三是流域上下游呈现典型生态格局差异。上游山区自然资源极其丰富，以自然生态系统为主；中下游自然资源较单一，以农田生态系统为主，城镇化和农业水平都相对较高。

2）流域生态空间格局演变

生态空间格局演变是自然基础上的人类活动的直接反映，同时生态空间格局的变化又会反作用于水系格局与植被类型等。自然条件是生态空间的背景，海河流域土地利用方式与流域整体地貌高度相关。总体来看，海河流域的总体格局未变，山区以林草地为主，平原以农田为主，但个别区域存在差异。随山区水库建设及湿地保护力度的加强，内陆水体和近海湿地面积有所增加。平原区高强度、大范围的农业生产活动一方面消耗大量水资源，一方面扩大了农业面源污染排放规模，导致农业用水规模远远超过了地表水资源的供给能力，需要通过开采地下水进行补充。地下水的过度开采造成水系水循环改变，地表水得不到有效补充，缓冲能力下降。因此，以种植业为主的农业经济的发展对海河流域水资源供给构成极大压力。

在社会经济发展驱动下，直接开发或影响区域水资源利用及水文循环过程，使得海河流域各大水系生态空间格局均发生不同程度的演变，主要是不同生态空间类型相对比例发生变化，总体趋势为天然、近天然土地类型（林地、草地、湿地、水体等）覆盖面积减少或破碎化，人工土地用地类型（城镇用地、建筑用地、农田等）覆盖范围增加。城镇土地大幅增加、大中型城市扩张迅速导致人工生态系统显著增加，自然生态系统急剧萎缩。原有城镇斑块规模不断扩张，京津唐城市圈明显扩大，子牙河水系、徒骇马颊河水系以及漳卫新河水系出现新兴城市群，海河流域山前平原区城市带初具规模。城镇化及其伴随的工业化发展非常迅速，工业生产活动在全水系范围内呈现出大范围、高强度的发展态势。

中部平原段森林和城镇面积总体增加，农田、草地和荒漠面积减少。城镇建设用地面积增长幅度最大，增长了1倍以上。草地和荒漠面积减少幅度较大，草地主要是草甸草地和灌丛草地面积的降低，荒漠主要是裸地和沙漠面积的降低。湿地面积变化不大，但河湖滩地面积显著降低，内陆水体面积显著增加。

下游滨海段城镇面积显著增加，草地、湿地和荒漠面积显著降低。城镇面积增长为原来的 2 倍，主要为城镇建设用地的增加。农田总面积略微减小，且水田面积大幅度降低。林地面积略微增加，主要是落叶阔叶林面积的增加。湿地面积主要是近海湿地面积显著降低，河湖滩地减少，荒漠主要是裸地和沙漠面积的降低。

4. 海河流域生物完整性

1）海河流域底栖动物现状

根据底栖动物生活行为方式与生活栖息地等的差异，可以将其分为不同的类群，据此可以研究底栖动物在群落食物网中的地位和功能，以及生活型类型的多样性，为划分水环境管理区域和评估物种多样性提供科学依据。

根据底栖动物摄食对象和行为方式的差异，可将河流底栖动物分为不同的功能摄食类群（functional feeding groups）。根据底栖动物所利用颗粒大小的不同，可将功能摄食类群分为利用细小或超微颗粒（50 μm～1 mm 或 0.5～50 μm）的收集者（collector），此类可再细分为直接收集者（gatherer/collector，GC）和过滤收集者（filterer/collector，FC）；利用着生生物的刮食者（scraper，SC）；利用粗有机质颗粒（>1 mm）的撕食者（shredder，SH）和捕食其他动物的捕食者（predator，PR）等。

从海河流域底栖动物各功能摄食类型的种类数来看，夏季和秋季种类数目最多的都是直接收集者，其次是捕食者，最少的是撕食者。对比夏季和秋季海河流域底栖动物功能摄食类型的种类数变化，除冬季捕食者种类数略多于夏季外，其余种类的功能摄食类群均为夏季高于秋季。特别是作为种类数最多的直接收集者，夏季与秋季的种类数目差异最明显。

底栖动物按照各自的空间生态位特点形成一定的分布格局，从而使水底的有限空间得以充分利用，即动物具有不同的生活型。根据空间生态位的分布格局，底栖动物生活型可以大致分成以下七类，即穴居者（burrower，BU）、爬行者（sprawler，SP）、游泳者（swimmer，SW）、黏附者（clinger，CN）、攀援者（climber，CB）、滑行者（skater，SK）和潜水者（diver，DV）。一般认为，生活型种类越多的底栖动物群落生物多样性越高，生态功能越完整，水体环境越健康。许多底栖动物生活型为复合型，如蜻蜓类既是爬行者也是游泳者。从海河流域底栖动物生活型种类数目来看，无论夏季还是秋季，海河流域底栖动物中穴居者的种类数都是最多的，其次是攀援者和黏附者。种类数最少的生活型是游泳者。另外，除攀援者的秋季种类数多于夏季外，其余生活型都是夏季种类数多于秋季。特别是生活型种类数最多的穴居者，其夏季种类数明显多于秋季种类数。

2）海河流域河流生态状况分布及评估

运用已构建的海河流域河流生态评估方法，对全流域九大水系的河流进行生态评估。结果显示，海河流域半数以上的河流生态状况较差，"差"和"极差"的样点数约为50%，而"优"和"良"的样点数仅占约 30%。

不同水系的河流生态状况有所差别。河流生态状况最好的是滦河水系，"优"和

"良"的样点数比例高达 40%~50%，其次是漳卫河水系，"优"和"良"的样点数比例为 30%~40%；北三河、永定河、大清河水系的"优"和"良"的样点数比例超过 30%，生态状况相对较好。子牙河水系河流生态状况最差，仅有不到 15% 的"优"和"良"的样点。黑龙港运东和徒骇马颊河水系的河流生态状况也较差，"优"和"良"的样点比例仅占约 20%。

河流生态状况在上游山区段、中部平原段和下游滨海段具有明显差异。上游山区段河流生态状况最好，约 40% 样点生态状况为"优"和"良"。然而，也有超过 40% 的样点生态状况为"差"和"极差"，表明生态退化严重，即上游山区段的明显特点为河流生态状况呈现两极分异。中部平原段和下游滨海段的河流生态状况极差，生态状况为"差"和"极差"的样点分别约为 60% 和 56%。

基于河流生态评估，海河流域河流生态状况总体特点可归结为海河流域河流生态状况以人类生活和生产活动对河流生态系统造成的干扰为主要驱动因素。具体表现在：山区河流的生态状况较好，而平原河流生态退化严重。集中体现在滦河水系和子牙河水系，滦河水系大部分位于山区，地跨河北省北部和内蒙古高原的一部分，城镇少，人口稀，人为干扰较少，河流生态状况好。子牙河水系，特别是平原段，处于河北经济圈内，产业密集、人口密度大、农业发达，导致河流生态系统严重退化。海河流域河流生态状况受到国家政策主导下的环境保护行动的深刻影响。山区河流生态状况普遍较好，但个别地区存在采矿和农业影响，河流生态状况较差，应加强保护，而平原河段水污染严重，河流生态状况半数以上为"差"和"极差"，退化严重，亟待治理和修复。

14.2.6 海河流域社会经济状况与发展趋势

1. 海河流域社会经济与水环境状况

2008~2017 年海河流域人口变化如图 14-6 所示，海河流域 2017 年人口数量 1.99 亿人；流域平均人口密度为 384 人/km²，是全国平均人口密度的 2.7 倍。2008~2017 年人口数量整体呈增加趋势，10 年内人口数量增长了 2302.1 万人，占全国总增长人数的 37.12%。

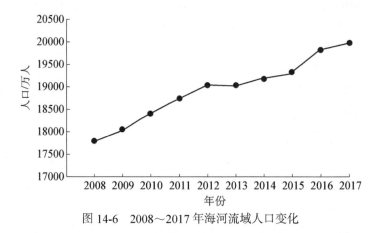

图 14-6　2008~2017 年海河流域人口变化

2008～2017 年海河流域三次产业产值和社会经济变化趋势如表 14-15 和图 14-7 所示。10 年间产业结构处于不断的转变过程，调整和优化产业结构是转变经济增长方式的重要内容，海河流域第一产业对地区总产值的贡献逐年增加，海河流域的产业结构从第二产业比例较大逐渐转变成第一、第二和第三产业相平的模式。

表 14-15　2008～2017 年海河流域三次产业产值

年份	总人口/万人	GDP/亿元	第一产业/亿元	第二产业/亿元	第三产业/亿元
2008	17677.80	45148.23	4639.26	24439.57	16069.40
2009	17921.68	49964.34	4984.39	26651.65	18328.31
2010	18283.66	59829.97	5703.37	31736.57	22390.03
2011	18647.32	71516.70	6554.29	37927.85	27033.55
2012	19034.23	81674.70	7203.64	43023.81	31447.25
2013	19009.67	88722.64	7709.51	45416.23	35597.90
2014	19176.45	95991.48	8122.15	47804.05	40065.28
2015	19287.28	102037.98	8419.62	48787.09	44831.28
2016	19825.61	111717.94	8874.64	51729.45	51113.84
2017	19979.90	150509.17	39666.07	54251.97	56591.14

图 14-7　2008～2017 年海河流域社会经济变化趋势

2. 海河流域水体特征污染物与水生态系统动态响应关系

海河流域污染排放以生活污水和工业废水中 COD 为主，2017 年生活污水排放量和工业废水排放量分别占废水排放总量的 80.7%和 19.2%。如表 14-16 和图 14-8 所示，工业废水中 COD 和 NH$_3$-N 排放量在 2008～2017 年呈减少的趋势，生活废水中 COD 和 NH$_3$-N 排放量在 2008～2017 年呈增加的趋势。废水中 COD 和 NH$_3$-N 排放量均以生活源为主。

表 14-16 2008～2017 年海河流域水质与排污变化情况

年份	NH₃-N/（mg/L）	COD/（mg/L）	废水排放总量/亿 t	工业废水排放总量/亿 t	工业废水中COD 排放量/亿 t	工业废水中NH₃-N 排放量/亿 t	生活污水排放量/亿 t	生活污水中COD 排放量/亿 t	生活污水中NH₃-N 排放量/亿 t
2008	6.52	46.78	2.713	1.62529154	3.972968	0.262019	1.077774	4.997834	0.394573
2009	5.14	34.42	2.85	1.57812542	3.5493133	0.232359	1.266481	5.573039	0.379741
2010	4.91	36.24	3.105	1.69272131	3.6327979	0.229565	1.401213	6.121736	0.379341
2011	3.25	35.13	7.4	2.61309436	3.5841544	0.326663	4.826322	7.009033	1.282876
2012	2.80	28.56	7.914	2.57571875	3.4813742	0.298555	5.33512	6.530432	1.231571
2013	3.11	27.67	8.113	2.40448653	3.1808338	0.273641	5.704772	6.303369	1.194264
2014	3.32	28.26	8.260	2.38892199	3.0337411	0.246166	5.866706	5.943654	1.151719
2015	3.14	28.39	8.47	2.26323506	2.6308816	0.209172	6.202701	6.177946	1.145638
2016	2.58	29.57	7.992	1.72474966	1.3891896	0.125965	6.262231	6.190214	1.071997
2017	1.36	22.85	7.164	1.37719825	0.8955796	0.077145	5.781352	7.474686	1.193095

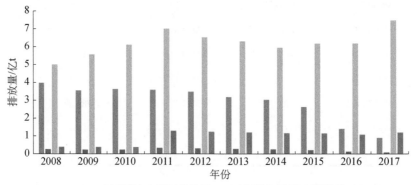

图 14-8 海河流域 2008～2017 年工业废水和生活废水中 COD、NH₃-N 排放量

依据海河流域水环境与社会经济现状，构建海河流域水环境-社会-经济集成耦合模型，综合分析 GDP、人口、污染排放量等因素与海河流域水环境的响应关系，对海河流域社会经济发展与主要污染物排放量演变趋势进行模拟。研究构建的流域水生态系统流图见图 14-9，海河流域水生态环境系统模拟结果见图 14-10。

经模拟分析，到 2030 年，海河流域内 GDP 规模将达 41.7 万亿元，人口规模将达 36405.4 万人，主要污染物 COD 和 NH₃-N 的排放量分别达到 96.8 万 t 和 18.7 万 t。到 2035 年海河流域内 GDP 规模将达 69.9 万亿元，人口规模将达 48101.5 万人，主要污染物 COD 和 NH₃-N 的排放量分别达到 128.4 万 t 和 24.6 万 t。

3. 海河流域典型控制单元社会经济发展与水环境定量关系

运用多元线性回归分析方法，建立海河流域 2008～2018 年社会经济发展与海河水质之间的相关模型，其中以水质指标为因变量，以典型污染排放量、社会经济指标为自变量，并通过误差分析对模型进行校核。选用的社会经济指标包括地区生产总值（GDP）、第一产业占比、第二产业占比、第三产业占比、工业源和生活源化学需氧量（COD）浓度、氨氮（NH₃-N）和总磷（TP）产生量及排放量，年末总人口（POP）；考虑海河流域现有资料的实际情况，选择 COD、NH₃-N 和 TP 浓度三项作为水质评价指标。

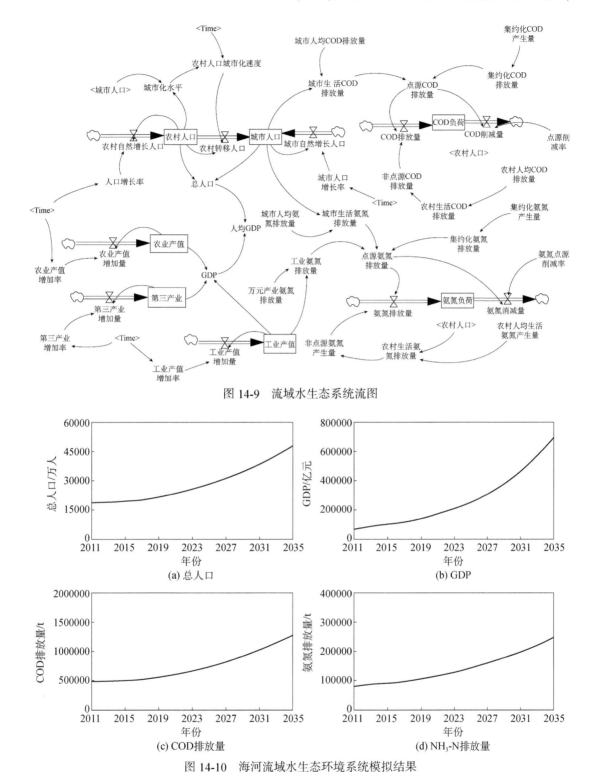

图 14-9　流域水生态系统流图

图 14-10　海河流域水生态环境系统模拟结果

　　选取了海河流域 GDP 高五类水质、GDP 高一类水质、GDP 低五类水质和 GDP 低一类水质四种典型的控制单元，模型中输入的社会经济数据是在海河流域所选择有代表性控制单元所辖各市的合计值，水质资料为在海河流域选取的控制单元中各个国控断面平均值。通过 SPSS 软件多元回归分析，得到如下关系。

1）GDP 高五类水质（妫水河下段北京市控制单元）

$$NH_3\text{-}N=-2.32+0.016\times GDP-0.997\times 第二产业占比+0.097\times POP+0.001$$
$$\times 总 NH_3\text{-}N 产生量-0.00058\times 总 NH_3\text{-}N 排放量 \tag{14-1}$$

$$COD=-61.92+0.067\times GDP+51.53\times 第二产业占比+4.46\times POP-0.14$$
$$\times 工业源 COD 产生量-0.01\times 工业源 COD 排放量 \tag{14-2}$$

$$TP=-14.72+0.01\times GDP+0.79\times 第二产业占比+0.71\times POP+0.0017$$
$$\times TP 产生量-0.066\times 生活源 TP 排放量 \tag{14-3}$$

妫水河下段北京市控制单元为 GDP 较高水质较差控制单元，2008～2018 年 GDP 和 POP 对 $NH_3\text{-}N$ 影响显著并呈正相关；GDP、第二产业占比和 POP 对 COD 影响显著并呈正相关；GDP、第二产业占比和 POP 对 TP 影响显著并呈正相关。由此可见，工业污染物排放对水体中 COD 的浓度影响较大，要加强对工业污水处理厂达标排放管理。可以推断在现有治理水平下，随着流域第二产业的发展和总人口规模的不断增加，该控制单元的污染压力可能还会逐年增加。

2）GDP 高一类水质（拒马河北京市控制单元）

$$NH_3\text{-}N=3.737+0.00567\times GDP+0.0085\times 第二产业占比-0.112\times POP-0.00024$$
$$\times 总 NH_3\text{-}N 产生量-1.37\times 10^{-5}\times 总 NH_3\text{-}N 排放量 \tag{14-4}$$

$$COD=9.2788-0.147\times GDP-231.3881\times 第一产业占比+1.55\times POP-0.0013$$
$$\times 总 COD 产生量+0.0007\times 总 COD 排放量 \tag{14-5}$$

$$TP=-0.31-0.002\times GDP+0.39\times 第三产业占比+0.0068\times POP+0.0023$$
$$\times 生活源 TP 产生量+0.00019\times TP 排放量 \tag{14-6}$$

拒马河北京市控制单元为 GDP 较高水质较好控制单元，2008～2018 年 POP 对 COD 影响显著并呈正相关；第三产业占比对 TP 影响显著并呈正相关。由此可见人口的增加对水体中 COD 的浓度影响较大，要加强对城镇污水处理厂达标排放管理。可以推断在现有治理水平下，随着流域第三产业的发展和总人口规模的不断增加，该控制单元的污染压力可能还会逐年增加。

3）GDP 低五类水质（绵河-冶河阳泉市控制单元）

$$NH_3\text{-}N=5.9-0.0145\times GDP-0.133\times 第二产业占比+0.038\times POP-0.0002$$
$$\times 总 NH_3\text{-}N 产生量+0.00015\times 总 NH_3\text{-}N 排放量 \tag{14-7}$$

$$COD=101.87-0.06\times GDP-0.71\times 第二产业占比-0.59\times POP-0.00076$$
$$\times 总 COD 产生量+0.0042\times 总 COD 排放量 \tag{14-8}$$

$$TP=-27.945-0.00077\times GDP-1.62\times 第三产业占比+0.314\times POP-0.00179$$
$$\times TP 产生量+0.0073\times TP 排放量 \tag{14-9}$$

绵河-冶河阳泉市控制单元为 GDP 较低水质较差控制单元，2008～2018 年 POP 对 $NH_3\text{-}N$ 和 TP 影响均显著并呈正相关。由此可见在经济较差的地区，GDP 和三产产值的占比对环境的影响较小，主要是人口增长引起的环境压力。可以推断在现有治理水平下，随着流域经济和总人口规模的不断增加，该控制单元的污染压力可能还会逐年增加。农业面源污染和生活源的污染排放是 NH_3-N 的主要来源，加快农业面源生态治理，控制水土、有机质流失，提高农业灌溉效率，促进城镇污水集中治理，尤其是加强氮磷控制，是降低 NH_3-N 排放、改善水质的重要措施。

4）GDP 低一类水质（漳河邯郸市控制单元）

$$NH_3\text{-}N=1.67-0.0019\times GDP-0.072\times 第二产业占比-0.92\times 第三产业占比+0.003\times POP$$
$$+0.0003\times 总\ NH_3\text{-}N\ 产生量-0.0006\times 总\ NH_3\text{-}N\ 排放量 \qquad （14\text{-}10）$$

$$COD=69.63+0.021\times GDP-499.79\times 第一产业占比-3.19\times 第二产业占比-23.84$$
$$\times 第三产业占比+0.19\times POP-0.0001\times COD\ 产生量-0.0000276$$
$$\times 总\ COD\ 排放量 \qquad （14\text{-}11）$$

$$TP=-0.134-5.84\times 10^{-5}\times GDP-0.0272\times 第三产业占比+0.00188\times POP+0.0009$$
$$\times 生活源\ TP\ 产生量-0.00009\times TP\ 排放量 \qquad （14\text{-}12）$$

漳河邯郸市控制单元为 GDP 较低水质较好控制单元，2008～2018 年 GDP 和 POP 对 COD 影响显著并呈正相关。由此可见在经济较差环境较好的地区，主要是人口增长引起的环境压力。

14.3　海河流域战略任务和实施阶段

海河流域山区河流水生态系统相对健康、平原河流破坏较为明显、滨海河流急剧退化，流域河流生态完整性整体上破坏严重。从物理完整性方面来看，流域河流环境流量动力学过程消失、弱化、紊乱，平原河流断流普遍，加之流域闸坝林立，导致河流连通性被破坏，河流生态地貌不完整，河流生境质量恶化，表现为河流物理完整性破坏严重；从化学完整性方面来看，流域河流污水补给特征明显，河流水污染类型多样，河流耗氧有机污染仍严重，但主要污染物由 COD 向 NH_3-N 转变，表现为河流化学完整性破坏严重；从生物完整性方面来看，流域河流水生生物种类和数量均不断衰减，生物多样性下降，同时水污染与生境条件恶化显著变更水生生物群落结构，部分河流生物绝迹或仅存部分高耐污种类，水生生物极度贫化，表现为河流生物完整性破坏严重。

针对上述海河流域河流物理、化学和生物完整性修复问题，结合环境流量、水质和水生态等主导因素，围绕流域河流治理技术需求，形成海河流域河流治理两大战略方案（流域污染控制与治理战略方案、河流生态修复战略方案），可将海河流域河流治理战略任务分为耗氧/富营养化/风险污染控制、河流生态修复、流域综合管理。根据河流治理阶段区划方法，结合海河流域河流污染特征（好氧污染是流域河流水污染首要问题）和国家水专项总体进程安排，海河流域河流治理技术任务实施划分为三个阶段：第一阶段（2006～2010 年），为污染控制与负荷削减阶段，重点研发典型行业水污染全过程控制技术、禽畜养殖污染控制技术、农田与农村面源污染控制技术、水质水量调控技术等；第二阶段

（2010～2015 年），为负荷削减与水质改善阶段，重点研发风险污染源控制技术、底泥疏浚与底质污染控制技术、河道整治技术、河流湿地构建技术、河流环境流量保障技术、水生植物多样性恢复技术等，开展污染控制技术集成与工程示范，并进行河流生态系统恢复技术研发与集成；第三阶段（2015～2020 年），为水质改善与生态修复阶段，重点研发风险污染源控制技术、流域自然湿地构建/恢复/保护技术、水质目标管理技术等，开展河流污染控制技术规模化推广应用、河流治理技术集成与流域推广应用，以及河流生态修复技术集成与流域推广应用。

14.4　海河流域特征目标

根据海河流域河流治理不同阶段的重大需求和战略任务，依据河流污染类型（耗氧污染、富营养化和有毒有害污染）控制的主控水质目标要求，其中耗氧污染控制的主控目标物质为 COD 和 NH$_3$-N，特征水质目标为 DO；富营养化控制的主控目标物质为 TN 和 TP，特征水质目标为待定；有毒有害污染控制的主控目标物质为重金属和有毒有机物，特征水质目标为待定，针对海河流域河流水污染首要问题——耗氧污染，提出为完成耗氧污染控制而必须达到的不同阶段污染物主控目标和特征水质目标，同时给出不同控制阶段水生态恢复目标。

14.4.1　特征目标确定原则

海河流域河流生态系统受到人类活动干扰和损害严重，恢复和维持一个健康的河流生态系统已经成为流域环境治理的重要目标。针对海河流域河流特征水环境问题，结合国家和流域需求，按照分阶段控制思路，从河流生态完整性恢复角度，确定流域河流水污染控制—负荷削减—水质改善—生态修复逐级治理目标。海河流域河流生态完整性恢复包括物理、化学及生物完整性三方面，其中物理完整性主要是指河流地貌、水文和流态，受控于整个流域的地形、气候、降水等自然条件，以及水资源利用方式。海河流域呈三段（山区水库段、中部平原段、下游滨海段）分布特征，属温带半干旱、半湿润季风气候，多年平均降水量 547 mm，水资源严重匮乏，流域河流物理完整性恢复是生态完整性恢复重要的辅助过程。化学完整性主要指河流水体的物理和化学特性，其受控于河流水体污染状况。海河流域河流水污染类型多样，以耗氧有机污染为主，主要耗氧污染物为 COD 和 NH$_3$-N，水体 DO 严重不足，加之行业废水和城镇污水中的有毒有害物质超标排放，导致部分河流水质风险问题突出，流域河流化学完整性恢复是生态完整性恢复的重要主导过程。生物完整性主要是指水生生物群落结构与功能特征的完整性，受控于河流物理和化学完整性，尤其是水体污染程度。海河流域河流生物多样性丧失严重，水生生物组成单一，且以耐污种为主，流域河流生物完整性恢复是生态完整性恢复重要的延续过程。基于上述海河流域河流生态完整性恢复以化学完整性恢复为主导过程考虑，确定流域环境流量约束条件下河流治理目标以水质改善为主，同时兼顾水生态恢复，且分阶段实现流域河流治理目标（"十二五""十三五"）。

14.4.2　近期和中长期海河流域河流治理特征水质目标

基于"十三五"阶段海河流域河流特征水质和水生态恢复目标的实现，"十四五"阶段目标为，污染严重水体基本消除，其中，流域河流水质改善目标应在流域主要耗氧污染物 COD 和 NH₃-N 进一步削减基础上，重点以削减营养型污染物 TP 为考核指标，同时实现流域有毒有害物质的风险控制，水功能区达标率为 85%；水生态恢复目标则以河流生物功能群恢复为重点，开设生态流量保障试点，选取有条件河段开展水生态保护修复试点。各指标具体量化如下。

1. "十四五"流域河流治理特征水质目标

基于"十三五"阶段海河流域河流特征水质和水生态恢复目标的实现，"十四五"阶段，流域河流水质改善目标将在流域主要耗氧污染物 COD 和 NH₃-N 进一步削减基础上，重点以 TP 的削减为考核指标，同时实现流域有毒有害物质的风险控制；水生态恢复目标则以河流生物功能群恢复为重点。各指标具体量化如下。

"十四五"阶段 COD 和 NH₃-N 量化指标分别为降至 20～40 mg/L 和 1～2 mg/L。基于"十二五"期间海河流域 COD 和 NH₃-N 负荷削减及河流水体自净能力不断提高，"十三五"末流域主要河流水体 COD 指标达到《地表水环境质量标准》Ⅲ～Ⅴ类（20～40 mg/L）；NH₃-N 指标达到《地表水环境质量标准》Ⅲ～Ⅴ类（1～2 mg/L），全面消除劣Ⅴ类水体。

"十四五"阶段 TP 量化指标为恢复至 0.1～0.2 mg/L。"十三五"末海河流域河流水体中 TP 负荷削减和河流水体自净能力不断提高，确定"十四五"末流域主要河流水体 TP 指标达到《地表水环境质量》标准Ⅳ～Ⅴ类（0.1～0.2 mg/L），全面消除劣Ⅴ类水体。

"十四五"阶段水生态恢复目标的量化指标为实现水生生物由中污种向轻污种转变：有适应性鱼类 3～5 种以上及杜氏珠蚌、梨形环棱螺、多毛虫等轻污适应性底栖生物出现。"十四五"末海河流域河流水生态恢复目标将以河流环境流量保障为核心，通过生境重建，逐步恢复流域河流水生生物功能群。生物完整性恢复是"十四五"期间海河流域河流治理重点，河流的生物完整性主要是指水生生物群落结构与功能特征的完整性。

2. "十五五"流域河流治理特征水质目标

基于"十四五"阶段海河流域河流特征水质和水生态恢复目标的实现，"十五五"阶段，流域河流水质改善目标在流域主要耗氧污染物 COD 和 TP 进一步削减基础上，河流水质稳定达Ⅳ类及以上，主要河流力争达到Ⅲ类水质。水功能区基本达标（95%以上），建立生态流量保障机制，全面推进流域水生态保护和恢复，使水生态系统功能得到明显提升。

3."十六五"流域河流治理特征水质目标

基于"十五五"阶段海河流域河流特征水质和水生态恢复目标的实现,"十六五"阶段,流域河流水质改善目标在营养型污染物 TP 进一步削减基础上,河流水质稳定达Ⅲ类及以上。水功能区基本达标(95%以上),生态流量得到全面保障,水生态纳入常规化管理,水生态系统实现良性循环,美丽中国目标基本实现。

14.5 海河流域水污染治理与生态修复技术重点

14.5.1 海河流域污染控制技术重点

海河流域结构性污染问题突出,河流耗氧污染是流域水污染的首要问题,流域污染源控制任务仍然十分艰巨。流域污染源控制包括点源控制、面源控制及风险污染源控制,其中点源控制重点实现行业废水、工业园(化工、制药等)废水、城市污水处理厂排水、规模化畜禽养殖废水等废污水达标排放;面源控制重点截控分散畜禽养殖排污、农田面源污染、农村面源污染等;风险污染源控制重点针对化工、重金属、采矿业等高风险污染源行业。

国内外,流域污染源控制技术研发甚多,如造纸废水处理及节水技术、城市污水回用技术、畜禽养殖废弃物处理与资源化技术等,但已有的针对海河流域污染源控制技术与流域污染源控制标准仍存有差距。水质监测数据表明,流域主要耗氧污染物 COD 和 NH$_3$-N 在各项监测指标中超标程度较高。其中,综合 COD 限值的行业水质标准和其他用水标准与地表水环境质量标准匹配,各行业对 COD$_{Cr}$ 限定要求均与地表水环境质量标准中限定的 15～40 mg/L 相差较远,无法满足地表水水质标准中对 COD 的限定,涉及所有行业对所排放水进行一定量稀释后才会满足地表水对 COD 的限制要求;综合 NH$_3$-N 限值的行业水质标准和其他用水标准与地表水环境质量标准匹配,各行业对 NH$_3$-N 限定要求均与地表水环境质量标准中限定的 0.15～2 mg/L 相差较远,无法满足地表水水质标准中对 NH$_3$-N 的限定,涉及所有行业对所排放水进行一定稀释后才会满足地表水对 NH$_3$-N 的限制要求。通过上述行业排放标准与水环境质量标准对比,可知海河流域污染源控制技术存在不足。

首先,当前海河流域水质改善仍然是首要问题,主要表现在冶金、造纸、制药、皮革以及化工等行业废水污染问题严重,突破"节水、减负、控污、减毒"等关键技术,形成流域水质目标的行业废水全过程控制关键技术体系迫在眉睫。其次,海河流域城市群面临水资源短缺与水污染严重双重压力,需探索行业-城镇污水再生利用的科学配置方法,研发以分质供水为目的的新建行业-城镇综合污水处理厂污水深度处理与资源化、行业-城镇综合污水处理厂升级改造、达标尾水深度处理与河流水质目标衔接工程及管理关键技术,结合海河流域的水质特点,优选适宜的水质净化工艺组合方案和工艺参数,建立行业-城市综合污水深度处理与水质衔接关键技术规范。然后,海河流域(河南、山东、河北都是农业大省)面源污染突出问题,需开展规模化畜禽养殖业污染排放的关键技术研究,建立以规模化畜禽养殖污染控制为核心的清洁生产与管理减排示范,并在农村面源负荷分配、水资源统筹与水质保持时空过程分析基础上，研发农村面源控制的生态水网构建与河流水质保持技术，构建水量均衡、水质安全、生态稳定、景观优美的两级农村生态水网系统，为海河流域禽畜养殖和农村面源污染控制提供技术支撑。最后，海河流域化工、重金属、采矿等高风险行业风险污染源控制技术研发需求日益凸显。

海河流域污染源控制主要针对流域点源、面源和风险源污染排放，重点研发技术包括典型行业水污染全过程控制技术、禽畜养殖污染控制技术、农田和农业面源污染控制技术、风险污染源控制技术等。

海河流域河流管理主要针对流域水资源缺乏且河流多以非常规水源补给为主、流域河流管理技术研发基本为空白的问题，开展流域水质目标管理、水质水量联合调度、区域水污染防治综合管理等技术研发，建立流域水污染防治技术信息共享平台，完善以水污染防治技术政策、技术评估、工程验证、示范推广为核心内容的流域河流水污染防治管理技术，实现海河流域河流水环境科学管理。

14.5.2　海河流域水生态修复技术重点

海河流域河流治理与生态修复主要针对流域河道污染严重与水生态退化问题。现有河流治理与生态修复技术和流域退化河流治理需求存有差距，且缺乏相应技术标准，急需从河流水生态功能出发，针对水生态目标确定生态修复指标，围绕水生态修复战略任务的实施，确定河岸带修复、水力调度的技术重点。强调河流水质改善等相关治理，研发流域河道治理与河流水生态修复关键技术，构建海河流域河流水污染控制、治理与生态修复技术，引领、促进和支撑流域重污染河流水质改善与生态修复，为流域水污染防治规划完成提供重大支撑。

重点研发技术包括底泥疏浚与底质污染控制技术、河道整治技术、河流湿地构建技术、流域自然湿地构建/恢复/保护技术、水质水量调控技术、河流环境流量保障技术、水生植物多样性恢复技术、河流生态系统恢复技术等。

14.6　海河流域污染治理与生态修复路线图

14.6.1　海河水环境污染历程和治理成效

"九五"期间，海河流域按照规划区、控制单元、控制断面对排污总量指标进行分解，调整升级造纸、制革、酿造、化肥等行业落后工艺，广泛推行清洁生产，工业污染源达标排放，因地制宜建设城市污水集中处理设施。到 2000 年底海河流域所有河流水质改善明显，"九五"期间海河流域削减 132 万 t COD 排放量，削减率为 45.4%，与原计划的总量削减任务还有一定的差距。其中，天津、山东完成了 2000 年规划目标，为 2010 年全流域恢复水体使用功能打下基础。

"十五"期间，以小流域为单元的综合治理稳步推进，海河流域新建了盘石头水库、滹沱河倒虹吸、永定河倒虹吸、唐河倒虹吸、河北王大引水等重点水源工程，全流域水土流失治理面积达到 5200 km²；实施了 4 次引黄济津应急调水工程，累计向天津供水 22 亿 m³，确保了天津市的供水安全；"十五"期间海河流域水污染物排放量呈下降趋势，2005 年，全流域废水排放量 54.3 亿 t，COD 排放量 144.2 万 t，比 2000 年相比削减了 4.6%，实现了"十五"计划目标。

"十一五"期间，2006 年水利部海河水利委员会正式提出了海河流域纳污能力及限制排污总量意见，初步划定了海河流域水功能区限制纳污红线。2008 年国务院发布《海河流域水污染防治规划（2006—2010 年）》，要求天津市海河干流入海水质达到Ⅴ类，北京市中心城区和新城城市水系水质平水年基本达到功能要求，流域 28 个集中式地表水饮用水水源地达到功能要求，跨省（区、市）界断面水质明显改善，浹河、卫河等 27 个城市水域水质有所改善。将海河流域划分为四类区域，分区提出保护目标和治理措施。加强饮用水水源地保护，严格划定饮用水水源地保护区；加强工业企业深度治理，有效削减排放量，实行强制淘汰制度，加大工业结构调整力度，积极推进清洁生产，大力发展循环经济；严格环保准入，加快污水处理设施建设，有效控制城镇污染。治理湖库污染，在污染物总量控制的基础上，实施面源污染控制，治理畜禽养殖污染，建设生态修复工程和生态屏障，提高水体自净能力。规划项目共 524 个，其中工业治理项目 269 个，城市污水处理及再生利用项目 234 个，重点区域污染防治项目 21 个。截至 2010 年底，完成项目 464 个，完成率 88.5%。

"十二五"期间，海河流域河流治理特征水质目标以流域主要耗氧污染物 COD 和 NH₃-N 的削减，以及耗氧有机物削减后 DO 恢复为考核指标，同时对重点河流进行有毒有害物质的风险控制。水生态恢复目标则实现水生生物由重污种向中污种转变：有鱼类及霍甫水丝蚓、摇蚊幼虫、颤蚓等耐污底栖生物出现。2011 年 12 月国务院印发《国家环境保护"十二五"规划》，要求海河流域要加强水资源利用与水污染防治统筹，以饮用水安全保障、城市水环境改善和跨界水污染协同治理为重点，大幅减少污染负荷，实现劣Ⅴ类水质断面比例明显下降。2012 年，水利部组织开展了全国重要江河湖泊水功能区纳污能力核定和分阶段限制排污总量控制方案制定等工作。同年 5 月，环境保护部等印发《重点流域水污染防治规划（2011—2015 年）》，对海河流域的水污染防治形势、规划主要任务以及治理方案进行了详细的介绍，努力恢复河湖的生机和活力。2012 年 8 月水利部与北京市人民政府、天津市人民政府、河北省人民政府联合发布《北运河干流综合治理规划》。2013 年 3 月国务院批复了《海河流域综合规划（2012—2030 年）》，提出流域水资源保护与水生态修复方案，明确了加强流域水资源保护与水生态修复的措施。经过整治，水环境质量持续好转，"十二五"末期海河流域水体为轻度污染。

"十三五"时期，海河流域各级党委、政府始终高度重视水环境治理工作，认真贯彻落实习近平生态文明思想和重要讲话精神，不断优化顶层设计，加强政策部署，深化责任落实，举全流域之力，多措并举，以改善水环境质量为核心，系统推进水生态环境治理工作。"十三五"末，全流域废水排放总量较 2015 年减少 6.7%，化学需氧量排放量削减 7.4%，氨氮排放总量削减 8.0%，源头治理取得显著成效。"十三五"期间，流域内大部分工业企业入园并实现集中治理，其中，河北省 181 家省级及以上工业园区、天津市 60 个市级及以上工业园区全部建成污水集中处理设施。城镇生活污水基本实现了集中处理，出水标准达到一级 A 及以上水平。农业农村污染源得到有效治理，京津冀共完成 3 万余个行政村的农村生活污水有效管控。流域整体水质继续好转，2020 年水体为轻度污染。

14.6.2　海河水环境现状

2020 年海河流域轻度污染，主要污染指标为化学需氧量、高锰酸盐指数和五日生化需氧量。161 个国控断面中，Ⅰ～Ⅲ类水质断面占 64.0%，比 2019 年上升 12.1 个百分点；劣Ⅴ类占 0.6%，比 2019 年下降 6.9 个百分点。其中，干流 2 个断面，三岔口为Ⅱ类水质，海河大闸为Ⅴ类水质；滦河水系水质为优；主要支流、徒骇马颊河水系和冀东沿海诸河水系为轻度污染。

2020 年，海河流域干流 10 个国控断面达Ⅱ类水质标准的占 40.0%，达Ⅲ类水质标准的占 60.0%；主要支流 101 个国控断面达Ⅱ类水质标准的占 24.8%，达Ⅲ类水质标准的占 51.5%，为Ⅳ类水质标的断面占 23.8%；沂沭泗水系、山东半岛独流入海河流和省界断面分别有国控断面 48、21 和 30 个，达到Ⅲ类及以上水质标准的分别占 93.7%、47.6%和 60.0%。

14.6.3　海河流域水环境治理的瓶颈

海河流域水生态环境保护工作成效不稳固；水环境质量改善任务依然艰巨，水污染防治设施存在短板；水资源短缺形势长期存在，河湖断流干涸现象依然存在，生态流量总体不足，生态需水量保障形势严峻；水生态严重受损，水生生物完整性显著降低，水生态功能恢复与修复难度高；水环境风险防范任务重；水生态环境管理要求更高等。

1. 地表水环境质量改善压力大

海河流域范围内，河流水污染类型多样，平原河流耗氧有机污染仍然严重，处于经济发展水平较高和人口数量较多地区的河段，受大量污染物排放影响，造成了河道"有水皆污"的状态。"十三五"末仍然有 9 个国控断面水质超标，其中 2 个断面水质为劣Ⅴ类。"十四五"国控断面增加至 276 个，其中劣Ⅴ类断面增至 12 个。入海河流国控断面增加至 27 个，其中劣Ⅴ类断面 2 个。饮用水源地建设需要进一步提升。"十三五"末有 12 个饮用水水源地水质未能达到考核要求，主要超标因子为氟化物、总硬度和硫酸盐；部分水源地规范化建设不足，直接威胁城乡供水安全。水功能区达标率低，仅为 63.9%，水生态环境安全难以保障。

人类活动对水体的非法侵占问题较为突出，卫星解译的京津冀地区 457 km 河道缓冲带中，非生态用途占用缓冲带比例高达 48%，生态缓冲带在拦截面源污染、提供生物栖息地等方面的作用难以有效发挥。现状水质对标"十四五"水质改善目标、美丽中国建设目标，水质改善压力大。

2. 工业企业距全面达标排放尚有差距

工业结构性污染突出，造纸、化学制品制造、纺织印染等重污染行业累计废水排放量占全流域的 45%。工业污染治理水平偏低，北京以外的城市工业废水处理率及企业纳管率均低于全国平均水平。部分工业废水处理设施运行不稳定，"散乱污"企业依然存在，非环境统计范围内的小微企业尚处于监管空白。

海河流域点源污染主要耗氧污染物为 COD_{Cr}、氨氮等。COD_{Cr} 排放以工业污染源为主，氨氮排放在北三河及海河干流水系生活污水占绝对优势。COD_{Cr} 排放以食品、造纸、石化、制药和皮革行业为主，氨氮排放以石化、食品、造纸和皮革行业为主。

3. 流域生态水量不足，部分河段干涸断流严重

海河流域河流多无天然径流来水，主要依靠降水补给，水源不足，但水资源需求较大，供需矛盾突出，地下水的大量开采导致流域内存在大面积的地下水漏斗区，从而产生河流水位下降、干涸断流等问题。15 条山区河流、24 条平原河流 2012～2016 年生态水量满足度为 58%。77 条主要河流 2006～2018 年平均干涸天数 110 天。主要成因包括：一是水资源配置不合理。水资源配置中生态用水量仅占用水总量的 9.1%，占比较低。海河流域各水系支流中上游地区修建了 1879 座水库，17505 座蓄水塘坝，无节制地梯级拦蓄河川径流造成河流闸坝下泄流量不足，下游平原地区河道水量严重短缺。二是高耗水生产方式仍未转变。海河流域高耗水企业较多，累计取水量占规模以上工业企业总取水量的 34.8%。流域农业用水比例达 60%，其中山东、河南分别高达 78.5%、67.9%。三是区域再生水利用不足。海河流域再生水生产率达到 42%，而再生水利用率仅为 25%，22 个缺水城市再生水利用率不足 20%。

14.6.4 海河流域水环境治理目标与时间表

根据流域水资源自然条件和生态状况，结合国家重点战略布局，紧紧围绕水环境质量持续改善、水生态系统逐步恢复的总体目标，以河湖为统领，按照发展与保护并进、传承与弘扬并举、修复与治理并重的思路总体布局。坚持目标导向，突出水资源、水生态、水环境"三水"统筹，以实现"有河有水、有鱼有草、人水和谐"为目标开展水生态环境保护工作。

海河流域污染源控制主要针对流域点源、面源和风险源污染排放，主要表现在冶金、造纸、制药、皮革以及化工等行业废水污染问题严重。通过入河排污口排查整治、工业污染源防治、城镇污染治理能力建设、农业农村防治水平提升等措施，水环境质量持续改善。地表水优良（达到或优于Ⅲ类）比例逐渐提升，地表水劣Ⅴ类水体全部消除；通过引调水、闸坝调度、河系沟通、再生水利用等措施，水资源保障能力显著提升，达到生态流量（水位）底线要求的河湖数量增加，逐渐恢复"有水"的河流数量。其中，永定河平原段、子牙河、滹沱河等重点河段逐步恢复"有水"目标，白洋淀、七里海满足生态水量要求；通过湿地恢复与建设、河湖生态功能区管控和修复、水生生物群落恢复等措施，水生态修复工作初见成效；通过完善突发性风险源防控、预警、应急措施，加强累积性风险源

调查评估，风险防控应急能力显著提高；流域内的石化化工企业、尾矿库等重点风险源基本得到控制；重点湖库、河流藻华预警监测体系初步建立；主要水体底泥污染情况调查完成。海河流域污染治理与生态修复技术路线图详见图 14-11。

国家战略		生态环境持续改善	生态环境全面改善	生态环境根本好转
科学问题	河流水生态完整性恢复	化学完整性恢复	物理完整性恢复	生物完整性恢复
		水污染控制 耗氧型污染物控制 营养型污染物控制 毒害有害污染控制	水资源保障 水系连通 生态基流保障	水生态恢复 指示种出现 多样性恢复
分阶段治理目标	水环境	地表水优Ⅲ类占比	64.5%以上	70%以上	80%以上
		地表水劣Ⅴ类占比	国控断面全面消劣	重要支流全面消劣	地表水体全面消劣
	水资源	达到生态流量要求河湖数量	55个以上	干流和一、二级支流得到保障	全面保障生态流量
		恢复有水河湖数量	52个以上	全面恢复断流河段	全面保障天然河流全年不断流
	水生态	缓冲带修复长度	1276km以上	1500km以上	2500km以上
		湿地建设(恢复)面积	316 km²以上	400km²以上	450km²以上
		重现本地物种水体	18个以上	25个以上	60个以上
对策措施	水环境	持续推进工业污染防治；持续推进入河排污口排查、全面提升城镇污染治理；强化面源污染防治；加强陆源入海污染防治	构建基于物联网的偷排漏排监管；加强初雨控制；加强地下水监控能力建设	全面建成流域水生态环境综合管控体系
	水资源	完善引调水体系；加强闸坝联合调度；完善区域再生水循环利用体系；持续优化水系连通；转变高耗水生产生活方式	增强生态用水调配和保障能力；加强废水深度处理和回用；促进水系、"毛细血管"畅通	全面保障天然河流生态流量；全面推进节水型社会建设
	水生态	加强湿地恢复与建设；加强河流生态恢复；加强水生生物完整性恢复；加强地下水恢复	建立布局合理、类型齐全、层次清晰的湿地自然保护体系；推进水生生物完整性恢复	探索建立基本养殖水域保护措施；加强水环境风险防控；全面构建美丽河湖体系；全面推进河流生态系统完整性恢复
技术路径	水环境	源头削减技术与设施；过程控制技术与设施；后端治理技术与设施；全过程控制技术；工业园区污水处理技术	整体工艺系统污染物源头削减技术；强化深度处理；废水零排放技术	管网运维管理与诊断评估技术；基于物联网的监管技术
	水资源	工农业节水技术；生态流量监管技术	水资源高效配置技术；水系连通技术；再生水循环利用技术	生态基流保障技术；水资源高效利用技术
	水生态	生态基流保障技术；河岸栖息地修复技术；河岸带污染拦截削减技术	河岸栖息地修复技术；水生态系统健康维持技术；生物群落构建技术	水生态系统健康维持技术；生物群落构建技术；生态完整性恢复技术
预期效果		有河有水，有鱼有草	河湖水系连通，下河能游泳	河湖美丽，人水和谐
时间轴		2025年	2030年	2035年

图 14-11　海河流域污染治理与生态修复技术路线图

第 15 章　海河流域河流污染治理与生态修复分类指导方案

15.1　海河流域河流分类

15.1.1　水体污染类型分析

海河流域共有 163 个分类单元。结合海河流域国控断面监测数据收集情况，其中有 8 个分类单元缺少水质监测数据（图 15-1），将不参与后续河流分类（表 15-1），仅 155 个分类单元进行下一步分析。

图 15-1　海河流域未收集数据的分类单元分布

表 15-1　海河流域各省市未收集数据的分类单元统计

省（市）	分类单元名称	数量
北京	怀柔水库北京市控制单元、密云水库北京市控制单元	2
天津	尔王庄水库天津市控制单元、于桥水库天津市控制单元	2
河北	白洋淀保定市南刘庄控制单元、衡水湖衡水市控制单元、白洋淀保定市光淀张庄控制单元	3
山东	高唐湖聊城市控制单元	1
山西	壶流河大同市控制单元	1
	合计	9

以 2020 年水质管理目标为参比，基于 2019 年水质监测结果分析发现，海河流域 155

个分类单元中共有 131 个水质达标（需要维持不变差）的分类单元（表 15-2 和图 15-2），24 个水质不达标（需要改善提升）的分类单元。

表 15-2　海河流域各省（区、市）水质达标的分类单元统计

省（区、市）	分类单元名称	数量/个
北京	潮白河通州区控制单元、妫水河下段北京市控制单元、坝河下段北京市控制单元、龙河北京市控制单元、永定河平原段北京市控制单元、凉水河上段北京市控制单元、大石河北京市控制单元、清河下段北京市控制单元、通惠河下段北京市控制单元、泃河下段北京市控制单元、潮白河下段北京市控制单元、北运河北京市控制单元、永引下段北京市控制单元、白河北京市控制单元、北护城河北京市控制单元、潮河北京市控制单元、拒马河北京市控制单元、清河上段北京市控制单元、土城沟北京市控制单元、长河（含转河）北京市控制单元	20
天津	子牙新河天津市控制单元、子牙河天津市控制单元、州河天津市控制单元、果河天津市控制单元、青静黄排水渠天津市控制单元、北排水河天津市控制单元、潮白新河天津市控制单元、蓟运河天津市控制单元、海河天津市海河大闸控制单元、南水北调天津段天津市控制单元、北运河天津市控制单元	11
河北	滦河承德市大杖子（一）控制单元、漳卫新河沧州市控制单元、洺河邯郸市控制单元、伊逊河承德市李台控制单元、白河张家口市控制单元、清水河张家口市控制单元、滦河承德市偏桥子大桥控制单元、汤河秦皇岛市控制单元、饮马河秦皇岛市控制单元、滹沱河石家庄市下槐镇控制单元、沙河唐山市控制单元、子牙河廊坊市控制单元、还乡河唐山市控制单元、陡河唐山市控制单元、伊逊河承德市唐三营控制单元、洋河秦皇岛市控制单元、石津总干渠石家庄市南张村控制单元、滏阳河邯郸市控制单元、马颊河邯郸市控制单元、牛尾河邢台市控制单元、青水河承德市控制单元、北运河廊坊市控制单元、龙河廊坊市控制单元、拒马河保定市大沙地控制单元、柳河承德市 26# 大桥控制单元、柳河承德市大杖子（二）控制单元、瀑河承德市大桑园控制单元、戴河秦皇岛市控制单元、卫运河邯郸市控制单元、卫运河邢台市控制单元、府河保定市控制单元、子牙河沧州市控制单元、漳河邯郸市控制单元、滹沱河石家庄市枣营控制单元、桑干河张家口市控制单元、滦河承德市大黑汀水库控制单元、石河秦皇岛市控制单元、宣惠河沧州市控制单元、淋河唐山市控制单元、黎河唐山市控制单元、绵河-冶河石家庄市控制单元、拒马河保定市北务店控制单元、滹沱河衡水市控制单元、江江河衡水市控制单元、武烈河承德市控制单元、清凉江衡水市控制单元、滦河唐山市控制单元、潮河上段承德市控制单元、滦河唐山市-秦皇岛市控制单元、潮白河廊坊市大套桥控制单元、唐河保定市控制单元、青龙河秦皇岛市控制单元、滏阳河衡水市控制单元、泃河廊坊市控制单元、潮白河廊坊市吴村控制单元、石津总干渠石家庄市兆通控制单元、南排河沧州市控制单元、洋河张家口市八号桥控制单元	58
河南	安阳河安阳市冯宿桥控制单元、马颊河濮阳市濮阳西水坡控制单元、淇河鹤壁市控制单元、共产主义渠新乡市控制单元、卫河安阳市控制单元、马颊河濮阳市南乐水文站控制单元、淇河安阳市控制单元、人民胜利渠新乡市控制单元、卫河鹤壁市控制单元、大沙河焦作市控制单元、露水河安阳市控制单元、安阳河安阳市彰武水库控制单元、卫河新乡市控制单元	13
山东	马颊河德州市控制单元、德惠新河德州市控制单元、徒骇河德州市控制单元、徒骇河滨州市控制单元、马颊河聊城市控制单元、幸福河滨州市控制单元、小米河滨州市控制单元、南运河德州市控制单元、卫运河聊城市控制单元、漳卫新河德州市控制单元、徒骇河聊城市控制单元	11
山西	绵河-冶河阳泉市控制单元、御河大同市控制单元、桑干河大同市控制单元、松溪河晋中控制单元、清水河忻州市控制单元、滹沱河忻州市南庄控制单元、潴龙河大同市-忻州市控制单元、浊漳北源晋中市控制单元、桑干河朔州市东榆林水库出口控制单元、滹沱河忻州市代县桥控制单元、浊漳河长治市小峧控制单元、浊漳河长治市王家庄控制单元、南洋河大同市控制单元、唐河大同市控制单元、清漳河晋中市控制单元、浊漳西源长治市控制单元、桑干河朔州市固定桥控制单元	17
内蒙古	滦河锡林郭勒盟控制单元	1
合计		131

图 15-2　海河流域水质达标的分类单元

海河流域 24 个水质不达标的分类单元中，有 8 个分类单元为耗氧型污染，主要超标污染物为 COD 和 BOD_5；有 4 个分类单元为营养型污染，主要超标污染物为总磷和氨氮；有 5 个分类单元为混合型污染，超标污染物包括 COD、BOD_5、总磷和氨氮。此外，还有 7 个分类单元为其他污染类型（表 15-3）。

表 15-3　海河流域水质不达标的分类单元统计结果

省区市	耗氧型污染 分类单元数量	营养型污染 分类单元数量	混合型污染 分类单元数量	其他污染类型 分类单元数量
北京	—	—	—	—
天津	4	—	—	3
河北	3	1	2	3
河南	—	—	1	—
山东	—	—	—	—
山西	1	2	2	1
内蒙古	—	1	—	—
合计	8	4	5	7

15.1.2　水生态系统受损分析

海河流域水生态系统处于健康状况的分类单元有 55 个，其中北京 2 个、天津 5 个、河北 27 个、山东 2 个、山西 12 个、内蒙古 2 个、河南 5 个；水生态健康受损的分类单元有 100 个，其中北京 18 个、天津 13 个、河北 40 个、河南 9 个、山东 9 个、山西 12 个（表 15-4）。

表 15-4　海河流域各省区市水生态健康/受损的分类单元统计

分类	北京	天津	河北	河南	山东	山西	内蒙古	合计
水生态健康分类单元	2	5	27	5	2	12	2	55
水生态受损分类单元	18	13	40	9	9	11	—	100

15.1.3 河流分类结果

1. 水质达标生态保育型

以控制单元 2020 年水质管理目标为参比，基于 2019 年水质监测结果分析发现，海河流域水质达标且水生态健康未受损的分类单元有 42 个（表 15-5 和图 15-3）。

表 15-5 海河流域水质达标生态保育型单元统计

单元编号	分类单元	断面名称	2019 年水质类别	2020 年水质目标	水生态评价
AA'-1	白河北京市控制单元	大关桥	II	II	健康
AA'-2	拒马河北京市控制单元	张坊	I	II	健康
AA'-3	青静黄排水渠天津市控制单元	青静黄防潮闸	V	V	健康
AA'-4	北排水河天津市控制单元	北排水河防潮闸	V	V	健康
AA'-5	伊逊河承德市李台控制单元	李台	II	III	健康
AA'-6	白河张家口市控制单元	后城	II	III	健康
AA'-7	清水河张家口市控制单元	老鸦庄	IV	IV	健康
AA'-8	滦河承德市偏桥子大桥控制单元	偏桥子大桥	II	III	健康
AA'-9	滹沱河石家庄市下槐镇控制单元	下槐镇	II	III	健康
AA'-10	伊逊河承德市唐三营控制单元	唐三营	II	III	健康
AA'-11	牛尾河邢台市控制单元	后西吴桥	IV	V	健康
AA'-12	北运河廊坊市控制单元	土门楼	IV	V	健康
AA'-13	龙河廊坊市控制单元	大王务	IV	V	健康
AA'-14	拒马河保定市大沙地控制单元	大沙地	I	II	健康
AA'-15	柳河承德市 26#大桥控制单元	26#大桥	II	III	健康
AA'-16	戴河秦皇岛市控制单元	戴河口	III	III	健康
AA'-17	府河保定市控制单元	安州	III	V	健康
AA'-18	子牙河沧州市控制单元	小王庄	V	V	健康
AA'-19	漳河邯郸市控制单元	岳城水库出口	II	II	健康
AA'-20	石河秦皇岛市控制单元	石河口	II	III	健康
AA'-21	绵河-冶河石家庄市控制单元	平山桥	II	III	健康
AA'-22	拒马河保定市北河店控制单元	北河店	II	III	健康
AA'-23	清凉江衡水市控制单元	连村闸	IV	V	健康
AA'-24	潮河上段承德市控制单元	古北口	I	II	健康
AA'-25	滦河唐山市-秦皇岛市控制单元	姜各庄	II	III	健康
AA'-26	青龙河秦皇岛市控制单元	田庄子	II	II	健康
AA'-27	滏阳河衡水市控制单元	小范桥	IV	V	健康
AA'-28	安阳河安阳市冯宿桥控制单元	冯宿桥	II	IV	健康
AA'-29	淇河鹤壁市控制单元	前枋城	II	III	健康
AA'-30	共产主义渠新乡市控制单元	卫辉下马营	IV	V	健康
AA'-31	淇河安阳市控制单元	黄花营	II	II	健康
AA'-32	卫河新乡市控制单元	小河口	IV	V	健康
AA'-33	幸福河滨州市控制单元	三角洼水库	II	III	健康

单元编号	分类单元	断面名称	2019年水质类别	2020年水质目标	水生态评价
AA′-34	小米河滨州市控制单元	芦家河子水库	II	III	健康
AA′-35	松溪河晋中市控制单元	王寨村	I	II	健康
AA′-36	浊漳北源晋中市控制单元	关河水库出口	II	III	健康
AA′-37	浊漳河长治市小峧控制单元	北寨	IV	V	健康
AA′-38	浊漳河长治市王家庄控制单元	王家庄	II	III	健康
AA′-39	唐河大同市控制单元	南水芦	III	III	健康
AA′-40	清漳河晋中市控制单元	刘家庄	II	II	健康
AA′-41	浊漳西源长治市控制单元	后湾水库出口	II	II	健康
AA′-42	滦河锡林郭勒盟控制单元	大河口	III	III	健康

图 15-3　水质达标生态保育型单元分布

2. 水质达标生态改善型

综合参考海河流域水质达标情况和水生态健康评价结果，海河流域水质达到 2020 年考核目标，但水生态健康受损的单元有 89 个（图 15-4），具体信息见表 15-6。

图 15-4　海河流域水质达标生态改善型单元分布

表 15-6　海河流域水质达标生态改善型单元统计

单元编号	分类单元	断面名称	2019 年水质类别	2020 年水质目标	水生态评价结果
AB′-1	潮白河通州区控制单元	吴村	V	V	受损
AB′-2	妫水河下段北京市控制单元	谷家营	III	IV	受损
AB′-3	坝河下段北京市控制单元	沙窝	IV	V	受损
AB′-4	龙河北京市控制单元	三小营	IV	V	受损
AB′-5	永定河平原段北京市控制单元	南大荒桥	IV	V	受损
AB′-6	凉水河上段北京市控制单元	大红门闸上	III	V	受损
AB′-7	大石河北京市控制单元	码头	V	V	受损
AB′-8	清河下段北京市控制单元	沙子营	III	V	受损
AB′-9	通惠河下段北京市控制单元	新八里桥	III	V	受损
AB′-10	沟河下段北京市控制单元	东店	IV	V	受损
AB′-11	潮白河下段北京市控制单元	苏庄	IV	V	受损
AB′-12	北运河北京市控制单元	王家摆	V	V	受损
AB′-13	永引下段北京市控制单元	广北滨河路	III	V	受损
AB′-14	北护城河北京市控制单元	鼓楼外大街	II	V	受损
AB′-15	潮河北京市控制单元	辛庄桥	I	I	受损
AB′-16	清河上段北京市控制单元	清河闸	III	V	受损
AB′-17	土城沟北京市控制单元	花园路	II	V	受损
AB′-18	长河（含转河）北京市控制单元	白石桥	II	V	受损
AB′-19	子牙新河天津市控制单元	马棚口防潮闸	V	V	受损
AB′-20	子牙河天津市控制单元	大红桥	II	V	受损
AB′-21	州河天津市控制单元	西屯桥	IV	V	受损
AB′-22	果河天津市控制单元	果河桥	II	III	受损
AB′-23	潮白新河天津市控制单元	黄白桥	IV	V	受损
AB′-24	蓟运河天津市控制单元	蓟运河防潮闸	IV	V	受损
AB′-25	海河天津市海河大闸控制单元	海河大闸	V	V	受损
AB′-26	南水北调天津段天津市控制单元	曹庄子泵站	II	V	受损
AB′-27	北运河天津市控制单元	北洋桥	II	V	受损
AB′-28	滦河承德市大杖子（一）控制单元	大杖子（一）	II	II	受损
AB′-29	漳卫新河沧州市控制单元	小泊头桥	V	V	受损
AB′-30	洺河邯郸市控制单元	沙阳	IV	V	受损
AB′-31	汤河秦皇岛市控制单元	汤河口	IV	IV	受损
AB′-32	饮马河秦皇岛市控制单元	饮马河口	IV	V	受损
AB′-33	沙河唐山市控制单元	沙河桥	III	III	受损
AB′-34	子牙河廊坊市控制单元	小河闸	IV	V	受损
AB′-35	还乡河唐山市控制单元	丰北闸	IV	V	受损
AB′-36	陡河唐山市控制单元	涧河口	IV	V	受损
AB′-37	洋河秦皇岛市控制单元	洋河口	II	III	受损
AB′-38	石津总干渠石家庄市南张村控制单元	南张村	II	IV	受损
AB′-39	滏阳河邯郸市控制单元	曲周	IV	V	受损
AB′-40	马颊河邯郸市控制单元	冢北桥	IV	V	受损

续表

单元编号	分类单元	断面名称	2019年水质类别	2020年水质目标	水生态评价结果
AB'-41	青水河承德市控制单元	墙子路	I	II	受损
AB'-42	柳河承德市大杖子（二）控制单元	大杖子（二）	I	II	受损
AB'-43	瀑河承德市大桑园控制单元	大桑园	II	III	受损
AB'-44	卫运河邯郸市控制单元	秤勾湾	IV	V	受损
AB'-45	卫运河邢台市控制单元	油坊桥	V	V	受损
AB'-46	滹沱河石家庄市枣营控制单元	枣营	III	V	受损
AB'-47	桑干河张家口市控制单元	温泉屯	III	III	受损
AB'-48	滦河承德市大黑汀水库控制单元	大黑汀水库	II	II	受损
AB'-49	宣惠河沧州市控制单元	大口河口	IV	V	受损
AB'-50	淋河唐山市控制单元	淋河桥	III	III	受损
AB'-51	黎河唐山市控制单元	黎河桥	II	III	受损
AB'-52	滹沱河衡水市控制单元	临河富庄桥	III	V	受损
AB'-53	江江河衡水市控制单元	张帆庄	IV	V	受损
AB'-54	武烈承德市控制单元	上二道河子	II	III	受损
AB'-55	滦河唐山市控制单元	滦县大桥	II	III	受损
AB'-56	潮白河廊坊市大套桥控制单元	大套桥	V	V	受损
AB'-57	唐河保定市控制单元	白合	I	II	受损
AB'-58	沟河廊坊市控制单元	三河东大桥	V	V	受损
AB'-59	潮白河廊坊市吴村控制单元	吴村	V	V	受损
AB'-60	石津总干渠石家庄市兆通控制单元	兆通	II	IV	受损
AB'-61	南排河沧州市控制单元	李家堡一	V	V	受损
AB'-62	洋河张家口市八号桥控制单元	八号桥	III	III	受损
AB'-63	马颊河濮阳市濮阳西水坡控制单元	濮阳西水坡	II	III	受损
AB'-64	卫河安阳市控制单元	南乐元村集	V	V	受损
AB'-65	马颊河濮阳市南乐水文站控制单元	南乐水文站	IV	V	受损
AB'-66	人民胜利渠新乡市控制单元	新乡贾太湖	III	III	受损
AB'-67	卫河鹤壁市控制单元	五陵	V	V	受损
AB'-68	大沙河焦作市控制单元	修武水文站	IV	V	受损
AB'-69	露水河安阳市控制单元	南谷洞水库	I	III	受损
AB'-70	安阳河安阳市彰武水库控制单元	彰武水库	II	III	受损
AB'-71	马颊河德州市控制单元	胜利桥	IV	V	受损
AB'-72	德惠新河德州市控制单元	王杠子闸	III	V	受损
AB'-73	徒骇河德州市控制单元	夏口	IV	V	受损
AB'-74	徒骇河滨州市控制单元	富国	IV	V	受损
AB'-75	马颊河聊城市控制单元	董姑桥	V	V	受损
AB'-76	南运河德州市控制单元	第三店	IV	V	受损
AB'-77	卫运河聊城市控制单元	油坊桥	V	V	受损
AB'-78	漳卫新河德州市控制单元	小泊头桥	V	V	受损
AB'-79	徒骇河聊城市控制单元	前油坊	V	V	受损
AB'-80	绵河-冶河阳泉市控制单元	地都	III	IV	受损
AB'-81	御河大同市控制单元	利仁皂	IV	IV	受损
AB'-82	桑干河大同市控制单元	册田水库出口	IV	IV	受损

续表

单元编号	分类单元	断面名称	2019年水质类别	2020年水质目标	水生态评价结果
AB′-83	清水河忻州市控制单元	坪上桥	I	II	受损
AB′-84	滹沱河忻州市南庄控制单元	南庄	II	II	受损
AB′-85	潴龙河大同市-忻州市控制单元	杜里村	I	II	受损
AB′-86	桑干河朔州市东榆林水库出口控制单元	东榆林水库出口	III	III	受损
AB′-87	滹沱河忻州市代县桥控制单元	代县桥	II	II	受损
AB′-88	南洋河大同市控制单元	宣家塔	IV	IV	受损
AB′-89	桑干河朔州市固定桥控制单元	固定桥	IV	IV	受损

3. 水质提升生态保育型

综合参考海河流域水质达标情况和水生态健康评价结果，海河流域水质不达标但水生态健康的单元有 13 个（图 15-5 和表 15-7）。

图 15-5　海河流域水质提升生态保育型单元分布

表 15-7　海河流域水质提升生态保育型单元统计

单元编号	分类单元	断面名称	2019年水质类别	2020年水质目标	水生态评价
BA′-1	独流减河天津市控制单元	万家码头	劣V	V	
BA′-2	南运河天津市控制单元	井冈山桥	II	I	
BA′-3	沧浪渠天津市控制单元	沧浪渠出境	劣V	V	
BA′-4	滦河承德市郭家屯控制单元	郭家屯	III	I	
BA′-5	北排河沧州市控制单元	齐家务	劣V	V	
BA′-6	滏阳河邢台市控制单元	艾辛庄	劣V	V	
BA′-7	大清河廊坊市控制单元	台头	劣V	V	健康
BA′-8	牧马忻州市控制单元	陈家营	IV	II	
BA′-9	滹沱河阳泉市控制单元	闫家庄大桥	III	II	
BA′-10	桃河阳泉市控制单元	白羊墅	劣V	V	
BA′-11	桑干河忻州市控制单元	梵王寺	劣V	III	
BA′-12	绛河长治市控制单元	司徒桥	IV	II	
BA′-13	御河乌兰察布市控制单元	堡子湾	劣V	V	

按污染物类型划分，13 个水质提升生态保育型单元包括四种亚型：营养污染亚型分

类单元 3 个；混合污染亚型分类单元 2 个；耗氧污染亚型分类单元 5 个；其余 3 个分类单元为其他污染亚型，这 3 个单元的水质等级在 Ⅲ 类及以上，属轻污染河流（图 15-6）。

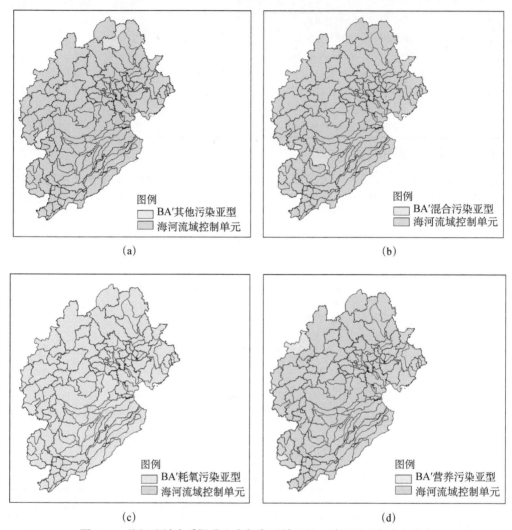

（a）

（b）

（c）

（d）

图 15-6　海河流域水质提升生态保育型单元的 4 种亚型（灰色）分布

4. 水质提升生态改善型

以各控制单元 2020 年水质管理目标为参比，基于 2019 年水质监测结果，海河流域共有 11 个分类单元水质不达标且水生态健康受损，故这些单元属于水质提升生态改善型（图 15-7）。根据污染超标类型划分，可分为 4 种亚型：耗氧污染亚型、营养污染亚型、混合污染亚型和其他污染亚型。

1）耗氧污染亚型

海河流域水质提升生态改善型耗氧污染亚型单元有 3 个（图 15-8），包括引滦天津段天津市控制单元、永定新河天津市控制单元和青静黄排水渠沧州市控制单元。水质超标因子主要化学需氧量、高锰酸盐指数和五日生化需氧量，具体信息见表 15-8。

图 15-7　海河流域水质提升生态改善型单元分布

图 15-8　海河流域水质提升生态改善型耗氧污染亚型分布

表 15-8　海河流域水质提升生态改善型耗氧污染亚型单元统计

分类单元	断面名称	污染因子（超标倍数）	水生态评价
引滦天津段天津市控制单元	于桥水库出口	COD（0.04）	
永定新河天津市控制单元	塘汉公路桥	COD（0.4）、COD$_{Mn}$（0.2）、BOD$_5$（0.1）	受损
青静黄排水渠沧州市控制单元	团瓢桥	COD$_{Mn}$（1.6）、COD（1.0）、BOD$_5$（0.7）	

2）营养污染亚型

海河流域有水质提升生态改善型营养污染亚型单元 1 个（表 15-9），即洋河张家口市左卫桥控制单元，主要超标因子总磷（图 15-9）。

表 15-9　海河流域水质提升生态改善型营养污染亚型单元统计

分类单元	断面名称	污染因子（超标倍数）	水生态评价
洋河张家口市左卫桥控制单元	左卫桥	TP（0.06）	受损

图 15-9　海河流域水质提升生态改善型营养污染亚型分布

3）混合污染亚型

海河流域有水质提升生态改善型混合污染亚型单元 3 个（表 15-10 和图 15-10），即泜河石家庄市控制单元、共产主义渠焦作市控制单元和滹沱河忻州市定襄桥控制单元。主要水质超标因子为 TP、NH_3-N、COD、COD_{Mn}、氟化物等。

表 15-10　海河流域水质提升生态改善型混合污染亚型单元统计

分类单元名称	断面名称	超标因子	水生态评价
泜河石家庄市控制单元	大石桥	NH_3-N（2.0）、TP（0.5）、COD（0.3）、COD_{Mn}（0.3）	
共产主义渠焦作市控制单元	获嘉东碑村	NH_3-N（1.6）、TP（0.5）、氟化物（0.2）	受损
滹沱河忻州市定襄桥控制单元	定襄桥	NH_3-N（0.7）、COD（0.08）、TP（0.06）、氟化物（0.05）	

图 15-10　海河流域水质提升生态改善型混合污染亚型分布

4）其他污染亚型

海河流域有水质提升生态改善型其他污染亚型单元 4 个（表 15-11 和图 15-11），即洪泥河天津市控制单元、海河天津市三岔口控制单元、瀑河承德市党坝控制单元和滦河承德市上板城大桥控制单元。由于该类单元水质为Ⅲ级及以上，属于轻污染，主要水质超标因子数据暂未提供。

表 15-11　海河流域水质提升生态改善型其他污染亚型单元统计

分类单元名称	断面名称	超标因子	水生态评价
洪泥河天津市控制单元	生产圈闸	—	
海河天津市三岔口控制单元	三岔口	—	受损
瀑河承德市党坝控制单元	党坝	—	
滦河承德市上板城大桥控制单元	上板城大桥	—	

图 15-11　海河流域水质提升生态改善型其他污染亚型分布

通过以上对海河流域水质达标情况以及水生态健康状况分析，最终将各个分类单元归类，形成海河流域总河流分类结果，包含有海河流域内各污染类型以及污染亚型分布情况等信息（图 15-12）。

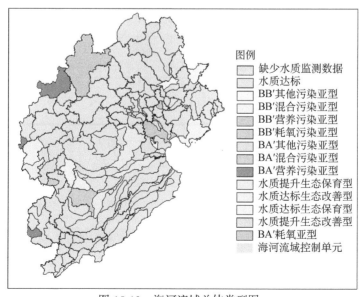

图 15-12　海河流域总体类型图

15.2 水质达标生态保育型单元指导方案

海河流域包括 42 个水质达标生态保育型（AA′）河流控制单元。该类型河流单元的水质国控考核断面均达标，且水生态系统处于健康状态。这些河流单元仅需保持现有管理水平与要求，保证水质等级不下降和水生态状况不退化，无需额外技术投入（表 15-12）。

表 15-12　水质达标生态保育型单元特点与管理重点

序号	单元编号	水质评价	水生态评价	管理重点
方案 1	AA′-1～AA′-42	达标	健康	水质维持、水生态保护

15.3 水质达标生态改善型单元指导方案

海河流域包含 89 个水质达标生态改善（AB′）型河流单元。该类型单元的河流水质均达标，但水生态系统健康状况有所下降。由于水质达标不宜作为管理重点，结合未来管理内容从物理生境质量方面开展退化原因诊断，包括河道生态基流保障情况和河岸带质量退化情况。结合水生态评价指标、生态退化影响矩阵、生态流量保障率计算、河岸带开发率计算等分析，发现 AB′ 型单元水生态受损成因主要包括河岸带受损（AB′-a）、生态基流不满足（AB′-b）、生态基流不满足以及河岸带受损（AB′-c）、其他原因（AB′-d）四类。

15.3.1 问题成因诊断

水生态系统退化原因诊断分析发现：有 32 个单元由于河岸带受损水生态退化，有 10 个单元由于生态基流不满足水生态受损，有 37 个单元水生态受损原因是河岸带受损以及生态基流不满足，有 10 个单元水生态健康状况退化可能由其他原因造成，如水生生物种间竞争或入侵物种等影响，因此需要进一步诊断水生态退化问题成因（表 15-13）。

表 15-13　水质达标生态改善（AB′）型单元的特点与管理重点

单元编号	水质评价	水生态评价	水生态问题诊断	管理重点
AB′-1	达标	受损	河岸带受损、生态基流不满足	
AB′-2	达标	受损	河岸带受损、生态基流不满足	
AB′-3	达标	受损	河岸带受损、生态基流不满足	
AB′-4	达标	受损	河岸带受损、生态基流不满足	
AB′-5	达标	受损	生态基流不满足	水生态系统保护修复，具体包括：①生态基流调控；②河岸带保护恢复
AB′-6	达标	受损	河岸带受损、生态基流不满足	
AB′-7	达标	受损	河岸带受损、生态基流不满足	
AB′-8	达标	受损	河岸带受损、生态基流不满足	
AB′-9	达标	受损	河岸带受损、生态基流不满足	
AB′-10	达标	受损	河岸带受损、生态基流不满足	

续表

单元编号	水质评价	水生态评价	水生态问题诊断	管理重点
AB'-11	达标	受损	河岸带受损、生态基流不满足	
AB'-12	达标	受损	生态基流不满足	
AB'-13	达标	受损	河岸带受损、生态基流不满足	
AB'-14	达标	受损	生态基流不满足	
AB'-15	达标	受损	河岸带受损、生态基流不满足	
AB'-16	达标	受损	生态基流不满足	
AB'-17	达标	受损	河岸带受损、生态基流不满足	
AB'-18	达标	受损	河岸带受损、生态基流不满足	
AB'-19	达标	受损	河岸带受损、生态基流不满足	
AB'-20	达标	受损	生态基流不满足	
AB'-21	达标	受损	河岸带受损、生态基流不满足	
AB'-22	达标	受损	河岸带受损、生态基流不满足	
AB'-23	达标	受损	河岸带受损、生态基流不满足	
AB'-24	达标	受损	河岸带受损、生态基流不满足	
AB'-25	达标	受损	生态基流不满足	
AB'-26	达标	受损	河岸带受损、生态基流不满足	
AB'-27	达标	受损	生态基流不满足	
AB'-28	达标	受损	河岸带受损、生态基流不满足	
AB'-29	达标	受损	河岸带受损、生态基流不满足	
AB'-30	达标	受损	河岸带受损	水生态系统保护修复，具体包括：①生态基流调控；②河岸带保护恢复
AB'-31	达标	受损	河岸带受损、生态基流不满足	
AB'-32	达标	受损	河岸带受损、生态基流不满足	
AB'-33	达标	受损	生态基流不满足	
AB'-34	达标	受损	河岸带受损、生态基流不满足	
AB'-35	达标	受损	河岸带受损	
AB'-36	达标	受损	生态基流不满足	
AB'-37	达标	受损	河岸带受损	
AB'-38	达标	受损	河岸带受损	
AB'-39	达标	受损	河岸带受损	
AB'-40	达标	受损	河岸带受损	
AB'-41	达标	受损	河岸带受损、生态基流不满足	
AB'-42	达标	受损	河岸带受损、生态基流不满足	
AB'-43	达标	受损	河岸带受损	
AB'-44	达标	受损	—	
AB'-45	达标	受损	河岸带受损	
AB'-46	达标	受损	河岸带受损	
AB'-47	达标	受损	河岸带受损	
AB'-48	达标	受损	河岸带受损	
AB'-49	达标	受损	河岸带受损	
AB'-50	达标	受损	河岸带受损、生态基流不满足	

单元编号	水质评价	水生态评价	水生态问题诊断	管理重点
AB′-51	达标	受损	河岸带受损、生态基流不满足	
AB′-52	达标	受损	河岸带受损	
AB′-53	达标	受损	河岸带受损	
AB′-54	达标	受损	河岸带受损	
AB′-55	达标	受损	河岸带受损	
AB′-56	达标	受损	—	
AB′-57	达标	受损	—	
AB′-58	达标	受损	河岸带受损	
AB′-59	达标	受损	河岸带受损、生态基流不满足	
AB′-60	达标	受损	河岸带受损	
AB′-61	达标	受损	河岸带受损	
AB′-62	达标	受损	生态基流不满足	
AB′-63	达标	受损	—	
AB′-64	达标	受损	河岸带受损	
AB′-65	达标	受损	河岸带受损	
AB′-66	达标	受损	—	
AB′-67	达标	受损	河岸带受损	
AB′-68	达标	受损	河岸带受损	
AB′-69	达标	受损	—	水生态系统保护修复,具体包括:①生态基流调控;②河岸带保护恢复
AB′-70	达标	受损	—	
AB′-71	达标	受损	河岸带受损、生态基流不满足	
AB′-72	达标	受损	河岸带受损、生态基流不满足	
AB′-73	达标	受损	河岸带受损、生态基流不满足	
AB′-74	达标	受损	河岸带受损、生态基流不满足	
AB′-75	达标	受损	河岸带受损	
AB′-76	达标	受损	河岸带受损、生态基流不满足	
AB′-77	达标	受损	河岸带受损	
AB′-78	达标	受损	河岸带受损、生态基流不满足	
AB′-79	达标	受损	河岸带受损、生态基流不满足	
AB′-80	达标	受损	河岸带受损	
AB′-81	达标	受损	河岸带受损	
AB′-82	达标	受损	河岸带受损	
AB′-83	达标	受损	—	
AB′-84	达标	受损	—	
AB′-85	达标	受损	河岸带受损	
AB′-86	达标	受损	河岸带受损	
AB′-87	达标	受损	河岸带受损	
AB′-88	达标	受损	—	
AB′-89	达标	受损	河岸带受损	

15.3.2 技术指导方案

针对水质达标生态改善型单元诊断的问题，参照河岸带修复技术和生态基流调控技术优选评估结果，提出该类控制单元适用的技术指导方案，包括 32 个控制单元适用的"河岸带修复+水生态系统修复"技术，10 个控制单元适用的"生态基流保障+水生态系统修复"技术，37 个控制单元适用的"生态基流保障+河岸带修复技术+水生态系统修复"技术，10 个控制单元适用的水生态修复技术（表 15-14）。

表 15-14 水质达标生态改善（AB′）型单元的技术指导方案

序号	单元编号	单元数量	管理内容	推荐应用技术类型
方案 1	AB′-30、AB′-35、AB′-37、AB′-38、AB′-39、AB′-40、AB′-43、AB′-45、AB′-46、AB′-47、AB′-48、AB′-49、AB′-52、AB′-53、AB′-54、AB′-55、AB′-58、AB′-60、AB′-61、AB′-64、AB′-65、AB′-67、AB′-68、AB′-75、AB′-77、AB′-80、AB′-81、AB′-82、AB′-85、AB′-86、AB′-87、AB′-89	32	河岸带修复管理	河岸带修复技术
方案 2	AB′-5、AB′-12、AB′-14、AB′-16、AB′-20、AB′-25、AB′-27、AB′-33、AB′-36、AB′-62	10	生态基流调控	生态基流保障技术
方案 3	AB′-1、AB′-2、AB′-3、AB′-4、AB′-6、AB′-7、AB′-8、AB′-9、AB′-10、AB′-11、AB′-13、AB′-15、AB′-17、AB′-18、AB′-19、AB′-21、AB′-22、AB′-23、AB′-24、AB′-26、AB′-28、AB′-29、AB′-31、AB′-32、AB′-34、AB′-41、AB′-42、AB′-50、AB′-51、AB′-59、AB′-71、AB′-72、AB′-73、AB′-74、AB′-76、AB′-78、AB′-79	37	河岸带修复 生态基流调控	生态基流保障技术 河岸带修复技术
方案 4	AB′-44、AB′-56、AB′-57、AB′-63、AB′-66、AB′-69、AB′-70、AB′-83、AB′-84、AB′-88	10	诊断水生态退化问题 保护修复水生态系统	生态退化诊断技术 生态系统修复技术

15.4 水质提升生态保育型单元指导方案

水质提升生态保育（BA′）型单元的河流水质均不达标，但水生态健康状况评价良好。需结合环境监测数据，主要从工业源、农业源、生活源和集中式污染排放源等方面进行贡献程度分析，以确定导致水质超标的主要污染来源。

15.4.1 问题成因诊断

13 个水质提升生态保育型单元中，所有单元的水污染都表现为生活源污染问题，而少部分单元复合有工业源污染问题（表 15-15）。

表 15-15 水质提升生态保育（BA'）型单元的问题诊断

单元编号	亚类	水质超标因子	水质问题诊断	水生态评价	管理重点
BA'-1	耗氧型	COD（1.1）、BOD$_5$（1.2）、COD$_{Mn}$（1.2）	生活源		
BA'-2	其他型	—	—		
BA'-3	耗氧型	COD$_{Mn}$（1.9）、BOD$_5$（0.8）、COD（0.7）、NH$_3$-N（0.3）	生活源		
BA'-4	其他型	—	—		
BA'-5	耗氧型	COD（1.1）、COD$_{Mn}$（1.1）、BOD$_5$（1.0）、NH$_3$-N（0.6）、TP（0.2）、石油类（0.2）	生活源		
BA'-6	混合型	NH$_3$-N（1.9）、挥发酚（4.2）、COD（0.3）、TP（0.3）、COD$_{Mn}$（0.1）	生活源		主要是生活源污染；少部分生活源+工业源污染
BA'-7	耗氧型	BOD$_5$（1.7）、氟化物（0.8）、COD（0.9）、石油类（0.8）、COD$_{Mn}$（0.6）	生活源、工业源	健康	
BA'-8	耗氧型	COD（0.01）	生活源		
BA'-9	其他型	—	—		
BA'-10	混合型	NH$_3$-N（1.8）、COD（0.4）、TP（0.4）	生活源		
BA'-11	营养型	NH$_3$-N（1.0）	生活源		
BA'-12	营养型	NH$_3$-N（0.1）	生活源		
BA'-13	营养型	TP（1.4）、NH$_3$-N（1.1）、阴离子表面活性剂（0.1）	生活源		

15.4.2 技术指导方案

针对此类型单元，参照水污染治理技术优选评估结果，提出了该类型单元的两种技术指导方案，包括 9 个单元的生活源污染治理方案、1 个单元的生活源+工业源污染治理方案，3 个单元水质在 III 类及以上，属于轻污染水体，未提供超标污染物数据，故此类单元需核实超标污染物后再进行方案制定（表 15-16）。

表 15-16 水质提升生态保育（BA'）型单元的技术指导方案

序号	亚类	单元编号	单元数量	管理内容	推荐应用技术类型
方案 1	耗氧型	BA'-1、BA'-3、BA'-5、BA'-8	9	生活源污染	耗氧污染物	生活源污染治理技术
	混合型	BA'-6、BA'-10			营养盐+耗氧污染物	
	营养型	BA'-11、BA'-12、BA'-13			营养盐	
方案 2	耗氧型	BA'-7	1	生活源+工业源污染	耗氧污染物	生活源污染治理技术；工业源污染治理技术

15.5 水质提升生态改善型单元指导方案

对于 11 个水质提升生态改善（BB'）型单元存在着水质不达标和水生态健康状况退化的双重问题，首先对水质不达标问题进行水污染成因诊断分析，再进行水生态退化成因诊断分析。

15.5.1　问题成因诊断

在 11 个 BB′型单元中，根据水污染特征可分为 4 个亚型，即 3 个耗氧污染亚型（化学需氧量、高锰酸盐指数、五日生化需氧量超标）、1 个营养污染亚型（总磷、氨氮超标）、3 个混合污染亚型（营养盐、耗氧物质超标）、4 个其他污染亚型。据排放量贡献计算结果分析，水污染问题主要与生活源污染密切相关；4 个分类单元的 2019 年水质为 III 类及以上，属轻污染水体，因此监测数据中未提供水质超标因子，暂无法进行污染成因分析，需待获取超标因子数据后开展污染成因分析。水生态健康退化矩阵分析结果表明，水生态退化主要是生态基流不保障或河岸带质量退化或两者耦合的问题（表 15-17）。

表 15-17　水质提升生态改善（BB′）型单元的问题诊断与管理重点

单元编号	亚类	水质超标	水质问题诊断	水生态问题诊断	管理重点
BB′-1	耗氧型	COD（0.04）	生活源	河岸带受损、生态基流不满足	
BB′-2	耗氧型	COD（0.4）、COD_Mn（0.2）、BOD_5（0.1）	生活源	河岸带受损、生态基流不满足	
BB′-3	其他型	—	—	河岸带受损、生态基流不满足	
BB′-4	其他型	—	—	河岸带受损、生态基流不满足	
BB′-5	营养型	TP（0.06）	生活源	河岸带受损、生态基流不满足	①污染治理：主要是生活源污染治理。②生态修复：主要是河岸带修复管理、生态基流调控，以及两者复合管理工作
BB′-6	其他型	—	—	河岸带受损、生态基流不满足	
BB′-7	其他型	—	—	生态基流不满足	
BB′-8	混合型	NH_3-N（2.0）、TP（0.5）、COD（0.3）、COD_Mn（0.3）	生活源	河岸带受损	
BB′-9	耗氧型	COD_Mn（1.6）、COD（1.0）、BOD_5（0.7）	生活源	河岸带受损	
BB′-10	混合型	NH_3-N（1.6）、TP（0.5）、氟化物（0.2）	生活源	河岸带受损、生态基流满足	
BB′-11	混合型	NH_3-N（0.7）、COD（0.08）、TP（0.06）、氟化物（0.05）	生活源	河岸带受损、生态基流满足	

15.5.2　技术指导方案

针对 BB′型分类单元，参照水污染治理技术优选评估结果，提出了该类型单元的 3 种技术指导方案，包括 2 个分类单元的生活源污染治理+河岸带修复管理方案、5 个分类单元的生活源污染治理+河岸带修复+河道生态基流调控管理方案、4 个分类单元的水污染成因分析+河岸带修复+河道生态基流调控管理方案，详见表 15-18。

表 15-18　水质提升生态改善（BB′）型单元的指导方案

序号	亚类	单元编号	单元数量	管理内容		推荐应用技术类型
方案1	耗氧型	BB′-9	2	①生活源污染；②河岸带	耗氧污染物	生活源污染治理技术；河岸带修复技术
	混合型	BB′-8			营养盐+耗氧污染物	
方案2	耗氧型	BB′-1、BB′-2	5	①生活源污染；②河岸带；③生态基流	耗氧污染物	生活源污染治理技术；河岸带修复技术；生态基流调控技术
	混合型	BB′-10、BB′-11			营养盐+耗氧污染物	
	营养型	BB′-5			营养盐	

续表

序号	亚类	单元编号	单元数量	管理内容		推荐应用技术类型
方案 3	其他型	BB'-7	4	①河岸带; ②生态基流	—	水污染成因分析技术; 河岸带修复技术; 生态基流调控技术
	其他型	BB'-3、 BB'-4、 BB'-6			—	

15.6 海河流域河流污染治理与生态修复分类指导方案建议

针对不同河流单元类型管理重点提出推荐技术类型，形成海河流域河流污染治理与生态修复分类指导方案（表 15-19）。具体需根据实际情况，结合适用性技术甄选结果选择使用。

表 15-19 海河流域河流污染治理与生态修复分类指导方案

类型	亚型	水质状况	水生态状况	管理重点	单元范围	方案	管理内容	推荐应用技术类型
AA'类型: 水质达标生态保育型	无	达标	健康	—	AA'-1～42	方案 1	水质维持+水生态保护	—
AB'类型: 水质达标生态改善型	AB'-a	达标	受损	河岸带	AB'-30、AB'-35、AB'-37～40、AB'-43、AB'-45～49、AB'-52～55、AB'-58、AB'-60～61、AB'-64～65、AB'-67～68、AB'-75、AB'-77、AB'-80～82、AB'-85～87、AB'-89	方案 2	河岸带修复管理	河岸带修复技术
	AB'-b			生态基流调控	AB'-5、AB'-12、AB'-14、AB'-16、AB'-20、AB'-25、AB'-27、AB'-33、AB'-36、AB'-62	方案 3	生态基流调控	生态基流保障技术
	AB'-c			河岸带 生态基流	AB'-1、AB'-2、AB'-3、AB'-4、AB'-6、AB'-7、AB'-8、AB'-9、AB'-10、AB'-11、AB'-13、AB'-15、AB'-17、AB'-18、AB'-19、AB'-21、AB'-22、AB'-23、AB'-24、AB'-26、AB'-28、AB'-29、AB'-31、AB'-32、AB'-34、AB'-41、AB'-42、AB'-50、AB'-51、AB'-59、AB'-71、AB'-72、AB'-73、AB'-74、AB'-76、AB'-78、AB'-79	方案 4	①河岸带修复管理; ②生态基流调控	生态基流保障技术; 河岸带修复技术;
	AB'-d			—	AB'-44、AB'-56、AB'-57、AB'-63、AB'-66、AB'-69、AB'-70、AB'-83、AB'-84、AB'-88	方案 5	①水生态退化诊断; ②水生态系统重建	水生态退化诊断技术; 生态系统修复技术

续表

类型	亚型	水质状况	水生态状况	管理重点		单元范围	方案	管理内容	推荐应用技术类型
BA′类型:水质提升生态保育型	BA′-a	不达标	健康	生活源污染	耗氧污染物	BA′-1、BA′-3、BA′-5、BA′-8	方案6	生活源污染治理	生活源污染治理技术
	BA′-b				营养盐+耗氧污染物	BA′-6、BA′-10			
	BA′-c				营养盐	BA′-11 ～13			
	BA′-d			生活源+工业源污染	耗氧污染物	BA′-7	方案7	①生活源污染治理;②工业源污染治理	生活源污染治理技术工业源污染治理技术
BB′类型:水质提升生态改善型	BB′-a	不达标	受损	生活源污染河岸带	耗氧污染物	BB′-9	方案8	①生活源污染治理;②河岸带修复	生活源污染治理技术河岸带修复技术
	BB′-b				营养盐+耗氧污染物	BB′-8			
	BB′-c			生活源污染河岸带生态基流	耗氧污染物	BB′-1、BB′-2	方案9	①生活源污染治理;②河岸带修复;③生态基流调控	生活源污染治理技术河岸带修复技术生态基流调控技术
	BB′-d				营养盐+耗氧污染物	BB′-10、BB′-11			
	BB′-e				营养盐	BB′-5			
	BB′-f			河岸带生态基流	—	BB′-7	方案10	①河岸带修复;②生态基流调控	河岸带受损技术生态基流调控技术
	BB′-g				—	BB′-3～4、BB′-6			

参 考 文 献

丁建华，周立志，邓道贵. 2017. 淮河干流大型底栖动物群落结构及水质生物学评价.长江流域资源与环境，26（11）：1875-1883.

董哲仁. 2003. 生态水工学——人与自然和谐的工程学. 水利水电技术，（1）：14-16，25.

段学花，王兆印，余国安. 2009. 以底栖动物为指示物种对长江流域水生态进行评价.长江流域资源与环境，18（3）：241-247.

高扬，于贵瑞. 2018. 流域生物地球化学循环与水文耦合过程及其调控机制. 地理学报，73（7）：1381-1393.

高永胜，王浩，王芳. 2006. 河流健康生命内涵的探讨.中国水利，（14）：15-16.

胡金. 2015. 淮河流域水生态健康状况评价与研究.南京：南京大学.

李斌，柏杨巍，刘丹妮，等. 2019. 全国地级及以上城市建成区黑臭水体的分布、存在问题及对策建议.环境工程学报，13（3）：511-518.

李利荣，王艳丽，高璟赟，等. 2013. 中国表层水体沉积物中多环芳烃源解析及评价.中国环境监测，29（6）：92-98.

李琪，李钜源，窦月芹，等. 2012. 淮河中下游沉积物 PAHs 的稳定碳同位素源解析.环境科学研究，25（6）：672-677.

李瑶瑶，于鲁冀，吕晓燕，等. 2016. 淮河流域（河南段）河流生态系统健康评价及分类修复模式.环境科学与技术，39（7）：185-192.

栗晓燕，于鲁冀，吕晓燕，等. 2018. 基于 B-IBI 评价淮河流域（河南段）河流生态健康.生态学杂志，37（7）：2213-2220.

刘峰. 2015. 黄河三角洲湿地水生态系统污染、退化与湿地修复的初步研究. 青岛：中国海洋大学.

刘树坤. 1999.21 世纪中国大水利建设探讨. 中国水利，（9）：16-17.

刘振宇，唐洪武，肖洋，等. 2018. 淮河沉积物总磷和重金属沿程变化及污染评价.河海大学学报（自然科学版），46（1）：16-22.

刘庄，沈渭寿，吴焕忠. 2003. 水利设施对淮河水域生态环境的影响.地理与地理信息科学，（2）：77-81.

卢丽锋. 2018. 基于鱼类生物完整性指数的东江干流和流溪河流域健康评估研究. 广州：暨南大学.

吕晓燕，于鲁冀，王莉，等. 2015. 淮河流域河南段水生植物多样性评价及其影响因素分析.中国环境监测，31（6）：83-90.

马跃先，王丰，李世英，等.2008.淮河流域干江河年径流演变特征及动因分析.水文，（1）：77-79，86.

彭欢，杨毅，刘敏，等. 2010. 淮南-蚌埠段淮河流域沉积物中 PAHs 的分布及来源辨析.环境科学，31（5）：1192-1197.

覃红燕，李景德，邹冬生，等. 2012. 涡河水生植被特征及分布成因.生态学杂志，31（11）：2781-2787.

单保庆,张洪,唐文忠,等. 2015. 河流污染治理任务路线图制定方法及其在海河流域的应用. 环境科学学报,(8):2297-2305.

王小青. 2014. 淮河流域(河南段)河流生态系统退化程度诊断和响应关系研究. 郑州:郑州大学.

徐艳红,于鲁冀,吕晓燕,等. 2017. 淮河流域河南段退化河流生态系统修复模式. 环境工程学报,11(1):143-150.

余景,赵漫,胡启伟,等. 2017. 基于鱼类生物完整性指数的深圳鹅公湾渔业水域健康评价. 南方农业学报,48(3):524-531.

张晓可,王慧丽,万安,等. 2017. 淠河流域河源溪流鱼类空间分布格局及主要影响因素. 湖泊科学,29(1):176-185.

郑中华,刘凯传,张萍,等. 2017. 淮河干流沉积物中重金属污染及其潜在生态风险评价. 生态与农村环境学报,33(10):935-942.

周宇建,张永勇,花瑞祥,等. 2016. 淮河中上游浮游植物时空分布特征及关键环境影响因子识别. 地理研究,35(9):1626-1636.

祝迪迪. 2013. 淮河(贾鲁河段)表层沉积物重金属污染研究. 南京:南京大学.

Box J B,Dorazio R M,Liddell W D. 2002. Relationships between streambed substrate characteristics and freshwater mussels(Bivalvia:Unionidae)in Coastal Plain streams. Journal of the North American Benthological Society,21(2):253-260.

Quinton J N,Govers G,Oost K V,et al. 2010. Reply to 'Erosion and climate'. Nature Geoscience,3(11):738.

Statham P J. 2012. Nutrients in estuaries—An overview and the potential impacts of climate change. Science of the Total Environment,434(15):213-227.

Trimmer M,Grey J,Heppell C M,et al. 2012. River bed carbon and nitrogen cycling:State of play and some new directions. Science of the Total Environment,434:143-158.

Vitousek P M,Chadwick O A,Hilley G E,et al. 2010. Pedogenic thresholds and soil process domains:Biogeochemical controls and ecological implications. 95 th ESA Annual Convention.